무지개 일곱 남매,
자연에 물들다

무지개 일곱 남매, 자연에 물들다
_자연과 치유 그리고 행복 숲 체험 일지

초판 1쇄 발행일 2020년 2월 28일

지은이 이숙희, 정현지
펴낸이 이원중

펴낸곳 지성사
출판등록일 1993년 12월 9일 **등록번호** 제10-916호
주소 (03458) 서울시 은평구 진흥로 68 정안빌딩 2층 북측(녹번동 162-34)
전화 (02) 335-5494 **팩스** (02) 335-5496
홈페이지 www.jisungsa.co.kr **이메일** jisungsa@hanmail.net

ISBN 978-89-7889-434-0 (03400)

이 도서의 국립중앙도서관 출판예정도서목록(CIP)은 서지정보유통지원시스템 홈페이지(http://seoji.nl.go.kr)와
국가자료공동목록시스템(http://www.nl.go.kr/kolisnet)에서 이용하실 수 있습니다.(CIP제어번호: CIP2020006554)

자연과 치유 그리고 행복
숲 체험 일지

무지개 일곱 남매, 자연에 물들다

이숙희 · 정현지 지음

지성사

차례

들어가는 글

숲에서 찾은 희망 • 8

1. 무지개 일곱 남매, 자연에 물들다
: 자연과 치유 그리고 행복 숲 체험 계획 • 22

2. 숲, 즐기고 느끼고 배우다
: 자연과 치유 그리고 행복 숲 체험 일지

1회차 자세히 보아야 예쁘대요, 나두요 • 26
보조교사의 시선으로 바라보기 • 37

2회차 우리만의 비밀 아지트 만들어요 • 41
보조교사의 시선으로 바라보기 • 50

3회차 진달래 꽃전 만들어요 • 54
보조교사의 시선으로 바라보기 • 61

4회차 솔방울 카네이션 달아 드려요 • 64
보조교사의 시선으로 바라보기 • 72

5회차 우리가 지켜요 • 76
보조교사의 시선으로 바라보기 • 83

6회차 공주님 왕자님이 되어 봐요 • 87
보조교사의 시선으로 바라보기 • 95

7회차 온몸으로 느껴요 • 99

보조교사의 시선으로 바라보기 • 109

8회차 함께해서 행복해요 • 113

보조교사의 시선으로 바라보기 • 124

9회차 나도 잘할 수 있어요 • 128

보조교사의 시선으로 바라보기 • 138

10회차 꿀벌에게 배워요 • 142

보조교사의 시선으로 바라보기 • 150

11회차 우리가 지켜요 • 155

보조교사의 시선으로 바라보기 • 165

12회차 서로의 입장을 생각해요 • 170

보조교사의 시선으로 바라보기 • 179

13회차 나의 미래를 보아요 • 184

보조교사의 시선으로 바라보기 • 193

14회차 정정당당 겨루어요 • 198

보조교사의 시선으로 바라보기 • 210

15회차 함께라면 뭐든지 할 수 있어요 • 217

보조교사의 시선으로 바라보기 • 227

16회차 가을을 노래해요 • 233

보조교사의 시선으로 바라보기 • 242

17회차 이웃을 생각해요 • 246

보조교사의 시선으로 바라보기 • 255

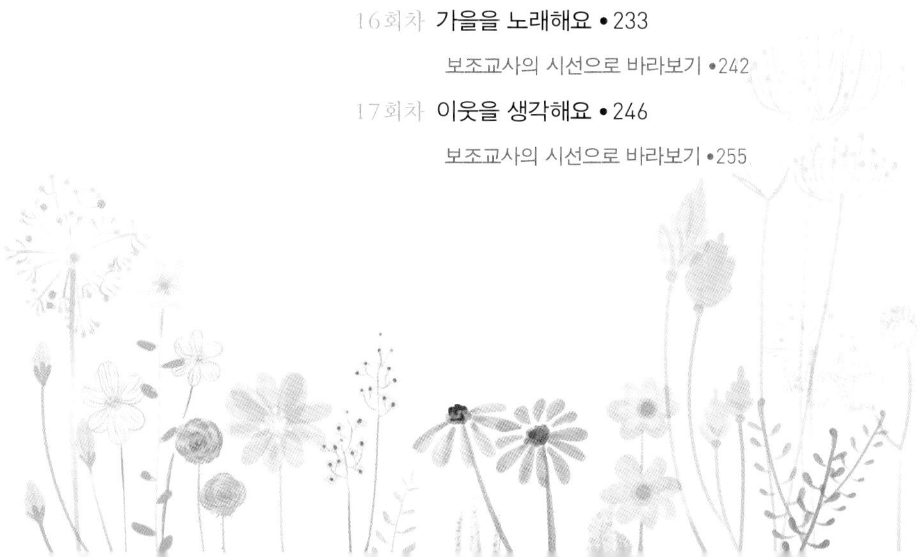

3. 이렇게 해봐요!

: 행복한 숲 체험을 위한 놀이와 준비물

1회차 봄나물로 튀김하기 • 260
2회차 나무 심장소리 듣기 • 262
3회차 꽃전 만들기 • 264
4회차 솔방울 꽃 만들기 • 266
5회차 풀피리 만들기 • 268
6회차 토끼풀 꽃으로 화관 만들기 • 270
7회차 숲속 오감 체험하기 • 272
8회차 조약돌을 활용한 놀이 • 275
9회차 거미줄 만들기 • 278
10회차 나뭇잎을 이용한 놀이 • 280
11회차 자연물로 배 만들기 • 283
12회차 칡덩굴을 이용한 놀이 • 285
13회차 나뭇가지를 이용한 놀이 • 288
14회차 솔방울을 이용한 놀이 • 291
15회차 열매를 이용한 놀이 • 294
16회차 단풍잎으로 꾸미기 • 296
17회차 열매를 이용한 만들기 • 298

4. 알고 나면 더 신비한 식물 이야기

1회차 겨울을 이기는 풀 이야기 •302

2회차 봄의 전령, 생강나무 이야기 •305

3회차 우리의 고향, 진달래 이야기 •307

4회차 한민족의 표상, 소나무 이야기 •310

5회차 향긋한 꽃 냄새, 아까시나무 이야기 • 313

6회차 행운과 행복을 주는 토끼풀 이야기 •316

7회차 우리 민족의 영원한 쉼터, 느티나무 이야기 •319

8회차 식물의 생식기관, 꽃 이야기 •322

9회차 숲속 청소부, 미생물과 버섯 이야기 •325

10회차 숲속 친구들, 꿀벌과 거미 이야기 •328

11회차 도토리 엄마, 참나무 이야기 •331

12회차 식물의 가장, 잎 이야기 •334

13회차 식물의 생명줄, 뿌리 이야기 • 337

14회차 대를 이을 자식, 씨앗 이야기 •340

15회차 제2의 황금기, 단풍 이야기 •343

16회차 아낌없이 주는 낙엽 이야기 •345

17회차 나라 살림을 돕는 숲 이야기 •347

하나 더 우리의 건강을 책임지는 숲, 산림치유 이야기 •350

들어가는 글

숲에서 찾은 희망

아이들을 숲으로

난 행복한 초등학교 수석교사입니다. 매일 아침 교문을 들어서면 운동장에서 공을 차던 아이들이 종달새 같은 높은 음으로 힘차게 인사를 건네기도 하고, 쏜살같이 달려와 품에 쏙 안기는 아이들도 있습니다. 아침부터 그런 인사를 받는 날이면 세로토닌이 절로 솟아나는 느낌입니다. 〈오세암〉과 같은 따뜻한 글을 아이들과 함께 읽을 때도 너무 좋고, 음악 시간에 가만히 눈을 감고 아이들과 명곡을 감상할 때도 교사 되기 참 잘했다 싶습니다.

비 오는 여름날, 아이들과 함께 맨발로 운동장 모래땅을 밟을 때, 두 눈을 감고 가만히 서서 우산에 톡톡 떨어지는 빗소리를 들을 때도 참 행복합니다. 학교 뒷산에 올라 찔레 순을 더 꺾어 달라고 내미는 아이들의 손도 예쁘고, 그들이 건네준 개망초 꽃다발에서 나는 향기가 내 온몸 구석구석의 세포에 스며들어 행복으로 물들게 합니다.

초등교사인 내가 매일매일 이렇게 행복하다면 얼마나 좋을까요? 하지만 사실대로 말하면 이런 날은 그리 많지 않습니다. 아이들 중에는 몸이 아픈 아이도 있지만 마음이 아픈 아이가 더 많습니다. 그 아이들은 자신이 아픈 줄을 모릅니다.

그로 인해 스스로도 힘들고 주변 친구들도 힘들게 합니다. 그런 아이를 지켜보아야 하는 교사들도 덩달아 힘이 들고 마음이 아픕니다.

지금의 우리나라는 세계가 깜짝 놀랄 만한 성장을 이루어냈다고 합니다. 그래서 경제적으로 풍요롭고 생활은 무척 편리해졌습니다. 하지만 "우리는 예전보다 행복한가?"라는 질문을 던졌을 때 어떤 대답을 할 수 있을까요? 경제 성장과 물질이라는 가치 아래 모두가 바쁜 현재의 삶 속에서 우리가 느끼는 행복감과 자존감은 오히려 낮아진 듯합니다.

물질을 최고의 가치로 내세우는 현대사회에서 가정을 꾸려 나가기 위해 부모는 맞벌이를 해야 하고, 이런저런 이유로 이혼율도 상승하여 아이들은 포근한 엄마의 품을 빼앗겨 버렸습니다. 요람에서 벗어나기 바쁘게 아이들은 어린이집으로, 유치원으로 내쳐져 가정의 따뜻함과 부모의 든든한 지지를 받지 못한 채 유아기를 보내고 있습니다.

학교 문을 들어서자마자 감당하기 힘든 학업 스트레스를 받으며 학교와 학원을 전전하느라 친구와의 끈끈한 정을 나누기도 어려워졌습니다. 이러니 아이들 간의 집단따돌림과 폭력, 게임 중독, 자살률 증가는 자연스러운 결과가 아닐까요?

부모의 따뜻한 품은 아이들의 자존감을 키우고 상대에 대한 배려와 협력하는 법을 자연스럽게 터득하게 만드는 큰 힘입니다. 이런 기회를 놓친 아이들은 자기 스스로도 어찌할 수 없을뿐더러 우리 교사가 품어 주기에도 벅찬 일이 되고 말았습니다.

엄마의 따뜻한 품을 아이들에게 다시 되돌려 줄 수는 없을까요? 그럴 수만 있다면 아이들의 바른 인성에 얼마나 큰 도움이 될까요? 그런데 현실적으로 참 어려운 일입니다.

그럼 정말 방법이 없는 것일까요? 가만히 생각해 보면 우리 어릴 적에도 그다지 엄마의 품속에서만 자라지는 않았습니다. 내 어릴 적 시절을 떠올려 보면 엄마의 품보다도 자연에서 뛰어놀던 기억이 더 또렷합니다. 나무에 오르거나 풀숲에 몸을 숨기고, 이름도 모를 열매를 따 먹으며 그 속에서 지치도록 놀고 또 놀던 시간들은 엄마의 품이 되어 주었고 친구와의 우정도 쌓을 수 있었습니다. 그렇게 자란 우리에게는 그 어린 시절의 자연이 엄마이자 벗이었고, 지금도 가슴 한켠에 남아 우리의 삶을 지탱하는 힘이 되고 있습니다.

숲속을 누비며 마음껏 뛰어놀던 추억을 가진 어른들이 하루 종일 걸어도 콘크리트 바닥에서 벗어날 수 없는 아이들을 어떻게 이해할 수 있을까요? 학교와 학원에서 공부하느라 지친 아이들, 컴퓨터와 휴대전화에서 자유가 필요한 아이들, 친구와의 소통이 이루어지지 않는 아이들, 이들의 어깨를 짓누르고 있는 무거운 짐을 내려놓을 공간이 필요합니다.

숲은 우리 아이들에게 희망의 공간을 제공합니다. 엄마처럼 포근하게 안아 아이들의 본성을 되돌릴 수 있는 곳이 바로 자연이고 숲이라고 생각합니다. 아이들은 숲속에서 다양한 체험을 통해 사회성과 자존감을 키우고 정체성을 확립하게 됩니다. 자연이 주는 위로와 치유는 아이들을 더 성숙하게 만듭니다. 아이들은 그 숲속에서 더불어 살아갈 수 있는 멋진 어른으로 성장할 것입니다.

숲은 그것을 가능하게 합니다. 사람들은 숲을 찾고 그곳에서 포근함을 느낍니다.

왜 숲에서는 마음이 안정되고 아늑함을 느끼는 것일까요? 1980년대 초, 개미 연구의 세계적인 권위자인 하버드 대학의 에드워드 윌슨 교수는 인류의 삶의 기원이 인간의 유전자에 각인되어 있다는 '바이오필리아'의 가설을 내세웠습니다.

인간의 마음속에 자연에 대한 애착과 회귀본능이 내재되어 있다는 것입니다.

그의 가설은 자연이 인간의 생존 유지와 종족의 번식에 필요한 여러 산물을 제공하는 자원의 공급원이라는 물질의 개념을 넘어 심미적, 지적, 인지적, 정신적으로 안정과 만족을 주기 때문에 인간은 필연으로 자연에 의존한다고 주장합니다. 인간은 유전적으로 자연 회귀의 본능이 있어 고요한 숲에 들어서면 더할 수 없는 마음의 안정과 포근함을 느끼게 된다고 합니다.

많은 학자들이 숲과의 만남은 인간의 정신적 근원과 본성을 찾고, 건강한 삶을 유지하는 데 매우 중요한 역할을 한다고 합니다. 따라서 숲은 인간의 건강한 삶에 꼭 필요합니다. 오늘날 발생하는 다양한 사회 문제는 숲과 단절된 현대인의 생활이 원인이므로 행복한 삶을 추구하려면 숲과의 교류가 많이 이루어져야 합니다.

숲 체험 활동의 효과

현재 산림청에서는 생애주기별 산림복지의 혜택을 체계적으로 제공하기 위해 국민의 건강 유지와 질병 예방을 위한 '치유의 숲' 조성에 노력하고 있습니다. 숲이 주는 정신적, 심리적, 육체적 건강 유지와 치유 효과를 활용하여 국민 건강을 위한 치유 프로그램 운영에도 예산을 늘리고 있습니다.

이와 함께 숲 체험이 아이들에게 미치는 영향에 관한 다양한 연구도 활발히 진행되고 있습니다. 우선 아이들의 정서 · 심리적으로 살펴보면, 숲 체험이 자아개념 및 자아존중감을 높여 주고 자기조절 능력과 사회적응력에 도움을 준다는 연구들이 많습니다. 숲 체험이 자율신경계에도 영향을 주어 스트레스에 긍정적인 효과를 나타내며 위축, 불안, 우울, 주의집중 부족, 공격성 및 정서불안 등 부적응 행동 개선에도 긍정적인 효과가 있다고 합니다. 또한 숲 체험은 대인관계에 긍정적인 반응을 보이며 타인 배려, 공동체의식 함양, 생명 존중 등 사회성 향상에 도움을 준다고 합니다.

숲 체험 활동이 아이들의 상상력과 창의력, 사고력뿐만 아니라 언어표현력과 수학 문제 해결 능력 향상 등 지적 발달에도 효과가 있으며, 소아 만성질환자들의 증상 개선, 면역 불균형 개선에도 긍정적인 결과를 보인 연구들이 많습니다.

이상에서 열거한 것을 살펴보면 숲을 이용한 체험 활동은 현재 아이들에게 일어나는 다양한 문제를 해결할 수 있는 효과적인 대책이 될 수 있으며, 미래 세대를 책임질 인재를 길러내는 데 꼭 필요한 훌륭한 교육 방법이 될 수 있음을 보여 주고 있습니다.

이러한 연구들을 바탕으로 현재 유아에서부터 청소년을 대상으로 한 다양한 프로그램이 운영되고 있습니다. 특히 유아에 대한 숲 체험 프로그램의 긍정적 효과로 많은 숲유치원이 설립되어 체계적인 숲 체험 프로그램을 진행하고 있습니다. 산림청에서는 초등학생을 비롯한 중 · 고등학교 청소년에 대한 숲 체험 교육에도 노력을 기울이고 있습니다. 하지만 장기적인 효과를 얻을 수 있는 프로그램보다 단기 체험형 정도에 머물고 일회성 프로그램으로 운영되고 있어 아쉽습니다.

아이들에게 교육적인 효과가 나타나기 위해서는 지속적으로 이루어져야 합니다. 현재 구성주의적 체험 학습 활성화, 창의적 체험 활동, 창의 · 인성교육의 강조, 자유학기제와 같은 숲 체험 활동을 할 수 있는 교육정책이 마련되어 있습

니다. 그럼에도 아이들을 학교 밖으로 데리고 나가 숲 체험을 지속적으로 실시하는 것이 현실적으로 매우 어렵습니다. 그 이유는 계획된 학교 교육과정상 많은 시간을 할애하기 곤란할뿐더러 대부분의 교사들이 어떻게 숲 체험을 진행해야 할지 모르고 있기 때문입니다. 이에 학교 교육과정 속에서 진행할 수 있는 제도적 장치가 우선되고 교사들이 손쉽게 접근할 수 있도록 많은 연수와 도움 자료가 있어야 할 것입니다.

변화하는 교육 패러다임

2015년 9월 23일, 교육부는 창의 · 융합형 인재 양성을 목표로 하는 「2015 개정 교육과정」을 발표했습니다. 교육과정 개정의 배경을 보면 크게 두 가지로 살펴볼 수 있습니다.

첫 번째로, 경제 성장과 물질을 추구하는 사회에서 우리의 부모님들은 자식들을 남보다 앞서가게 하기 위하여 교육열을 불태웠습니다. 문제풀이식 교육, 지나친 반복학습, 경쟁 위주의 교육 환경으로 아이들을 내몰아 학업 성취도가 세계 최상위 수준을 유지할 수 있었습니다. 하지만 그런 교육으로 인하여 학업에 대한 흥미도나 자신감은 최하위 수준이라 합니다. 아이들이 느끼는 행복감도 마찬가지입니다. 이와 같은 교육 현장의 문제점을 개선하여 학생들이 배움의 즐거움을 느낄 수 있도록 하는 데 초점을 맞추었습니다.

두 번째로, 미래 사회는 정보통신 기술 및 융합과학 기술이 좀 더 고도화될 것이고, 이에 따라 융합기술이 사회 전반의 변화를 주도할 것으로 예측되고 있습니다. 이러한 미래 사회에서는 표준화되고 객관화된 지식을 습득하는 것보다는 창의적인 사고력, 다양한 지식을 융합할 수 있는 융합 능력이 무엇보다 중요합니다.

따라서 미래 사회 변화에 적극적으로 대처하기 위해 창의 · 융합형 인재를 양성해야 한다는 국가 · 사회적 요구가 확산되었습니다. 「2015 개정 교육과정」은 이러한 국가 · 사회적 요구를 반영한 것이라고 할 수 있습니다.

「2015 개정 교육과정」의 가장 중요한 변화 중 하나는 학생이 실제적 삶 속에서 어떤 일을 할 줄 아는 실질적인 능력을 가질 수 있도록 하는 핵심역량을 길러주어야 한다는 것입니다. 이전 교육과정에도 핵심역량에 대한 내용이 일부 포함되어 있었지만 명시적으로 규정되어 있지는 않았습니다. 그러나 「2015 개정 교육과정」에서는 추구하는 인간상과 연결하여 총론에 구체적으로 제시했으며, 이와 연계하여 각 교과에도 특성에 맞는 역량을 제시했습니다.

따라서 「2015 개정 교육과정」에서는 아이들의 핵심역량을 어떻게 증진시킬 것인가에 대한 논의가 주요 과제라고 할 수 있습니다. 그러나 현재 교과 중심의 분절 교육, 학교라는 제한된 물리적 공간에서의 교육은 학습자들의 생활환경,

또는 '맥락적 상황'을 마련해 주지 못하고 있습니다. 핵심역량을 실질적으로 증진시킬 수 있는 다양한 교수 · 학습 방법의 연구가 필요한 시점입니다. 실제 역량 기반 교육과정을 추구하는 많은 나라에서 역량 증진은 내용 선정뿐만 아니라 교수 · 학습 방법의 변화가 필요하다는 점을 강조하고 있습니다.

이러한 교육현장 상황으로 미루어 볼 때 숲 체험 활동이 하나의 좋은 교육 방법이 될 수 있습니다. 숲 체험은 자연관찰, 답사, 조사 등의 생명 탐사, 생태 미술 · 생태 문학 등의 생태 예술, 생태 공작, 생태 놀이 등 다양한 교육 활동으로 이루어집니다. 또한 협력학습, 토의 · 토론학습, 체험학습, 탐구학습, 프로젝트 학습 등의 다양한 교수 · 학습 방법을 사용해야 합니다. 따라서 학생들이 직접 숲으로 가는 체험은「2015 개정 교육과정」에서 제시하는 학생 핵심역량을 증진시키는 데 매우 적절한 교육방법입니다. 그러나 새 교육과정에는 학교에서 지속적인 숲 체험 교육이 이루어질 수 있는 확실한 제도적 근거가 마련되어 있지 않아 아쉽습니다.

숲 체험 활동을 연구하다

어떤 교육 활동이든 한두 번만으로는 학생들에게 의미 있는 변화를 기대할 수 없습니다. 그래서 교과 및 창의적 체험 활동과 연계하여 학교 교육과정 속에서 체계적으로 이루어져야 합니다. 또한 외부 전문가의 이벤트성 진행보다는 학생들의 상황을 잘 파악하고 있는 담임교사가 직접 교육할 수 있다면 더욱 좋을 것입니다. 그러므로 미래 세대를 책임질 학생들의 핵심역량 증진에 목적을 두고 학교 교육과정 속에서 진행할 수 있는 다양한 숲 체험 프로그램이나 도움자료가 필요할 것이라 생각됩니다.

이에 저자는 박사학위 논문으로 〈초등학생 핵심역량 증진을 위한 숲 체험 프로그램 개발 및 적용에 관한 연구〉를 진행했습니다.

「2015 개정 교육과정」에서 강조하는 6대 핵심역량 가운데 초등학교에서 우선적으로 길러야 하고 숲 체험 활동에 접목하기 가장 적합한 자기관리 역량과 공동체 역량을 기르기 위한 프로그램을 개발했습니다. 6학년 20여 명을 숲으로 데리고 다니며 개발된 프로그램을 적용하여 그 효과를 분석함으로써 숲 체험이 아이들의 자기관리와 공동체 역량을 기르는 데 좋은 방법임을 확인할 수 있었습

니다. 또한 개발된 프로그램을 일선 교사들이 학교 교육과정에서 손쉽게 적용할 수 있도록 구체적이고 실질적인 방안을 제시하기도 했습니다.

무지개 일곱 남매와 숲으로 가다

숲 체험 활동이 일반 아이들에게 미치는 영향도 그렇거니와 학교생활에 어려움을 겪는 아이들에게 더 효과가 클 것이라는 생각이 들었습니다. 여러 이유로 부모와 함께 살지 못하고 할머니, 할아버지의 보살핌을 받고 있는 조손 가정의 아이, 엄마가 다른 나라에서 온 다문화가정의 아이, 한 부모의 손에서 자라는 아

이들은 교사의 더 많은 관심이 필요합니다. 그런 특별한 환경에 있는 아이들 중에는 자신의 존재에 대해 긍정적이지 못하고 자아존중감이 낮아 모든 활동에서 위축되어 있고, 소속된 공동체에서 자신의 역할을 제대로 하지 못하는 아이도 있습니다. 현재도 그렇지만 미래에 사회로 진출하더라도 희망을 가지고 나아갈 동력이 부족할 수 있습니다.

그런 어려움에 있는 아이들에게 다양한 숲 체험 활동을 통해 자신과 생명에 대한 존엄성을 일깨우고 긍정적인 인성 발달이 자연스럽게 이루어져 타인과 더불어 살아가는 데 도움을 주어야겠다고 생각했습니다.

그래서 저자가 근무하는 학교의 아이들 중 전년도 담임교사와 학생들의 상황을 잘 알고 있는 보건교사의 추천으로 자아존중감이 부족하고 학급에서 공동체 생활을 하는 데 어려움을 겪고 있는 7명의 아이들을 선정해 함께하기로 했습니다.

먼저, 어떤 일에도 적극성을 보이지 않는 아이들의 상황을 고려해 누구나 흥미를 가질 수 있는 활동과 놀이 위주로 숲 체험 프로그램을 계획했습니다. 그러한 과정에서 자아존중감을 향상시켜 스스로를 조절하고 관리할 수 있는 능력을 기르고 다른 사람의 마음을 공감하며 배려하는 법을 익혀 더불어 살아갈 수 있는 공동체 역량을 기르도록 하기 위함이었습니다.

천방지축 일곱 아이들을 혼자 숲으로 데리고 다니기 버거워 스물일곱 딸아이에게 도움을 요청했습니다. 산에서 이루어지는 활동이라 자칫 안전이 염려스러웠습니다. 사실 딸아이에게 보조교사로서 안전을 부탁했지만 나의 속마음은 따로 있었습니다. 딸아이도 다른 사람과 잘 어울리지 않고 모든 일에 자신 없어하는 모습을 보여 늘 안타까웠습니다. 함께 숲 체험을 다니며 딸아이 역시 자신의 삶을 스스로 개척하고 다른 사람과 더불어 살아가는 것에 더 큰 행복을 찾길 바랐습니다.

3월부터 12월까지 약 10개월간 17회차 프로그램을 계획하여 격주로 토요일마다 일곱 남매와 함께 다녔습니다. 그들과 함께하는 동안 즐거운 시간도 많았지만 힘든 시간도 있었습니다. 계획했던 대로 활동이 이루어지지 않았고 아이들의 역량을 기르겠다는 처음의 목적을 모두 달성했다고 말하기는 어렵습니다.

하지만 모든 프로그램을 갈무리 지은 이 순간, 아쉬움은 남아 있지만 일곱 남매들과 함께했던 그 시간들은 교사로서 보낸 최고의 순간들이었다고 감히 말할 수 있습니다.

그리고 저는 소망합니다. 일곱 남매들이 자라 어른이 되었을 때 우리가 함께 들로, 산으로 다니며 활동했던 순간들이 떠오르면 입가에 미소가 번지기를……. 그 순간들이 살아가는 동안 만나게 될 수많은 어려운 상황 속에서도 이겨낼 수 있는 한 줄기 빛이 되어 그들의 긴 여정에 작은 도움이 될 수 있기를…….

1. 무지개 일곱 남매, 자연에 물들다

: 자연과 치유 그리고 행복 숲 체험 계획

자연과 치유 그리고 행복
숲 체험 계획

체험 기간	2018년 3~12월 격주 토요일 17회	체험 장소	약목 들과 산, 경북 일원 숲	지도 교사	이숙희	보조 교사	정현지	참여 학생	3~6학년 7명

회차	일시	활동 주제	역량 요소 성취 기준	활동 내용	체험 자료	장소
1	3.17.	자세히 보아야 예쁘대요, 나두요	**자아존중** [6도04-01] 긍정적 태도의 의미와 중요성을 알고 어려움을 극복하기 위한 긍정적 삶의 태도를 습관화한다.	• 풀꽃 관찰하고 이름 지어주기, 진짜 풀꽃 이름 불러주기, 가장 마음에 드는 풀꽃 관찰하여 그리기 • 아무도 보아주지 않아도 예쁘게 꽃을 피우고 씨앗을 퍼뜨리는 풀을 보고 배울 점 이야기하기 • 추운 겨울을 이겨내는 로제트 식물에게 배울 점 나누기 • 학교 주변 들판에 나가 봄에 자라는 풀 중에서 사람이 먹을 수 있는 나물의 이름을 알고 찾아 뜯기-쑥, 꽃다지, 냉이 등 • 직접 캔 봄나물을 씻어서 튀김가루를 묻혀 기름에 튀겨 먹기 • 눈에 띄지도 않는 풀이 우리 몸에 유익하고 맛있는 먹거리가 됨을 알고 스스로 이 세상에 쓸모 있는 사람임을 인식하기	나물도감, 카메라, 관찰학습지, 바구니, 칼 또는 꽃삽, 프라이팬, 식용유, 밀가루, 버너	학교 주변 들판
2	3.31.	우리만의 비밀 아지트 만들어요	**책임** 창체-공동체 안에서 자신의 역할을 알고 자신의 역할에 대한 책임을 다한다.	• 숲속의 나무 관찰하기 • 나만의 나무 친구 정하여 청진기로 내부의 소리 듣기 • 나무에게 내 이야기 들려주고 소원 말하기 • 나뭇가지 주워서 우리만의 아지트 만들어 꾸미기 • 우리가 만든 아지트 이름 짓고 문패 달기 • 힘을 모아 우리만의 아지트를 만든 소감 나누기	나무도감, 청진기, 돋보기, 카메라, 매직펜, 하드보드지	비룡산 계곡
3	4.14.	진달래 꽃전 만들어요	**자아정체성** [6실05-02] 흥미와 소질, 적성 등을 포함한 자아정체성을 탐색하여 긍정적 자존감을 형성한다.	• 진달래, 민들레, 쑥, 새순 등 꽃전 만들 재료 따기 • 개울가에서 깨끗하게 씻기 • 찹쌀가루 익반죽하기 • 프라이팬에 찹쌀가루를 얹고 다양한 꽃과 잎으로 꾸미기 • 친구들과 꽃전 나누어 먹기 • 꽃전을 직접 만들어서 먹어본 소감 이야기하기	물, 간식, 야생화도감, 카메라, 프라이팬, 식용유, 찹쌀가루, 버너	약목 산과 들
4	4.28.	솔방울 카네이션 달아 드려요	**감사** [4도02-01] 가족을 사랑하고 감사해야 하는 이유를 찾고 가족 간에 지켜야 할 도리와 해야 할 일을 실천한다.	• 예쁜 솔방울 줍기, 공감의 솔방울 구슬치기 • 솔방울에 빨간색 물감을 칠하고 리본을 만들어 어버이날 나를 키워준 고마운 분께 드릴 꽃 만들기 • 이 세상에서 가장 고마운 분께 드릴 감사편지 쓰기	물감, 붓, 리본, 글루건, 반짝이풀, 편지지, 필기구	학교 뒷산, 수석교사실
5	5.7.	우리가 지켜요	**생명 존중** [4도02-01] 생명의 소중함을 이해하고 인간 생명과 자연에 관심을 가지며 보호하려는 태도를 가진다.	• 구미 에코랜드로 이동하기 • 모노레일을 타고 생태숲 관찰하기 • 주변의 나무를 관찰하고 특징과 이름 알아보기 • 지금 계절에 피는 꽃 알아보기 • 나무의 줄기, 잎, 꽃 관찰하여 그리기 • 에코 전시관에 있는 동물 친구들의 움직임과 모습 관찰하기 • 자연환경보호 애니메이션 영상 보기 • 에코 체험관을 체험한 소감 나누기	나무도감, 카메라, 관찰학습지, 연필, 색연필	구미 에코랜드

회차	일시	활동 주제	역량 요소 성취 기준	활동 내용	체험 자료	장소
6	5.21.	공주님, 왕자님이 되어 봐요	**자아존중** 창체-자기이해활동: 긍정적 자아 개념을 형성하고 자신의 소질과 적성에 대하여 이해한다.	• 행운의 네잎클로버 찾기. 토끼풀 꽃으로 꽃목걸이, 꽃왕관 만들어 쓰고 공주님, 왕자님 놀이하기 • 왕자님, 공주님이 되어 본 느낌 이야기하기 • 만든 꽃 장식품 가져다가 가족에게 걸어 드리기 • 찾았던 네잎클로버에게 자신을 꿈을 담아 책갈피에 누르기	야생화도감, 카메라, 물, 간식	구미 동락공원
7	6.23.	온몸으로 느껴요	**자기조절** [6도04-02] 자기반성과 마음 다스리기를 통해 올바르게 살아가기 위한 능력과 실천 의지를 기른다.	• 숲속에서 보물이라고 생각하는 것 찾아보기 • 보물이라고 생각하는 이유 발표하기 • 풀꽃도감과 나무도감에 있는 식물 5가지씩 찾아보기 • 유아숲 체험장 시설에서 체험하기 - 밧줄놀이, 집라인 타기, 동굴 지나기, 나무계단 건너기 등 • 숲속 나무에 해먹을 설치하고 서로 밀어주기 • 해먹에 누워 숲과 하늘 바라보고 소감 이야기하기 • 자신을 돌아보고 감사한 일 이야기하기	풀꽃도감, 나무도감, 돗자리, 해먹, 카메라	국립 칠곡 숲체원
8	7.7.	함께 해서 행복해요	**배려** 창체-타인을 이해하고 배려할 수 있는 공동체 역량을 함양한다.	• 숲속 작은 곤충 루페로 관찰하기 • 계곡 물놀이장에서 공놀이, 물놀이하기 • 물속 생물 관찰하기 • 조약돌에 내 모습, 동물 모습 그리기 • 작품 전시회하기 • 삼겹살 구워 먹으며 단란한 가족 체험하기 • 가족 체험 소감 발표하기	루페, 물놀이용품, 카메라, 조약돌, 네임펜, 사인펜	칠곡군 송정 자연 휴양림
9	7.21.	나도 잘할 수 있어요	**자기정체성** [6미01-01] 주변 대상을 탐색하여 자신의 느낌과 생각을 다양한 방법으로 나타낼 수 있다.	• 숲속 샤워장 체험하기 • 나무 한 줄 그네, 두 줄 그네 타기 • 통나무 위에서 발레하기 • 거미가 되어 거미줄 만들기 • 자연물로 책갈피 만들기	나뭇가지, 색깔별 종이끈, 여러 가지 나뭇잎, 마분지, 손코팅지	칠곡 호이 유아숲 체험원
10	8.11.	꿀벌에게 배워요	**생명 존중** [6과05-03] 생태계 보전의 필요성을 인식하고 생태계 보전을 위해 우리가 할 수 있는 일에 대해 토의할 수 있다.	• 꿀벌의 구성, 하는 일, 경제적 가치, 인간과의 공존의 가치 알아보기 • 꿀벌 공기방, 꿀뜨기 과정 체험하기 • 꿀벌 모형 공원 체험하기 • 창의, 인성 체험관 체험하기 • 꿀벌 3D 스케치하여 내 작품 화면에 날려 보기 • 비봇을 활용하여 코딩 익히고 내 생각대로 움직여 보기 • 꿀벌 체험을 통해 배우고 느낀 점 이야기 나누기	곤충도감, 카메라, 네임펜, 색연필, 사인펜, 비봇	칠곡 꿀벌나라 테마공원
11	8.25.	우리가 지켜요	**지구 공동체** [6사08-05] 지구촌의 환경문제를 조사하여 해결 방안을 탐색하고 환경문제 해결에 협력하는 세계 시민의 자세를 기른다.	• 지구를 지켜라 - 지구 온난화 원인 알아보기 - 온난화를 지연시키기 위해 우리가 해야 할 일 알아보기 - 균형과 조화를 체험으로 배우기 • 숲에서 일어나는 일을 알아보고 배워야 할 점 이야기하기 • 모두를 위하는 일이 나를 위한 일임을 알기 - 모두 함께 나무 막대기 잡기 게임하기	굵은 나무 막대기, 하얀 천, A4 종이, 종이컵 등	경상북도 환경 연수원

회차	일시	활동 주제	역량 요소 성취 기준	활동 내용	체험 자료	장소
12	9.8.	서로의 입장을 생각해요	**공감** [6국01-07] 상대가 처한 상황을 이해하고 공감하며 듣는 태도를 가진다.	• 세아조각수목원의 조각과 식물 둘러보기 • 밧줄로 마음 모아 줄다리기하기 • 한마음으로 힘의 균형 잡아 운동하기 • 매가 되어 먹이 사냥하기 - 줄에 과자 매달기 - 뛰어 올라 먹이 낚아채기 • 체험에서 배우고 느낀 점 이야기 나누기	카메라, 밧줄, 마끈, 무명실, 비스킷	칠곡 세아조각 수목원
13	9.22.	나의 미래를 보아요	**자기관리** [4도01-03] 최선을 다하는 삶을 위해 정성과 인내가 필요한 이유를 탐구하고 생활 계획을 세워본다.	• 대구 앞산공원 케이블카 타고 전망대 오르기 - 케이블카 타고 오르며 나무와 숲 관찰하기 - 가을 산의 모습 담기 - 앞산 정상 정복하기 - 대도시의 모습을 살펴보고 이야기 나누기 • 나의 미래 이야기하기 - 도시의 모습을 내려다보며 20년 후 나는 어디에 있을지 상상하기 - 내가 인내하고 노력해야 할 점 이야기하기	나무도감, 카메라, 간식, 물	대구 앞산공원
14	10.13.	정정당당 겨루어요	**자기조절** [6도01-01] 감정과 욕구를 조절하지 못해 나타날 수 있는 결과를 도덕적으로 상상해보고 올바르게 자신의 감정을 조절하고 표현할 수 있는 방법을 습관화한다.	• 솔방울로 구슬치기, 솔방울 모자에 던져 넣기 • 솔방울을 머리에 올리거나 똥꼬에 끼우고 빨리 달리기 • 소나무 잎 2개 중 하나를 빼어 버리고 그 자리에 남은 솔잎을 연결하여 꽂아 가며 목걸이 만들기 • 소나무 줄기에 찰흙과 자연물로 내 모습 꾸미기 • 산사 체험하기	솔방울, 솔잎, 나뭇가지, 찰흙	성주 세종대왕자 태실
15	10.27.	함께라면 뭐든지 할 수 있어요	**협동** [4도02-04] 협동의 의미와 중요성을 알고 경청, 도덕적 대화하기, 도덕적 민감성을 통해 협동할 수 있는 능력을 기른다.	• 적당한 굵기와 길이의 통나무를 찾아 힘을 모아 편평한 곳으로 옮기기 • 구해온 통나무에 모두 올라가서 균형을 유지하여 떨어지지 않기 • 과제에 따라 떨어지지 않고 자리 바꾸어 서기 • 숲속에 있는 거미줄 찾아 거미가 줄 치는 모습을 자세히 관찰하기 • 모둠별로 어떻게 거미줄을 만들지 의논하여 만들어 보기 • 모둠에서 만든 거미줄과 실제 거미줄을 비교하여 보고 느낌 발표하기	거미도감, 카메라, 관찰학습지, 면끈, 마끈, 종이끈, 가위	칠곡보, 신유 장군 유적지
16	11.17.	가을을 노래해요	**참여** [6국05-06] 작품에서 얻은 깨달음을 바탕으로 바람직한 삶의 가치를 내면화하는 태도를 지닌다.	• 모둠별로 다양한 모양, 색깔을 띤 여러 가지 종류의 낙엽을 모아 여러 가지 모양(꽃 모양, 새 모양, 집 모양 등) 꾸미기 • 낙엽의 여러 가지 색깔을 이용하여 10색상환표 만들기 • 넓은 잎으로 인디언 머리띠 만들어 쓰기 • 단풍잎으로 인디언 조끼 만들어 입기	나뭇잎도감, 카메라, 김장 비닐 봉투, 목공풀, 여러 종류의 낙엽이나 단풍잎	시묘산
17	12.8.	이웃을 생각해요	**나눔** [6도04-02] 봉사의 의미와 중요성을 알고 주변 사람의 처지를 공감하여 도와주려는 실천 의지를 기른다.	• 어려운 가정에 땔감나누기 행사 참여하기 • 솔방울로 크리스마스 트리 만들기 • 크리스마스 파티하기 • 사진자료를 통하여 무지개 일곱 남매 숲 체험 활동에서 이루어진 활동을 되돌아보고 느낀 점이나 자신, 주변 사람, 자연을 대하는 태도나 달라진 점 이야기하기	솔방울, 바니시, 병뚜껑, 물감, 붓, 리본, 글루건, 모루, 뿅뿅이, 아이클레이	약목마을, 수석 교사실

2. 숲,
즐기고 느끼고 배우다

: 자연과 치유 그리고 행복 숲 체험일지

1회차

자세히 보아야 예쁘대요, 나두요

3월 12일 월요일

"딸내마~~ 엄마가 뭐 사 왔는지 맞혀 봐라."

운동 다녀오며 사 온 물건을 내밀며 딸내미에게 말을 걸었다.

"뭐 사 왔는데요?"

"응. 이번 토요일이 무지개 일곱 남매 첫 수업 날이잖아? 그날 봄나물 캐서 튀김해 먹을 거거든. 아이들에게 줄 바구니와 칼 사 왔지."

"……."

'저 무덤덤한 딸내미 같으니라구.' 그래도 다시 말을 걸어 본다.

"딸내마~, 인터넷으로 우리 애들에게 나눠 줄 무지개 색깔별 스카프가 있나 찾아봐 줄래?"

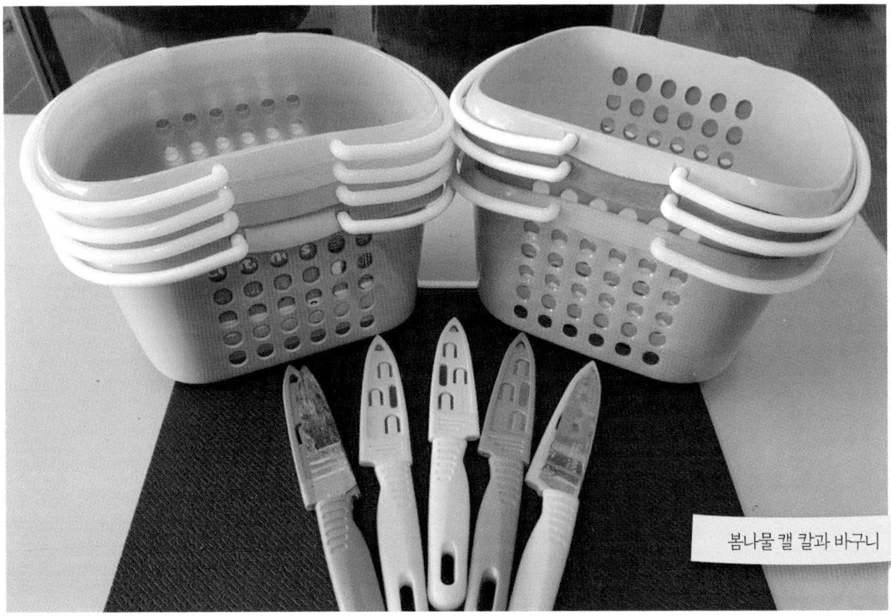

봄나물 캘 칼과 바구니

이번 주 토요일에 드디어 아이들과 숲 체험을 가는데 2학년 담임하랴, 공개수업 준비하랴, 일이 산더미 같아 체험 준비를 제대로 하지 못해 마음이 불안했다. 내일 공개수업 하는 날이라 늦게까지 초과근무 달고 일하다가 와서 무척 피곤했지만 운동하러 집을 나섰다.

'집 주변만 그냥 돌 게 아니라 마트에 가 봐야겠다. 봄나물 캘 칼과 바구니가 있어야 할 테고. 아이들에게 줄 무지개 색깔별로 나오는 마땅한 스카프가 있을라나?'

작고 예쁜 바구니와 뚜껑이 있는 칼을 사고 나오는 발걸음이 가벼웠다. 우리 명재가 예쁜 바구니를 들고 좋아서 쫄랑쫄랑 뛰는 모습이 눈에 선하다.

'빨리 토요일이 왔으면…….'

3월 17일 토요일

빨주노초파남보 일곱 빛깔 무지개 띄우기 힘들어

드디어 무지개 일곱 남매와 첫 숲 체험 가는 날이다.

'봄나물 뜯을 칼과 바구니는 준비해 두었고, 튀김할 프라이팬, 식용유, 부탄가스, 가루 갤 큰 그릇도 준비해야지.'

"딸내마~~ 챙기고 있나? 빨리 가자." 주섬주섬 준비물을 챙겨 집을 나섰다.

부릉부릉~~ 이동군을 몰고 아파트단지를 빠져나왔다.

"아차차, 튀김거리를 안 가지고 왔다. 네가 빨리 가서 가지고 올래? 냉동실에 튀김 재료를 사 넣어 놓고는 깜빡했네. 난 김밥 집에 가서 김밥 사 올게."

'아~~, 이런 정신머리로 제대로 해낼까 몰라. 그래도 울 딸내미가 있어 든든하군.'

"엄마야~~, 오늘같이 중요한 날에 김밥집이 문 닫으면 우짜노? 늦으면 기현이와 현준이가 기다릴 텐데……."

마음이 급해진다. 학교에서 집이 너무 먼 두 형제를 태워 가기로 했었는데 조금 일찍 나오길 잘했다. 다행히 학교 가는 길에서 김밥을 샀고 형제가 사는 아파트로 갔다. 얘들이 잊어버리지 않고 제시간에 나올지 불안하다. 어제 아빠께 문자를 보내도 답이 없었는데…….

"저기 나온다~~. 딸내마, 재들이야. 형은 기현이고 동생은 현준이야."

"어서 와, 일찍 나왔네. 아직 30분도 안 됐는데 이렇게 나와 있었네."

"아빠가 30분까지 나가랬어요." 무뚝뚝한 기현이 답이다.

"그~래에? 아빠가 챙겨 주셨구나." 8시 40분에 만나기로 했는데 12분이나 일찍 나온 형제가 너무나도 반갑다.

"아침은 먹었니?"

"안 먹었어요."

"그래? 그럼 학교에 가서 김밥 먹자."

'애고고, 이럴 줄 알았으면 김밥을 좀 더 사 올 걸 그랬나? 점심으로 산 건데 모자라면 우짜지…….'

수석교사실에 가서 형제들에게 김밥을 꺼내 주고 있는데 현철이가 문을 빼쭉이 열고는 들어오지 않고 머뭇거린다.

"현철아, 아니 정우는 아침 먹고 왔나?"

"아니요."

"그럼 여기 와서 기현이랑 김밥 같이 먹어."

무지개 일곱 남매 숲 체험 가요

현철이는 이런저런 사정으로 정우로 불러 달라고 할머니께서 지난해 담임에게 찾아와 부탁을 하셨단다. 그러니 입에 붙은 현철이를 지우고 정우라고 불러야겠다.

명재와 용민이가 안 와서 슬슬 걱정이 된다. 명재는 지난해 한국숲사랑청소년단 체험 때 온다 해놓고 당일에 안 온 전적이 있어서 불안했다. 용민이는 어제 예비 모임에서조차 긴가민가했다. 더구나 어머니의 반응도 불분명하여 여차하면 다른 멤버를 구해야 하나 생각이 들었다.

휴대전화 벨이 울린다. 용민이 어머니다. 역시 용민이가 안 가겠단다. 어제 저녁까지 간다고 했는데 아침에 일어나서 안 가겠다고 한단다. 그래서 어머니가 시간이 되면 같이 데리고 오면 어떻겠냐고 제안을 드렸다. 일 나가서 안 된다고 하신다. 아마도 엄마가 없는 집에서 혼자 맘껏 게임할 수 있으니 안 오려고 하나 싶다. 한 번만 참석하면 그다음에는 잘 올 것 같은데…….

명재가 왔다. 모자도 쓰고 나들이 차비를 단단히 하고 왔다. 쑥 캘 거라며 꽃삽까지 가지고 왔다고 자랑이 늘어진다. 아침밥까지 먹고 왔단다. 명재는 할머니께서 잘 챙겨 주시나 보다. 다행이다. 이 캠프를 안내했을 때 명재 할머니께서 제일 호응이 좋으셨다. 그저 감사하다고 하셨다.

명재를 맞이하고 있을 때 3학년 1반 선생님이 오셨다. 용민이와 현준이의 담임이다. 둘 다 나왔는지 궁금하셨나 보다. 용민 어머니와의 통화 내용을 이야기했더니 직접 전화해 보겠다고 하신다.

연아, 현아는 늦어도 걱정이 없다. 틀림없이 올 아이들이니까. 역시 바로 들어온다. 두 쌍둥이 자매가 오니 마음이 든든해진다. 용민이까지 오면 좋겠는데…….

일단 복잡한 마음을 추스르고 여섯 남매들을 데리고 간단히 우리가 하게 될 일들과 지켜야 할 사항을 설명하고 오늘 일정을 안내했다. 약목 주변 들판에 나가 쑥이랑 봄나물 캐어다가 맛있는 튀김을 해 먹자고.

나물 캘 준비물을 나누어 주니 모두들 마음에 드는 색을 고르느라 여념이 없다.

"수석선생님, 이 바구니는 목욕바구니 아니에요?" 명재가 불쑥 던진다.

"아냐, 나물바구니야."

"여기 목욕바구니라고 적혀 있어요. 우리 목욕 가는 거예요?" 또 엉뚱하게 튀기 시작한다. 이런, 다 떼어 냈는데 한 곳에 상표가 붙어 있었던가 보다.

"목욕바구니가 이렇게 작은 거 봤니? 다른 바구니에 있던 것이 딸려 왔나 보네. 이건 우리가 봄나물 캐어서 담을 나물바구니야."

땀이 삐질삐질 난다. 마침 용민이가 들어온다. 얼마나 반갑던지.

드디어 빨주노초파남보 일곱 빛깔 무지개가 제 모습을 갖추고 학교 위에 반원을 그리며 솟아올랐다. 야~~호.

도깨비바늘에 포위됐어요

"여기 쑥이 있네. 한번 캐 볼래? 냉이는 이렇게 생긴 거야. 아니, 그렇게 뒷면이 흰색은 지칭개야. 먹을 순 있지만 맛이 많이 쓰니까 요렇게 생긴 냉이하고 쑥만 캐자.

쑥을 뜯을 때는 잎이 하나하나 떨어지지 않도록 뿌리 근처에서 한꺼번에 뜯어야 해. 냉이는 뿌리째 캐는 거야. 뿌리도 먹을 수 있거든."

아이들은 신났다. 하지만 바구니에 담기는 건 내가 캐서 담아 주는 것 외에 별로 소출이 없어 보인다. 직접 캐지는 않고 내가 캐면 서로 자기 바구니에 담으려고 경쟁이 치열하다.

"여기 거미 있다. 거미 좀 봐." 아이들 모두 쑥이고 냉이는 이미 물 건너간 것

지칭개

냉이

꽃다지

같다. 딸내미가 가리키는 쪽으로 우르르 몰려간다. 울 딸내미는 식물보다 동물에 더 밝다. 아이들에게 잘된 일이다. 원래 아이들은 식물보다 움직이는 것에 관심이 더 많은 법이니까.

“자, 이제 저리 가 보자. 여기 이렇게 옷에 달라붙는 게 많으니 조심해.”

“나 그거 알아요. 도깨비가시예요.”

“맞아, 정우가 그걸 어떻게 알았어? 이건 도깨비바늘이야. 동물의 털이나 우리 옷에 붙어서 씨앗을 퍼뜨린단다. 그러니 될 수 있으면 멀리 가서 씨앗을 떼어 내 주면 고마워할 거야.”

“선생님, 도깨비바늘이 너무 많이 붙어요. 빨리 집에 가요. 여기 못 있겠어요.”

“앗, 따거! 그만 가요.” 모두 고슴도치 꼴이 되어서 집에 가자고 아우성이다. 이런이런.

“애들아, 아직 조금밖에 못 캐서 튀김해 먹을 수가 없을 텐데 어쩌지? 그래도 그냥 갈까?”

넌지시 미끼를 던져 본다.

“아니요, 도깨비바늘 없는 곳으로 가서 캐요.”

“그래, 얘들아 도깨비 소굴에서 빨리 벗어나자. 저 언덕 위로 올라가면 쑥이 많으니 저기 위로 가 보자.”

도깨비바늘에 포위됐어요

언덕 위로 올라가자마자 여기저기서 도깨비바늘을 떼어 내느라 모두 정신이 없다. 기현이는 샌들을 신고 오는 바람에 양말에도 온통 도깨비바늘이 붙어 고슴도치가 따로 없다.

“엉덩이에도 붙어 있으니 서로서로 떼어 주기 하자. 그래도 도깨비바늘은 너희를 고마워할 거야. 그 자리에서 떼어 내지 않고 이곳까지 씨앗을 퍼뜨려 주었으니까.”

“선생님 등에도 많이 붙었어요. 제가 떼어 드릴게요.” 종달새 같은 목소리로 명재가 애교를 부린다.

“여기에 쑥 많이 있네, 냉이도 많고.”

딸내미는 무얼 하나 보니 현아, 연아랑 이야기 삼매경에 빠져 있다. 쌍둥이들은 처음 만났을 때 말수가 적은 딸내미에게 말 붙이기 머쓱해하더니 제법 도란도란 이야기꽃을 피운다.

“귀여운 선생님, 이 꽃 좀 봐요.” 종달새 명재가 딸내미 등에 얼굴을 부비부비하며 아양을 떤다. 역시 명재답다. 딸내미도 귀엽다는 말에 부끄러워하면서도 싫지는 않은 눈치다.

“얘들아, 여기 이 노오란 꽃 좀 보렴.”

"애고고, 예뻐요. 이게 무슨 꽃이에요?"

"꽃다지야. 이렇게 꽃다지는 노란 꽃, 냉이는 흰 꽃이 핀단다. 이제 어지간히 캤으니 슬슬 가 볼까?"

"왔던 길로 가면 또 도깨비 소굴로 지나가야 하는데 어떻게 해요?"

"그럼 저 위로 둘러 가자."

"그래요. 또다시 도깨비바늘 심부름꾼은 되기 싫어요."

학교로 돌아가는 길에 갓 돋아난 소리쟁이 잎줄기도 뜯어 바구니에 담았다. 아이들이 이제 배가 고플 때가 되었으니 슬슬 튀김 하러 가 볼까나.

"애들아, 이제 그만 갈까?"

"네~~~." 역시.

"빨리 가서 나물을 다듬고 씻어서 튀김 해 먹자."

"네~~~." 이구동성으로 대답한다.

아삭아삭, 소리쟁이 튀김 맛이 기가 막혀

아이들이 배가 고플까 봐 마음이 바쁘다. 운동장에서 함께 다듬은 봄나물을 수석교사실로 가지고 들어왔다. 씻고 튀김거리 준비하는 것은 아무래도 혼자 하는 것이 빠를 것 같아 아이들과 딸내미는 운동장에서 잠시 놀고 있으라고 한 터이다.

"수석선생님~~~, 다 되었어요?" 운동장 놀이터에서 들려오는 소리다.

"그래, 이제 들어와도 돼~~~."

"야~~ 들어와도 된대. 튀김 하러 가자." 우당탕탕! 그럴 땐 재바르기도 하지.

"자~ 딸내미와 우리 꼬맹이 동생들은 나물에 마른 튀김가루를 묻히고, 내가 물에 갠 가루를 묻혀 기름에 넣어 주면 현아, 연아는 뒤집어 가면서 기름에 튀겨 내거라."

모두 진지하다. 고소한 튀김 냄새에 먹고 싶은 마음을 누르고 내 말이 떨어지

튀김을 만들어요

기만을 기다리며 장난치는 것도 잠시 멈추고 열심이다. 접시에 수북이 쌓이도록 참는다. 기다리며 침 삼키는 소리가 여기저기 들리는 듯하다. 웃음이 나려는 걸 억지로 참고 일부러 천천히 말을 건넨다.

"우리가 캔 봄나물로 튀김을 만들었는데 먹어 보고 싶니?"

"네~~에~~." 이구동성이다.

"뜨거우니까 천천히 식혀서 먹어야 해." 내가 묻는다.

"맛이 어때?"

"아주 고소하고 맛있어요."

남자아이들은 튀김가루 묻히는 건 잊어버리고 저쪽 책상으로 가서 먹느라 정신이 없다. 그래도 끝까지 튀기며 먹는 것도 양보하고 있는 누나들이 대견하기 그지없다.

"너희도 먹어 봐, 맛이 어떤지." 손으로 하나씩 입에 넣어 준다. 두 군데서 튀기고 있던 현아, 연아는 여전히 튀김을 뒤적이며 입을 오물거리며 먹는다.

"어때? 맛이."

“맛이 기가 막혀요. 나물로 튀긴 것이라 맛이 없을 거라 생각했는데 진짜 고소해요.”

“언니도 먹어 봐요. 너무 맛있어요.” 딸내미에게도 권한다. 보조교사 노릇한다고 이때까지 참고 있던 딸내미도 슬그머니 한 조각 입으로 가져간다. 씨익 보조개가 파인다.

두 곳에서 연신 튀겨 내건만 잘도 줄어든다.

“우리 할머니 가져다드려도 돼요?” 명재 말이다.

‘기특한 녀석, 제 배가 부르니 이제 할머니가 생각나나 보네.’

“그럼그럼, 우리가 뜯은 봄나물로 만든 것인데 가져다드려야지. 조금씩 싸 줄 테니 집에 가지고 가서 자랑하렴.”

작은 비닐봉지에 봄나물튀김 몇 개, 용가리튀김 한 개, 새우튀김 한 개씩 싸 주었다.

‘애들아~ 이렇게 작은 풀들도 삶을 포기하지 않고 묵묵히 추운 겨울을 이겨내고 봄을 맞이하지 않니? 이 세상에 필요치 않은 존재는 없단다. 너희도 모두모두 제각각의 개성을 지닌 단 하나밖에 없는 귀하게 쓰일 존재란 걸 알았으면 좋겠다.’

보조교사의 시선으로 바라보기

'졸려~~.'

아침 일찍 엄마와 함께 차를 타고 기현이, 현준이 형제를 데리러 갈 때는 단지 그 생각뿐이었다. 빨리 끝나서 자고 싶다는 생각뿐이었다. 그때는 나도 내가 이렇게나 적극적으로 참여할 줄 몰랐다. 평소에도 아이들이 무척이나 싫은데 이 아이들이라고 뭐 다르게 느껴질까?

기현이와 현준이를 태워서 학교에 와서도 멍하고, 아침밥이 모자라서 엄마가 사 온 김밥을 먹으면서도 단지 멍할 뿐이었다. 아이들이 한두 명씩 수석교사실에 도착하고 한 아이 빼고는 다 모여서 간단한 소개와 오늘의 할 일을 들을 때도 그저 아무 생각 없이 멍이나 때리고 있었다.

그래도 어차피 내가 하기로 한 일이니 도와야겠지. 엄마의 지시에 따라서 준비물과 조끼를 나누어 주었다. 이제 막 나물을 캐러 교실을 나서려고 할 때 오지 않을 것 같던 마지막 주인공, 용민이가 나타났다.

드디어 일곱 명의 아이들이 모두 모였다. 아이들은 신나서 우르르 복도를 뛰어나가고 나와 엄마는 뒤를 따랐다. 그렇게 운동장을 지나고 학교 뒤 언덕으로 올라가기 시작했다.

시끌벅적한 아이들이 제 영역 주변으로 오는 게 싫은 내색을 아주 적나라하게 드러내는 동네 개들. 그러나 개가 짖는다고 해서 쫄면 그게 아이들이던가? 뭐 물론 줄에 묶여 있었으니 겁낼 필요가 없다고 생각했겠지. 어찌됐든 개들이 짖거나 말거나 우리는

봄나물 캐기

계속 나아갔다.

논둑에 난 쑥과 냉이를 처음 발견하고 드디어 나물을 캐기 시작했다. 밭은 그렇게 넓진 않았고, 냉이나 쑥 같은 나물들도 아이들이 자칫 잘못하단 떨어질 수 있는 경사면에 있어서 조금만 캐고 더 위로 올라갔다. 드문드문 눈에 띄는 쑥을 캐면서 가다 보니 갑자기 웬 시들어 말라 널브러진 덤불이 많은 곳에 도착했다.

그곳에는 쑥이 꽤 많았지만 문제는 온 사방이 도깨비바늘이라는 점이다. 옷에 온통 씨앗이 달라붙어 불평불만이 쏟아지기 시작했다. 쑥은 도대체 왜 이렇게 비탈지고 덤불투성이 속에 있는지 나도 이해가 되지 않았다. 하기야 쑥들도 인간들에게 뽑히기 싫어서 그런 곳을 택했나 보다 싶었지만 역시 불편한 건 불편한 거였다.

도망치다시피 그곳을 빠져나와 언덕으로 올라가니 아까보단 한결 편한 길이 나왔다. 간혹 삐져나와 있는 나뭇가지들 말고는 방금처럼 따가운 무언가도 없고 나름 편히 쑥을 캘 수 있는 곳이었다.

그 언덕에서 좀 더 올라가니 큼지막한 개 세 마리가 있었다. 그 개들 입장에서 보면 무척 당황스러운 일이었을 것이다. 엄청나게 시끄러운 애들이 한둘도 아니고 떼로 몰려와서는 자기네 주변에서 얼쩡거리지를 않나, 자기네 주인 집 근처의 쑥을 맘대로 캐지를 않나, 그것도 모자라서 남자아이들은 짖는 시늉을 하며 성질을 건드리고 있는 것이다.

우리를 보며 개들은 도발로 보일 수도 있었을 것이다. 그럼에도 도대체 짖지를 않는다. 졸린 걸까? 아니면 갑자기 쳐들어온 떼거리를 보고 두려움을 느꼈는지도 모를 일이다. 웃기는 건 그다음 주에 엄마랑 나만 다시 그 근처로 쑥을 캐러 갔을 때는 아주 열렬히 짖어 댔다는 것이다. 지금 다시 추측해 보건대 개들도 애들과 어른을 따로 구별해서 본 게 아니었을까 싶다.

아이들은 자기들한테 별로 위협이 안 되니 몰려오든지 말든지 콧방귀를 뀐 거고 그 사이에 있던 엄마와 나는 애들 구경하느라 신경이 안 쓰였거나, 아이들의 보호자라는 걸로 인식했거나 그러지 않았을까? 그리고 둘만 따로 갔을 때는 별로 탐탁지가 않았던 거겠지. 어찌됐든 아이들과 같이 간 날엔 한 번도 짖지 않았고 그래서 지금 생각하면 무척이나 고맙다. 너무 사납게 짖어 댔으면 분명 어린 남자아이들 한 명쯤은 놀라서 울었을 테니까.

학교로 돌아와 캐온 나물을 운동장 가운데 모아놓고 시든 것을 가려내고 뿌리 부분은 다듬었다. 엄마는 먼저 들어가셔서 요리 준비를 하고 아이들과 나는 놀이터에서 함께 놀았다. 들어오라는 엄마의 신호가 떨어졌다.

드디어 우리가 캔 봄나물로 튀김을 한다. 사실 튀김을 먹는 것은 좋아하지만 내가 직접 튀겨 보지는 않았다. 튀길 재료를 기름에 넣었을 때 예측할 수 없게 이리저리 막 튀는 기름이 몸에 닿으면 너무 따갑고 무섭기 때문이다. 엄마도 그걸 알아서 날 보고는 씻은 나물에 튀김가루랑 튀김옷 묻히는 것만 시키셨고 튀기는 일은 현아, 연아 자매와

나물 다듬기

함께 하셨다. 나도 나중에는 튀기는 일을 거들기도 했다.

그렇게 열심히 튀기고 튀겨서 여전히 지치지도 않고 왁자지껄한 남자아이들에게 튀김을 대령했다. 우리 넷은 그렇게 튀기면서 겨우 맛을 보는 정도다. 먹는 사이에도 어찌 그리 할 말이 많은지 새삼 또 경이롭다.

이모 학원 일 거들면서 떠드는 남자아이들을 이미 많이 봐 왔지만 무지개 형제들은 더하다. 물론 학원에서 떠드는 것은 당연히 제재해야 되는 거고 이 아이들은 즐거운 체험 활동을 하러 모인 거니 뭐라 말할 수는 없다.

같이 숲 체험을 하며 느낀 건데 내가 평소에 학원 아이들에게 너그럽지 못했다는 걸 알게 되어 미안했다. 잘될지는 모르겠지만 지금부터라도 잘해 주어야겠다.

다음 체험 활동 시간은 바로 내일, 다들 어떻게 보냈을지 궁금하다. 불과 2주 전이었지만 날씨도 정말 많이 풀려서 옷차림도 가벼워졌을 것이다. 이제 슬슬 벚꽃도 피어나기 시작하니 함께 벚꽃 구경 가도 좋을 것 같다.

우리만의 비밀 아지트 만들어요

3월 29일 목요일

아무래도 이번 토요일에 가려고 했던 장소를 포기해야 할 것 같다. 학교에서 제법 떨어진 일본잎갈나무 숲으로 가서 아지트를 만들려고 했는데 정우가 다리를 다쳐 깁스를 한 상태라 그곳까지는 너무 멀다.

며칠 전까지만 해도 목발이나 휠체어를 타고 다니는 정우를 보면서 이번 회차에는 같이 못 가겠구나! 했는데 이제 목발 없이 잘 다니는 것을 보아 가까운 곳으로 잡는다면 함께 갈 수 있을 것도 같다. 내일 정우에게 함께 갈 수 있는지 물어 봐야겠다.

3월 31일 토요일

무지개 일곱 남매가 모두 갈 수 있어 다행이다. 정우가 무조건 갈 수 있단다. 김밥 사서 기현 형제를 태우고 정우 아파트로 갔다. 목발을 짚고 기다리고 있었다. 순간 갈등이 일었다. 목발을 짚고 있는 아이를 데리고 산행이 가능할까?

일단 수석교사실에 도착해서 여전히 아침을 먹고 오지 않은 세 친구에게 김밥을 먹이고 다른 남매들을 기다렸다. 지난번에 꼴찌로 왔던 용민이가 예쁜 가방을 메고 일찌감치 도착했다.

오늘은 아무리 가깝더라도 산행이니만큼 챙길 준비물이 많다. 가져오라고 한 배낭에 개별로 1인용 돗자리, 수첩, 돋보기, 물, 음료수, 김밥을 분배해 주었다. 나머지 준비물인 청진기 3대, 호미와 꽃삽, 다른 간식거리는 여유 배낭에 챙겨서 딸내미와 현아에게 메게 하고 내 배낭에는 잡다한 것을 챙겨 넣었다. 애고, 준비물 챙기는 것도 보통 일이 아니네.

이동군을 타고 일본잎갈나무 숲으로

9명이 탈 이동군이 기다리고 있다. 사실 이동군은 이동옹이라고 해야 옳다. 1999년생이니 차 나이로 치면 할아버지다. 그래도 이동군이 있어 우리 아홉 명이 한 차로 이동할 수 있으니 얼마나 다행한 일인가? 좀 노쇠하긴 했으나 이동군은 9인승 갤로퍼라 우리의 애마로 손색이 없다.

두만지를 끼고 비룡산 자락으로 올라갔다. 아이들은 함께 차를 타고 가는 게 무척 신나는 모양이다. 더군다나 이동군은 다른 차와 달리 뒤칸 좌석이 마주보게 되어 있어 더욱 재미있을 것이다. 드디어 이동군의 역할은 끝이 났다.

차에서 내려 산길을 오르기 시작했다. 오기 전에 아이들에게 "힘들어요", "그만 가면 안 돼요?", "어디까지 가야 돼요?"라는 말을 말라고 단단히 못을 박은 터라 땀을 뻘뻘 흘리면서도 힘들다는 내색을 못 하는 모습을 보니 귀엽다. 다리에 반 깁스한 정우도 자신만만하게 갈 수 있다고 설레발을 쳤으니 차마 힘들다는 소리는 못 하고 자꾸 뒤로 처진다. 천천히 가자고 말하며 다 와 간다는 말로 힘을 주는 수밖에. 날씬한 명재는 신이 났다. 펄펄 날아다닌다. 덩치가 있는 기현이와 현준이 형제도 생각보다 산길을 잘 걷는다.

너럭바위 위에서 생일 파티를 하다

두 번을 쉬고 드디어 목적지에 도착했다. 일본잎갈나무 숲을 지나 조금 평평한 곳에 돌탑이 쌓여 있고 그 옆에 졸졸 흘러나오는 물과 그것을 받는 대야가 있고 물을 받아 마실 수 있는 조그마한 바가지가 나뭇가지에 걸려 있다.

영차영차 아지트를 만들자

아이들은 졸졸 흐르는 물을 그 작은 바가지에 받아 마신다. 주변을 둘러보았다. 비닐하우스 지주대로 사용되었던 대나무가 몇 개 꽂혀 있고 복사나무, 고욤나무가 주변에 자라고 있는 것으로 보아 예전에 누군가가 밭을 일구고 살았던 곳인 듯하다. 무지개 일곱 남매들이 아지트로 만들 곳은 장정 열 명이 올라가서 쉬고도 남을 너럭바위 뒤쪽이다.

그 너럭바위는 우리의 아지트를 아지트답게 차폐막이 되어 주기도 하지만 그 바위 위에 복사나무가 멋드러지게 늘어져 있어 여름이면 시원한 그늘도 만들어 주어 하루 종일 놀아도 좋을 장소이다. 바위 위로 올라가니 작년에 떨어진 복숭아 씨앗이 몇 개 굴러다닌다. 대충 정리하고 돗자리를 깔고 앉았다. 꽤 먼 산길을 올라오느라 출출한지 먹을 것부터 찾는다.

"얘들아, 사실 오늘이 내 생일이거든. 그래서 여기까지 케이크는 가져올 수 없고 해서 이걸 가지고 왔어." 배낭에서 백설기처럼 생긴 둥근 빵을 끄집어냈다.

"진짜예요?" 남학생들은 반신반의한다.

"에이, 그러면 미리 말씀을 해주셔야죠. 그래야 저희들이 선물을 준비하죠."

역시 현아, 연아가 어른스럽게 챙긴다.

"아냐, 대신 너희들이 나뭇가지를 하나씩 꺾어 꽂아서 축하해 주면 돼.

긴 것 5개, 짧은 것 3개."

"여기에다 불도 붙이 나요?"

"여기서 불붙이면 큰일 나. 불이 나면 우리 모두 감옥 가야 할걸? 붙였다 치고 하자.

빵도 먹고 음료수도 먹고, 배고프면 김밥도 줄까?"

"네~~~." 이구동성이다. 신나게 조잘거리면서 먹기에 여념이 없다.

"난 여기서 살래, 여기가 너무 좋아, 난 여기서 살래." 종달새 명재는 여전히 조잘대면서 내 옆에 누우려 한다. 슬그머니 다리를 내어 주니 척하니 베고 드러눕는다.

"수석선생님, 사랑해요." 애교가 철철 넘친다. 명재 얼굴에 만족감이 배어 나온다.

지금은 비밀 아지트를 만드는 중

한참을 그렇게 먹으며 쉬고 나니 슬슬 호기심이 발동하나 보다. 바위에서 엉덩이가 하나둘 떨어진다.

“이제 우리들만의 아지트를 만들어 볼까?

여기 바위 뒤에 아지트를 만들면 지나가는 사람 눈에 잘 띄지 않고 좋을 것 같지 않니? 잡다한 가지들은 다 잘라서 끌어내고 나무와 나무 사이에 굵은 나무 둥치들을 주워 와서 울타리를 쌓는 거야. 그리고 문패도 만들어 달자. 너희는 주변에 둘러보고 굵은 가지를 주워 오렴. 난 가시가 있는 산딸기나무 가지들을 잘라낼 테니.”

가시에 손이 찔려도 별 투정 없이 잘도 한다. 멀리 가서 가지들을 주워 오는 친구들은 정우가 붕대 풀리면 붙이려고 가지고 온 전기 테이프를 이용하여 나뭇가지를 몇 개씩 묶어서 나르고 있었다. 땀을 뻘뻘 흘리다 보니 언제 완성될까 싶던 아지트가 서서히 모습을 갖춰 가고 있었다.

산에서 내려온 흑염소, 산신령이 아닐까?

주워 온 가지로 대충 울타리를 쌓고 땅바닥을 고르고 있는데 누군가 “염소다! 염소가 와요”라고 한다.

‘염소라니, 여기에 염소가 있을 턱이 없는데’ 하며 고개를 들어 보니 진짜로

염소야, 너 어디서 왔니?

새끼 흑염소 한 마리가 산 위쪽에서 폴짝폴짝 뛰어와 주저하는 기색 없이 물이 있는 곳으로 간다. 우리가 있는데도 전혀 신경 쓰지 않는다. 한참을 물을 마신다. 아이들이 다가가 등을 쓰다듬어도 멈칫하는 기색 없이 물만 마신다.

"배가 고플지 모르지 빵을 줘 보자" 하니 깁스한 정우가 절뚝거리는 다리로 너럭바위를 날아오른다. 우리가 먹다가 남긴 빵을 가지고 와 염소에게 내민다. 잘도 먹는다.

"배가 무지 고팠나 봐요. 너무너무 잘 먹어요." 빨간 종지에 물도 떠와서 내민다. 역시 잘 먹는다. 그렇게 흑염소는 아이들에게 신선한 호기심을 한아름 안겨 주고는 왔던 길을 총총 돌아가 버렸다.

"저 위에는 비룡산인데……."

"주변에는 염소 키우는 곳도 없는데 어디서 왔을까요?" 그러고도 한참 동안이나 염소에 대한 여운이 가시지 않았다.

"너도 들려?"

나무 물오르는 소리에 빠지다

가지고 온 청진기를 슬그머니 끄집어냈다. 먼저 자신들의 심장소리를 들어 본다.

"내 심장 뛰는 소리가 콩닥콩닥거려요."

"그래? 그러면 이번에는 친구들의 가슴에 대어 봐, 어떻게 다른지.

나무들은 무슨 소리가 들릴까? 저어기 오동나무에 가서 대고 들어 보자."

"꾸러럭꾸러럭 하는 소리가 나요."

"난 쿨럭쿨럭거리는데요?"

"나무들이 뿌리에서 물을 올려 잎을 틔우고 꽃을 피우는 거야. 신기하지? 우리 다음에 다른 나무들도 들어 보자."

한참을 청진기로 나무에 물 오르는 소리를 듣고는 다시 아지트 만드는 작업에 열중했다.

우리의 아지트가 완성되다

생각보다 시간이 너무 걸려서 세 자매가 문패를 만들고 남자아이들은 마지막 울타리용 가지를 모으는 데 온 힘을 쏟았다.

우리 주위에서 종알종알대던 명재와 용민이도 주변에 있는 가지를 주워 오기 시작했다. 어디선가 장정 허벅지만 한 소나무 둥치를 둘이서 낑낑거리며 들고 온다.

머리를 맞대고 문패 만들고 있는 셋은 뭐가 그리 재미있는지 호호 깔깔, 얼마나 재미있게 이야기 삼매경에 빠져 있던지 보기만 해도 흐뭇하다. 가지고 온 마끈에 완성된 문패 두 장에다가 구멍을 뚫어 매달고 바닥에 1인용 돗자리를 깔았다.

드디어 완성이다.

"얘들아, 빨주노초파남보 순서로 누워 보렴! 기념사진 찍어 줄게." 다른 아이들은 다 누웠는데 기현이가 신발을 벗기가 귀찮은지 얼쩡거리고만 있다.

"기현아, 신발 벗고 누워 볼래?"

"싫어요, 귀찮아요."

나무 둥치 주워 오느라 기운이 다 빠졌는지 짜증을 섞어 불편한 심사를 드러

아지트 앞에서 찰칵

낸다. 그만 분위기가 싸하다.

"우리 모두 행복하자고 하는 일인데 네가 그렇게 짜증을 내면 모두가 기분이 안 좋아지잖아."

"그러면 내가 안 오면 되겠네요."

"그래에? 그렇게 싫으면 그러든지."

'아~~, 그 말은 하지 말 걸 그랬나? 이 일을 어찌 수습하누?' 머리가 복잡해진다. 다른 아이들도 사태의 심각성이 느껴졌는지 가만히들 있다. 모르는 척하면서 짐짓 한 옥타브 올려서 "얘들아, 우리 다음 모임에는 점심에 짜장면 먹을까?" 묻는다.

“네~~에~~.” 이구동성으로 대답한다.

“짜장면요? 그럼 나도 와야지.” 기현이가 미끼를 덥석 물었다.

“그럴래? 기현이도 짜장면 같이 먹을래?”

‘휴~~우~~.’ 아이들 몰래 안도의 긴 숨을 뱉어냈다.

“띠리띠리” 전화벨이 울린다. 명재 할머니이시다. 1시를 훌쩍 넘겼으니 올 때가 되었는데 소식이 없는 손자가 걱정되시나 보다.

“애들아, 이제 슬슬 정리하자. 돗자리도 털어서 접어 넣고 짐 정리하자.”

음료수를 쏟아 끈적끈적한 돗자리를 정우와 현아가 옹달샘으로 가져가서 씻어온다. 척척 정리하는 모습이 기특하다.

내려오는 길도 다리가 불편한 정우가 뒤처진다. 정우를 부축해 주며 말을 건넸다.

“정우가 투덜거리는 기현이 기분도 맞추어 주고, 명재도 보듬어 주고 해서 너무 고마워. 같은 반이니까 다음번에도 기현이가 잘 어울릴 수 있도록 정우가 도와줄 것 같아 수석선생님은 무지무지 든든하네” 하며 머리를 쓰다듬어 주었다.

이렇게 무사히 아지트 만들기는 막을 내렸다.

‘애들아~ 이 세상에 혼자서는 살아갈 수 없단다. 서로 힘을 모으면 훨씬 즐겁고 쉽게 일을 할 수 있단다. 각자 자기의 역할을 다할 때 모두 행복하단다.’

보조교사의 시선으로 바라보기

후다닥 2주가 지나 어느새 두 번째 체험 날이 돌아왔다. 1회차 한 다음 날 정우가 놀다가 다리가 부러져서 이번에 오기가 힘들 것 같다는 엄마의 이야기를 들었다. 어제 정우 상태가 어떤지 다시 여쭤 보니 그사이에 벌써 회복이 되었는지 올 수 있다고 한다.

아침에 모두 모인 자리에서 엄마가 정우 다리가 불편해서 원래 가려고 했던 곳보다 조금 편한 곳으로 목적지를 바꾸려 한다고 하셨다. 그랬더니 정우가 자기는 괜찮다고 원래대로 가자고 한다. 나도 어릴 적 팔이 부러진 경험이 있어서 얼마나 아프고 불편한지 알기 때문에 그러는 정우가 참 대견하게 느껴졌다. 거의 다 나았다고 하더라도 아직 깁스를 하고 있으니 자신에게 좀 더 편한 장소를 선택할 수 있는데도 말이다. 산을 오를 때도 투정 한번 부리지 않고 활동 시간에도 씩씩하게 자기 할 일을 다해 주었다. 고마워 정우야~.^^

이번 목적지는 비룡산이다. 숲 체험은 우리만의 아지트 만들기와 청진기로 나무에 물 오르는 소리를 듣는다고 한다. 아이들은 가는 도중 과속 방지턱에 튕겨 오르는 것을 무척 재미있어했다. 나 역시 초등학생 때 그 아무것도 아닌 것이 참 재미있긴 했었다. 동생과 내가 신나하니까 우리 엄마는 방지턱만 나타나면 속도를 늦추기는커녕 오히려 더 속력을 내곤 했었다. 지금도 여전하시다.

이제 날씨가 완전히 풀려 가는 길가엔 벚꽃, 개나리, 매화, 복사꽃, 진달래와 같은 봄꽃들이 온 천지에 만발해 있다. 차로 이동하니 금방 비룡산 등산로 입구에 도착했다.

난 평소 전혀 운동을 하지 않아서 내심 좀 막막했다. 다행히 경사가 그리 높지 않았다. 게다가 올라가는 중간에 정우의 붕대가 자꾸 풀려 자주 쉬는 바람에 걱정했던 것보다는 힘들지 않게 오를 수 있었다.

마침내 산 중턱 즈음 해서 작은 약수터도 있고 큰 바위가 있는 넓은 장소에 도착했다. 점심때가 되려면 아직 두 시간가량 더 있어야 했지만 올라오느라 에너지를 소진했으니 김밥을 좀 먹자는 엄마의 말이 무척 반갑다. 그 큰 바위 위에 올라가 모두 자리를 깔고 앉았다.

김밥을 먹기 전에 먼저 엄마 생신 파티를 했다. 케이크 대신 가져온 둥근 빵에 작은 나뭇가지로 초를 대신했다. 나름 그럴듯한 생일 케이크가 마련되었다.

생일 축하 노래를 부를 차례다. 하나 둘 셋~

"생신 축하합니다~ 생신 축하합니다~ 사랑하는 선생님~생신 축하합니다~."

"Happy birthday to you~ Happy birthday to you~ Happy birthday dear my mom~ Happy birthday to you~."

막 노래를 부르기 시작하는 순간, 장난이 동한 나는 그렇게 혼자 영어로 생일 축하 노래를 불렀고 작전대로 아이들은 잠시 어리둥절해했다.

그것도 잠시뿐, 여전히 활발한 우리 아이들은 열심히 빵과 점심용 김밥을 먹기 시작했고 어느새 산을 오르느라 빠진 힘을 다 보충했는지 또다시 왁자지껄해졌다. 심지어 배가 불러 나른해진 명재는 엄마 무릎을 베고 눕기도 했다. 내 마음 같아서는 거기서 계속 수다나 떨며 앉아 있다가 내려오고 싶었다.

하지만 오늘의 할일은 따로 있었다. 원래대로라면 청진기로 나무 물 오르는 소리 듣기가 먼저였는데 살짝 순서를 바꿔서 우리 무지개 일곱 남매의 아지트 만들기를 시작했다. 앞으로 쭉 우리의 활동 장소가 되고 또 만드는 과정에서 아이들에게 결속력을 다지도록 하는 것이 중요하기 때문에 그것 먼저 하기로 한 것이다.

'아지트 만들기.'

이렇게 글로 써 놓고 보면 간단한 일 같지만 전혀 아니었다. 우선 주변의 나무줄기를 자르는 데만도 큰 난관이었다. 왜냐하면 잔가시 같은 것들이 빼곡히 나 있었기 때문에 아이들이 그걸 처리하기에는 너무 위험했다. 엄마가 가져온 전지가위로 자르고 아이들은 자른 줄기를 아지트에서 멀리 가져다 버리는 일을 했다. 그다음 작업으로 적당한 크기와 굵기의 매끈한 나무들을 주워 오게 했다.

아지트를 만들면서 나는 남자아이들을 다른 시각으로 보게 되었다. 평소에 티격태격하는 걸 보면 요즘 아이들 참 못 말리겠다는 생각을 몇 번이고 했었다. 그런데 어디선가 제 허벅지 두 배가 넘는 나무 둥치들을 함께 협력해서 들고 오는 걸 보며 참 알다가도 모르는 게 아이들이라는 생각이 들었다. 그렇게 모두가 함께 일하다 보니 어느새 바위 주변이 꽤나 깔끔하게 정돈되었고 가져온 나무들을 적당하게 걸쳐 얹어서 울타리로 만드니 나름 아늑한 공간이 마련되었다.

"어? 염소다, 염소. 흑염소!"

남자아이들 중 누군가가 큰 소리로 외쳤고 우리는 모두 하던 일을 멈추었다. 놀랍게도 진짜 흑염소가 산에서 내려오고 있었다. 아직 1년도 안 된 어린 새끼염소였다. 아이들은 지금껏 실제 염소를 그렇게 가까이에서 본 경험이 없었을 테니 너나 할 것 없이 흥분 상태가 되어서 고래고래 소리를 질렀다. 그런 시끄러움도 개의치 않은 듯 염소는 그냥 무덤덤하게 내려와서는 우리에게 눈길도 주지 않은 채 바위 근처에 있는 약수터로 가서 물을 마셨다.

엄마도 그 광경이 신기했던지 아까 생일잔치 때 먹다가 남은 빵을 아이들에게 주면서 먹는지 한번 줘 보라고 하셨다. 엄마 말로는 그 염소가 내려온 산에는 염소농장 같은 건 없다고 했고 내가 보기에도 누가 키우고 있는 염소는 아닌 것처럼 보였다.

그래서 주변의 아이들을 경계하지 않는다 하더라도 과연 사람이 주는 음식을 받아 먹을까 했는데, 웬걸? 넙죽 잘만 받아먹는 것이 아닌가? 내가 참 의외라고 생각하든 말든 아이들은 염소가 먹는 걸 보고 신이 나서 자기도 주겠다며 빵 쟁탈전을 벌였다. 그렇게 빵으로 배를 채우고 물도 실컷 마신 염소는 만족한 듯이 궁둥이를 씰룩거리며 아무 일 없었던 것처럼 다시 산길을 되돌아 올라갔다. 아직 염소와 헤어질 준비가 안 된 아이들은 아쉬워서 얼마간 뒤를 쫄쫄 따라가더니 이내 포기하고 돌아왔다.

이제 주변 정리도 다 됐고 아지트 모습도 어느 정도 갖춰졌다. 바위 뒤쪽 바닥을 편평하게 정리하고 가져온 돗자리를 깔아 드디어 아지트를 완성했다. 아이들에게 그 돗자리에 누워서 사진을 찍자고 하는데 뭐가 불만스러운지 기현이가 말도 듣지 않고 짜증 섞인 표정을 하고 있었다. 겨우 사진을 찍고 점심을 먹는데 기현이가 잔뜩 삐져서 다음부터 안 나오겠단다. 모두 이 사태의 심각성이 느껴졌는지 아이들도 아무 말이 없다.

한참을 그렇게 어색한 상황이 이어지자, 엄마가 "우리 다음번에는 짜장면 먹을까?" 하니 기현이가 그러면 자기도 온단다.

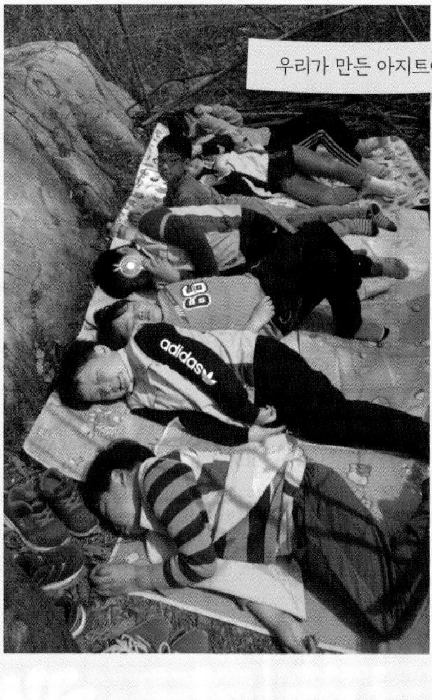

우리가 만든 아지트에서

저렇게까지 해서 어쩌자는 걸까 싶은 생각이 들었지만 별수 있나? 엄마는 어떻게든 이끌고 가겠다는 의지가 확고하고 내가 아이들에게 이야기해 봤자 먹히지도 않을 테니 말이다. 그냥 입 다물고 엄마를 옆에서 돕기나 할밖에, 뭐.^^

어느덧 먹을 걸 다 해치우고 수첩에 오늘의 활동 소감을 간단하게 적은 후 되돌아 내려왔다. 끝!

3회차

진달래 꽃전 만들어요

4월 12일 목요일

이번 토요일에 비가 온다고 한다. 그것도 꽤 많이 온다니 꽃전 만들기 할 진달래 따러 가기는 어려울 것 같다. 나라도 미리 진달래를 따 두어야겠다 싶어 길을 나섰다.

그런데 이 일을 어쩌나? 진달래는 거의 지고 벌써 철쭉과 산철쭉이 만발해 있다. 올해(2018년)는 꽃들이 2주 정도는 빨리 개화한 것 같다. 할 수 없지, 다른 것들로 보충하는 수밖에. 겨우겨우 진달래 몇 잎을 확보하고 복사꽃, 민들레, 제비꽃도 따 담았다. 청미래덩굴, 생강나무, 굴참나무, 쑥 이파리도 확보했다.

우리 학교의 천사, 보건쌤이 잠시나마 행복하도록 새하얗게 만개한 조팝나무 가지를 꺾어다 드렸다. 학교 화단에 핀 꽃잔디도 멋진 꽃전 재료가 되겠다 싶어 몇 잎 따서 지퍼팩에 담아 냉장고에 보관했다.

4월 14일 토요일

날씨도 우리 마음도 비

역시나 비가 내린다. 예고된 비이지만 밉다.

'아이쿠나, 식용유를 빠뜨렸네.' 기현네 아파트로 이동하는 중에 갑자기 머리를 스쳤다. 꽃전 만들기에 필요한 준비물을 완벽하게 챙겼다고 생각했는데 식용유를 빠뜨린 것이다.

그래도 얼마나 다행인가? 그게 지금이라도 생각났으니……. 꽃전 만들려다가 생각났으면 얼마나 난처할 뻔했을까? 기현네 아파트에 있는 슈퍼에 들렀다.

약속시간보다 늦게 나온 형제들 때문에 두 번째 태우기로 한 정우가 걱정되었다. 다리도 온전치 못한 정우가 많이 기다릴 걸 생각하니 마음이 급하다.

현아, 연아도 오늘따라 늦다. 안 온다는 전화가 없었으니 오긴 올 것이다. 이틀 동안 수학여행 다녀와서 무척 피곤할 게다. 5분 늦게 도착한 쌍둥이 자매의 얼굴에 피곤이 덕지덕지 붙어 있다. 그렇게 피곤함을 무릅쓰고 온 자매들이건만 딸내미는 여전히 제 피곤 속에 파묻혀 인사조차 제대로 하지 않는다. 그 모습을 보고 있자니 속에서 천불이 난다. 비가 내려서 그런지 일곱 남매, 딸내미, 내 마음도 모두 흐림이다. 빨리 잿빛 구름을 걷어 내야겠다.

손을 씻고 와서 찹쌀가루를 반죽하기 시작했다. 큰 그릇 두 개에 가루를 나누어 담고 끓는 물을 부었다. 나무주걱으로 대충 섞어 주먹만 한 크기로 나누어 주고 주물러 반죽하도록 했다.

책상에 가루를 흘려가며 모두 재미있어하는데 명재는 손에 묻히기 싫다고 만지려 하질 않는다. 뱀도 만들고 피자도 만들어 보게 하여 명재의 흥미를 돋우려고 온갖 방법을 동원해도 먹혀들지 않는다. 각자 반죽한 것을 비닐봉지에 담아 숙성시켜 두고 꽃전 재료 구하러 밖으로 나갔다.

비 오는 날의 드라이브

바구니 들고 이동군을 타고 두만지 둑으로 갔다. 미리 꽃전 재료를 확보해 두었지만 아이들이 자기 손으로 재료를 직접 구하는 경험을 가져 보도록 하기 위해서다. 비가 와서 산으로 올라갈 수는 없고 두만지 둑에서 제비꽃과 쑥 등을 따서 바구니에 담았다.

비 오는 날의 저수지 풍경은 황홀 그 자체다. 주변 버드나무 가지에 매달린 연두, 저수지에서 모락모락 피어나는 운무, 수면을 도화지 삼아 빗방울이 그리는 동글동글 동그라미.

이 황홀한 풍경을 보며 흐렸던 마음들이 서서히 깨어났다. 아무것도 하지 않으려던 명재의 재잘거림이 살아나고, 뚱해 있던 딸내미의 기분도 회복되어 쌍둥

꽃전 재료 구하러 와서

이 자매들과 라면송을 부른다. 멋진 장면을 담아 내고자 찍는 컷 속에 기현이의 엉뚱한 포즈까지…….

이렇게 쾌청한 기분을 좀 더 유지하고 싶어 두만지 둘레를 이리 돌고, 저리 돌고, 더 안쪽 계곡에 있는 절까지 올라갔다. 우리 아지트 들어가는 골짜기로도 들어가 보며 드라이브 시간을 늘렸다. 그렇게 신나게 이동군을 몰다가 학교에 도착하여 뒤칸 문을 여니 기현이가 속이 불편하다고 엉금엉금 기어 나온다.

이런이런, 아이들 기분을 올려 주려고 온갖 운전 기술을 펼친 것이 너무 과했나 보다. 멀미가 나는 줄도 모르고 돌아다녔으니.

동그라미에 예술을 빚다

아이들은 아까 반죽해 둔 것을 가지고 동글납작하게 빚는다. 난 프라이팬에 식용유를 두르고 구울 준비를 한다. 형제팀, 자매팀으로 나누어서 굽기 시작한다. 내가 먼저 구워 낸 찹쌀 반죽을 꺼내어 접시에 담아 올리고당을 뿌리고 꽃과 잎으로 예쁘게 장식해 보였다.

우리가 구해 온 꽃전 재료

"어머나~~ 너무 예뻐요." 현아, 연아가 손뼉을 치며 감탄사를 연발한다.

아이들은 말하지 않아도 자연스럽게 일을 분담해서 한다. 아까는 그렇게도 만지려고 하지 않던 명재도 재미있다고 반죽으로 동글동글 빚어낸다.

"그것 봐, 만지니까 말랑말랑하니 기분 좋지?"

"네, 손에 붙지도 않고 몰랑몰랑해서 기분이 좋아요."

꽃전 만드느라 티격태격하던 것도 잠시 잊고 있다. 열심히 빚고 굽고 꾸미느라 조용하기까지 하다. 오히려 자매팀이 재잘재잘 이야기 삼매경에 빠져 더 시끄럽다.

"야~~ 맛있겠다. 이거 하나 먹으면 안 돼요?"

"안 돼, 다 구워서 같이 먹어야 해. 그렇죠. 선생니~~임?" 내게 동의를 구한다. 저도 먹고 싶은 것을 참는다는 의지가 담겨 있다. 침 넘어가는 소리가 들리는데 누구 하나 입에 넣는 아이가 없다. 기특한 녀석들. 절로 입가에 미소가 번진다.

말하지 않았는데도 이건 네 꺼, 이건 내 꺼 하며 개별로 준 접시에 번갈아 담아 가며 완성한다.

"자, 다 만든 꽃전은 뒤쪽 책상에다 올려두고 뒷정리하자."

"네~~에." 염소처럼 소리를 길게 빼고 합창을 한다. 둘러앉아 먹기 시작했다.

"꼭 쌀과자 같은 맛이 나는데요?"

"맞아요, 뻥튀기 맛 같기도 해요."

"그래에? 어디 나도 먹어 볼까?" 진짜 쌀과자 맛이다. 내가 생각하기에 찹쌀가루에 멥쌀이 너무 많이 섞인 듯하다. 지난해에 만들어 먹었던 것보다 더 멥쌀 맛이 강하다.

"요렇게 올리고당을 더 뿌리니까 맛있어요." 올리고당 범벅을 만든다.

"이제 정리하자. 짜장면 먹으러 갈 건데 그만 먹고 남은 건 가족들에게 가져다 드리자."

"네~~~에!" 아이쿠, 깜짝이야. 그때는 어찌나 마음도 잘 맞는지.^^

"이 근처에 무슨 중국집이 있지?"

"고향반점요."

"그럼 20분 뒤에 간다고 예약할 테니 너희는 빨리 정리하렴."

"선생님~~, 탕수육도 사 주면 안 돼요?" 누군가 머뭇거리며 운을 뗀다.

드디어 꽃전 만들기!

다들 하던 일을 멈추고 내 입만 바라본다. 간절한 눈빛으로.

"좋아. 대신 깨끗하게 정리하면." 모두의 손이 빨라진다

밖에는 여전히 비, 우리는 갬

밖에는 여전히 비가 내린다. 하지만 짜장면 그릇을 끌어안고 있는 무지개 남매들과 딸내미는 지금 맑음이다. 나도 그렇다. 딸내미의 어른스럽지 못함이 너무 속상하고, 용민이가 갑작스럽게 참석하지 않아 또 속상하고, 명재가 겉돌고 다른 형제들이 서로 티격태격해서 잔뜩 찌푸려 있던 내 마음이 어느샌가 개어 있었다.

그래, 마음에 여유를 가지고 숨 고르기를 하자. 이제 겨우 3회차만으로 달라진 아이들을 기대한다는 건 너무 웃기는 일이다. 이미 많은 긍정적인 변화도 있지 않은가? 주문을 외듯이 심호흡을 크게 한번 하고 스스로 마음을 추스려 본다.

'얘들아~ 직접 꽃전을 만들어서 먹어 보니 어땠니? 음식 만들기도 해볼 만하지?'

보조교사의 시선으로 바라보기

어느덧 세 번째를 맞은 무지개 일곱 남매의 이번 체험 계획은 진달래와 식용 가능한 다른 꽃들을 따다가 꽃전 만들어 먹기이다. 원래는 김천에 있는 수도산에 가서 우리가 직접 꽃을 딸 계획이었다. 일기예보에 하루 종일 비가 계속 내릴 거라 해서 엄마는 미리 진달래와 다른 꽃들을 따다 두셨다고 한다. 그래도 명색이 숲 체험을 목적으로 모인 우리 무지개 일곱 남매인데 야외활동을 아예 안 할 수는 없다. 잠깐이라도 밖에 나가서 아주 조금이나마 직접 꽃을 채취해 보기로 했다.

그 전에 먼저 꽃전에 필요한 반죽을 해놓고 가야 했다. 엄마는 미리 준비해 놓은 찹쌀가루에 뜨거운 물을 적당량 부어 주며 우리에게 반죽을 하라고 했다. 살짝 맛을 보니 아무 맛을 느낄 수 없었다. 뭐, 맛은 상관없다. 자기 손으로 조물조물 반죽을 하며 그 감촉에 다들 신나했다. 하지만 어디 가나 꼭 엉뚱한 아이가 있기 마련인가 보다. 이 재미난 것을 명재는 끝까지 만지기 싫다고 뻗댄다. 좀 해보면 기분 좋을 텐데 말이다.

우리가 주무른 반죽을 비닐봉지에 넣어 두고 밖으로 나와 근처 산에 갈 준비를 했다. 비가 여전히 내리고 있었다. 어젯밤부터 계속 내려서 그런지 날씨가 꽤나 쌀쌀했다. 원래 목적지는 아니었지만 일단 차를 타고 지난번 아지트 만들러 올라갔던 길목인 두만지 쪽으로 올라갔다. 근처에 핀 산철쭉과 땅에 붙어 있다시피 한 아주 작은 들꽃들만 간단히 구경하고 정말 아주 조금만 딴 후에 가볍게 산책하고 다시 돌아왔다.

그 와중에 명재는 자꾸만 지난번에 우리가 만든 아지트에 올라가 보자고 졸라댔다. 내가 생각해도 그건 무리였다. 날도 싸늘하고 흙길이라 땅도 질척거릴 텐데 아무리 때를 써 봤자 안 될 말이었다. 우리 모두 아지트가 궁금한 건 같은 마음이다. 아지트를 만들고 난 뒤 벌써 2주일이 지났고 또 다음 회차가 되면 한 달이 지난 뒤일 테니 아지트가 온전할 리가 없을 것 같다. 그사이 바람도 엄청나게 불었고 비도 몇 번 왔으니 그 꾸며 놓은 것들 모두 다 엉망이 되었겠지. 엄마도 다음에 가서 보수를 하자고 하셨다. 어차피 다음에는 솔방울을 주워야 하니 그때 가서 아지트 보수도 하면 적당할 것 같았다.

비 때문에 얼마 있지도 못했지만 아이들은 별로 아쉬워하지 않았다. 꽃전을 굽는 일정이 끝나면 더 좋은 일이 기다리고 있기 때문이다. 그래서 아이들 모두가 그 목적 하나만을 위해서 얼른 일을 끝내려고 하는 것처럼 느껴졌다.

꽃전 만들기는 참 어렵다. 기름 튀는 게 여전히 무서운 나는 동전 모양으로 만든 반죽을 아주 살짝살짝 올려놓았다. 그리 해도 기름이 튀지 않는 것은 아니어서 엄청 겁내며 구웠다. 그렇게 기름에 살짝 튀겨서 만들어 낸 꽃전은 전이라고 표현하기에는 너무 딱딱한 돌덩이 같았다. 이게 정녕 꽃전이 맞는 걸까 싶었지만 이미 다 만들었는데 어쩔 것인가? 그 위에다 올리고당을 뿌리고 따 온 꽃잎과 이파리들을 가득 올렸다. 나중에 보니 그냥 막 올린 건 나뿐이었고 아이들은 정말 예쁘게도 꾸며 놓았다.

'작년 실과 시간에도 했다니까. 으음…… 그냥 경험자와 비경험자의 경험치 차이인 걸로……' 치부하려 한다.

각자의 접시에 꽃전을 담고 사진을 찍고서 드디어 먹어 보았는데 맛도 그다지 땡기지 않았다. 그냥 쌀 과자 느낌이 나는 게 식감도 별로이고 그저 그랬다.

자, 드디어 지난번에 약속했던 점심식사의 시간이 왔다! 그 메뉴는 무려!

반죽으로 내 얼굴 만들었어요

"짜~~짜장면."

그러나 하나의 거래 아닌 거래가 은밀히 진행되었는데 그 결과로 탕수육도 추가되었다. 두만지 둑을 걷고 있을 때 내가 현아, 연아 자매에게 속삭이면서 탕수육 추가를 제의했고 그들의 빠른 동의가 있었고 그것을 엄마께 요청했다. 그러니까 이건 어디까지나 절대 아이들 의견이었던 것이다.

그리하여 빠르게 교실 정리를 마치고 아이들이 그렇게 짜장면이 맛있다고 극찬한 고향반점으로 출발했다. 식당에 도착하여 눈으로 스캔을 해보니 로비에도 꽤 많은 사람이 있는 것으로 보아 맛집 포스가 딱 느껴졌다.

예약된 방에 들어가서 자리에 앉으니 먼저 눈에 띈 것은 작은 책장과 거기에 꽂혀 있는 책들이었다. 중식은 직접 가서 먹는 것보다 시켜 먹는 일이 많았고 직접 가서 먹었다 하더라도 이렇게나 많은 책을 갖춰 두고 있는 곳은 없을 거라 생각되어 왠지 신기했다. 심지어 뒤쪽 테이블에는 바둑판과 바둑돌, 젠가 같은 놀잇감도 있었다.

아이들이 여기를 그렇게나 좋아했던 것은 꼭 음식 맛 때문만은 아닐 거라고 생각했다. 물론 짜장면과 탕수육 맛도 굉장히 좋아서 이 집이 우리 동네에 없는 것이 참으로 안타까웠다. 있다면 단골이 될 수 있을 텐데……. 그렇지만 맛과는 상관없이 예상보다 많은 양에 배가 너무 불러서 다 먹지도 못하고 남기게 되었다. 아빠였다면 오기로라도 다 드셨겠지만 말이다. 아이들도 생각보다 많이 먹지 않아 식사시간이 빨리 끝났다.

어느샌가 기현, 정우, 현준이는 뒤에 있던 젠가를 하고 있어 나도 함께 참여해서 게임을 했다. 명재는 할아버지께서 마중을 나오신다고 해서 중간에 내려 주고 다른 아이들을 모두 집에 바래다주었다.

다음 일정은 솔방울 카네이션 만들기인데 그건 해봐서 감이 온다. 무슨 일이 벌어질지를. 분명히 남자애들은 물감 범벅이 되고 서로에게 묻히려고 난리치겠지? 부디 나에게까지 그러려고 하지는 말아줬으면…….

4회차

솔방울 카네이션 달아 드려요

4월 17일 화요일

저녁을 먹고 운동 겸 4회차에 필요한 준비물도 살펴보려고 집을 나섰다. 솔방울로 카네이션 만들 재료는 미리 준비했으니 이번에는 부모님께 편지 쓸 편지지가 필요하다.

글쓰기를 무척이나 싫어하는 아이들이라 편지지보다 엽서가 나을 것 같다. 쓰기 싫은 마음을 조금이라도 줄여 보려고 진주 장식이 달려 눈에 쏘옥 들어오는 예쁜 엽서로 골랐다. 이 정도면 글쓰기가 싫은 현준이도 서너 문장은 쓰겠거니 싶어 마음이 놓인다.

4월 27일 토요일

솔방울로 카네이션 만들기

며칠 새 기온이 상승 곡선을 그리더니 오늘 한낮 기온이 27도까지 올라간다고 한다. 그래도 날씨가 맑아서인지 나도, 딸내미 기분도 쾌청하다. 명재의 아침 인사는 종달새 노래 소리 같다. 만나는 무지개 남매 모두모두 기분이 좋아 보여 더없이 행복하다.

솔방울로 만든 카네이션

이번 회차의 가장 큰 과제는 어버이날 어른들께 달아 드릴 카네이션 만들기이다. 주재료는 솔방울이다. 크기는 작지만 형태가 찌그러지지 않은 예쁜 솔방울에 빠알간 색을 칠해 꽃을 만들고 꾸미기를 한 뒤 리본을 만들어 달아야 한다.

아지트로 올라가기 전에 미리 물감을 칠해 두어야 그 위에 윤을 내는 마감재를 바를 수 있다. 각자 솔방울 두 개씩을 골라 칠하기 시작했다. 역시 딸내미의 예상대로 기현이는 솔방울이 아니라 손에 칠한다는 표현이 더 어울릴 정도로 손 전체가 물감투성이다. 그래도 모두들 솔방울을 들고 색칠하기에 몰두해 있다. 우리가 산에 다녀올 동안 마르도록 그대로 펼쳐 두고 리본은 아지트에 가서 만들려고 재료를 챙겨서 출발했다.

초록 향기에 빠지다

2주 사이에 누군가 엄청난 작업을 했나 보다. 온 산을 화폭 삼아 초록 바탕을 칠하고는 그 위에 군데군데 선홍색으로 꽃을 그려 넣었다. 숲길에는 분홍으로 땅비싸리 꽃봉오리를, 나뭇가지에는 하얀색을 칠한 듯 만 듯 때죽나무 꽃봉오리를 조롱조롱 매달았다. 눈을 크게 뜨고 보아야 찾아낼 수 있는 콩제비꽃도 세밀하게 그려 넣은 것으로 보아 섬세함까지 갖춘 화가인 듯하다. 숲 더 안쪽으로는 큰애기나리 꽃을 두 송이씩 그려 넣는 자상함도 잊지 않았다.

아지트로 오르는 아이들은 근처에 멧돼지가 있는가 싶을 정도로 쌕쌕거리고 뺨에는 두 줄기 땀방울이 쉼 없이 미끄럼을 탄다. 한 달 전과는 딴판이다. 그때는 초행임에도 다리 아픈 정우 빼고는 힘들어하는 아이들이 없었는데 지금은 남자 아이들 대부분이 더 힘들어한다.

"수석선생님, 언제 도착해요?"

"수석쌤, 얼마나 더 가야 해요?"

"쌤, 쉬었다 가면 안 돼요?"

아마도 날씨 탓이리라. 거기에 비하면 딸내미 셋은 익숙한 길이라 그런지 저만치 앞서간다. 두 번을 짧게 쉬고 드디어 우리의 아지트에 도착했다. 그동안 적지 않은 비로 많이 파손되었을 거라 생각했던 아지트는 예상 외로 멀쩡했다. 두 개의 문패 역시 원형 그대로 잘 보존되어 있었다. 다만 그곳에는 햇볕이 내리쬐고 있어 앉고 싶은 마음이 들지 않았다. 만만한 게 너럭바위다. 그새 복사꽃은 피었다 지고 콩알만 한 열매가 간간이 보인다. 꽃잎은 떨어져 바위 위에서 말라 가고 있었다.

바위 아래쪽으로 지난번에 보지 못했던 병꽃나무 꽃이 화사하게 피어 있는 것이 아닌가? 이름을 유추할 수 있도록 긴 병 모양에 미색과 분홍 두 가지 색으로 자신의 존재를 드러내고 있었다. 아무도 봐 주는 이 없는 산골짜기에서.

더운 날씨에 산을 오른 아이들은 만사가 귀찮은 모양이다. 말하지 않아도 자리를 깔고는 드러눕기 시작한다. 한쪽에서는 배낭을 뒤적여 간식거리를 찾느라 바쁘다.

다람쥐가 되어 볼까?

그렇게 한참을 쉬고 솔방울꽃에 붙일 리본을 만들려고 재료를 꺼내는데 기현 형제, 정우, 명재가 슬금슬금 자리를 뜨더니 여기저기 숲속을 헤집고 다닌다. 기현이가 어디선가 잔가지를 많이 뻗은 나뭇가지를 가지고 오더니 머리에 가져다 대고는 사슴뿔이라고 한다. 그 커다란 가지를 보며 사슴뿔이 연상이 되었다는 게 엉뚱하고도 기발했다. 그걸 우리에게 보여 주려고 들고 와서 표현해 준 게 기특해서 "진짜로 사슴뿔 같네! 야, 멋지다" 하며 띄워 주었다. 웃음이 절로 난다.

바위 위에 앉아 있는 세 자매에게 리본 만드는 법을 가르쳐 주니까 옆에서 용민이가 자기도 만들고 싶다며 가르쳐 달랜다. 제법 손끝이 맵다. 다른 아이들이 보이지 않아 숲속에서 무슨 사고라도 나면 어쩌나 싶어 갑자기 불안해진다. 큰 소리로 불러모아 옹달샘 옆에 있는 커다란 고욤나무가 있는 곳으로 데리고 갔다.

그 고욤나무는 두 줄기로 가지가 뻗어 있다. 예전에 누군가가 두 가지를 기둥 삼아 사다리를 만들어서 오르내렸던가 보다. 지금은 아래쪽 두 받침 계단이 달아나고 양쪽으로 못만 박혀 있는 상태로 있다. 처음 아지트 자리를 보기 위해 답사 왔을 때 끈으로 양쪽을 연결하면 사다리가 완성되어서 오를 수 있겠다 싶어 튼튼한 마끈을 준비해 왔던 차다.

내가 먼저 시범을 보이고 아이들에게 올라가 보라고 권했다. 다른 아이들은 머뭇거리고만 있는데 언제 왔는지 리본 만들던 용민이가 도전했다. 두세 계단 올라 멋진 포즈로 사진을 찍고 내려오니 바라만 보던 현준이가 손을 번쩍 든다. 생전에 무슨 일에 먼저 나서지 않는 아이인데 얼마나 반가운지. 역시 수줍은 모습으로 한 컷 찍고 내려왔다.

나무타기 시범과 실습

동생이 오르는 걸 보고 형 기현이도 오르겠단다. 덩치가 있어 다른 아이들처럼 내가 받쳐주기도 힘들고 첫 계단까지 다리도 닿지 않았다. 커다란 돌을 옮겨와 디디고서야 오를 수 있었으나 동생들만큼 높이 오르지 못하고 팔에 긁히기만 하고 내려와야 했다. 몸이 가벼운 아이들하고는 다른 모습이다. 정우와 명재는 용기가 영 나지 않는지 오를 기색이 없다.

외나무다리 건너기

하산하는 길에 개울로 난 옆길로 들어섰다. 그곳 역시 답사 길에 봐 두었던 장소이다. 지름 25센티미터 정도 되는 나무가 개울을 가로질러 쓰러져 있어서 외나무다리 삼아 개울 건너기에 안성맞춤이다.

개울로 가는 길은 짧긴 하지만 매우 가팔라서 내려가기가 쉽지 않다. 천천히 조심해서 오라고 하고는 먼저 내려가서 다리 건널 때 짚을 수 있도록 나뭇가지를 잘라 기다란 지팡이를 만들었다. 그때까지도 내려올 엄두가 나지 않는지 모두 머뭇거리기만 하고 있다. 그래도 몸이 가벼운 명재와 용민이가 먼저 내려온다. 나머지 아이들도 서로서로 잡아가며 엉덩이로 미끄럼을 타면서 내려오는 데 성공했다.

다음은 외나무다리 건너기 미션이다. 먼저 시범을 보여 주며 건너오라고 하니 모두 고개를 절레절레 흔든다. 높이라고 해봐야 1미터 남짓밖에 되지 않지만 아래에 개울이 있으니 무서운 모양이다. 할 수 없이 치사한 방법을 쓸 수밖에. 이 미션에 성공하는 사람만 점심에 치킨을 먹을 수 있다고 하니 다가서기는 했으나 좀처럼 발을 떼지 못한다. 지팡이를 짚고 오면 무섭지 않다며 온갖 설득 끝에 한 명 두 명 건너기 시작한다.

정우와 현준이는 지팡이 없이도 잘 건너는데 다른 아이들은 벌벌 떨면서 건너오는 모습이 웃기고 귀엽기만 하다. 제일 많이 떠는 아이는 딸내미와 기현이

외나무다리 건너기

"현아 언니 손 잡아 줘"

다. 그래도 모두 성공했다. 한 명 한 명 건널 때마다 모두가 박수를 쳐 주었다. 먼저 건넌 아이들은 안 무섭다고 용기를 주기도 했다. 명재는 무섭다고 현아 보고 "언니, 손 잡아 줘" 하며 아양을 떨어 우리에게 웃음을 주었고 그 애교에 넘어간 현아가 듬직하게 잡아서 건네주었다.

무서움에 떨던 아이들은 한 번 건너고 나서 용기가 생겼는지 이제는 지팡이도 던져 버리고 왔다 갔다 한다. 그렇게 머뭇거리던 딸내미는 무려 4번이나 건넜단다.

어버이날을 앞두고 편지쓰기

수석교사실로 돌아와서 솔방울에 윤을 낼 바니시를 칠하고 반짝이풀로 꾸미기를 했다. 너럭바위 위에서 만든 리본에 꼬리 달기도 했다. 많이 뛰어놀아서 그런지 조잘대던 명재도, 뛰어다니던 다른 남자아이들도 조용히 만드는 데만 집중했다. 보통 남학생들에게 반짝이풀로 솔방울을 꾸미라고 하면 마구 짜 발라서 더 엉망이 되기 십상인데 제법 예쁘게 꾸며 내었다. 이제 글루건으로 솔방울과 리본을 붙이고 리본 뒤쪽에 원형핀을 붙이면 된다.

하산 길에 주문했던 치킨이 도착했다. 오늘 점심으로 무얼 먹을 것인지 아지트로 출발하기 전에 투표를 했었다. 마파람에 게눈 감춘 듯이 치킨 두 마리가 사라졌다. 약간 부족한 것 같았다.

다음은 어버이날을 맞이하여 나를 키워 주신 분들께 편지쓰기다. 우리 일곱 남매는 가족 구성원이 다양해서 말할 때도 조심해야 한다. 글쓰기 싫은 마음을 줄여 보려고 진주 달린 엽서를 준비한 내 마음이 전달되었는지 아이들은 제법 집중하여 편지를 쓴다.

예쁜 엽서를 망칠 수 있으니 숲 체험 수첩에 먼저 써 보고 베껴 쓰자고 해도 투덜대지도 않는다. 저네들도 바로 엽서에 썼다가는 망칠 수도 있다는 생각이 드는 모양이다. 용민, 현준이와 명재는 어떻게 써야 할지 망설이고 있어 내가 불러 주는 대로 간단하게 쓰고 나머지는 제법 길게 편지를 써 내려 간다.

아, 궁금하다. 쟤들이 뭐라고 썼을지 궁금해 죽을 지경이다. 그냥 보낼 수 없지. 내가 읽어 보고 집으로 보내야지.

"얘들아, 너희가 만든 솔방울 꽃이랑 이 엽서는 수석교사실에 두고 가자. 어버이날 즈음에 여기 와서 가져가면 되지 않겠니? 오늘 집으로 들고 갔다가는 다 들통 나고 말걸?"

이것 역시 무사통과다. 어째 오늘은 일이 술술 풀리는 날인가 보다.

'얘들아~ 너희를 사랑으로 키워 준 분들께 드리려고 솔방울을 예쁘게 색칠하고 리본도 붙여 카네이션을 만들어 보니 어땠어? 또 감사의 마음을 담은 편지를 써 본 소감은? 이렇게 늘 감사하며 살자.'

보조교사의 시선으로 바라보기

4월의 마지막 주, 전체 일정 중 4회차. 오늘의 주된 일정은 어버이날에 가족들께 달아 드릴 카네이션을 만드는 것이다. 그러나 누구나 생각할 법한 색종이로 만들거나 문구점에서 파는 싸구려 비닐 느낌이 나는 그런 카네이션이 아니다. 조그만 솔방울을 이용하여 물감을 예쁘게 색칠하여 마감재도 바르고 갖가지 색 반짝이풀로 멋지게 장식하여 만드는 세상에 둘도 없는 멋진 카네이션인 것이다.

사실 나는 2~3년 전부터 용돈벌이로 솔방울 몇백 개 정도 칠했던 경험이 있어서 별로 새롭지는 않다. 그래도 아이들은 좀 더 특별한 의미를 부여해서 만드는 거니까 엄마가 가장 예쁜 걸로 고르고 골라서 준비해 놓으신 솔방울에 우선 빨간색 물감을 칠해 놓고 우리는 무지개 아지트에 올라가 보기로 했다.

나도 꽤 오랜만에 솔방울에 물감을 칠해서 그런지 처음 붓에 묻혀야 할 물의 양을 조절하지 못해 예쁜 색으로 나오지 않았다. 그래도 역시 칠해 본 개수의 경험치 차이가 있어서 그런지 아이들이 한 개 칠할 때 나는 네다섯 개를 거뜬히 칠할 수 있었다.

당연히 그 시간은 남들이 생각하는 그런 평화로운 시간은 아니었다. 아니, 오히려 난장판이라고 해야 하나? 물감이 옷에 묻지 않도록 그렇게 조심하라고 일렀건만 색칠을 시작한 지 5분도 안 되어서 "쌤~ 옷소매에 물감 묻었어요~~~"라고 소리치질 않나, 색칠도 하지 않고 이리저리 돌아다니며 다른 아이들한테 집적거리는 아이가 있지를 않나. 아무튼 그렇게 북새통 속에서 솔방울에 물감 칠하기가 이루어졌다.

한 가지 더, 내가 오늘 큰 실수를 했는데 명재의 조잘거리는 입 좀 멈추게 하려고 가져간 소리 나는 장난감을 초반부터 줘 버린 것이다. "오늘 내내 얌전히 있으면 주겠다"라는 다짐을 하고 마지막에 줬어야 했는데 말이다. 그래서 오히려 하루 종일 그걸 눌러 대면서 더 시끄럽게 굴어댔다. 그건 진짜 내 잘못이었다. 어휴, 그래도 엄마가 좀 단단히 야단이라도 치면 좀 나을 텐데 내가 말하는 건 개미 똥만큼도 영향력이 없다. 하긴 그 녀석에게 영향력 없기는 엄마 말도 마찬가지인 것 같기는 하다.

어느덧 아이들도 모두 솔방울 칠하기를 다 끝냈고 마르는 동안 아지트에 가서 리본을 만들기로 했다. 앞으로도 여러 번 올라갈 길이지만 이미 한 번 가 본 곳이라 나는 심드렁하기만 한데 아이들은 차가 방지턱에 덜컹거릴 때마다 좋아서 난리를 쳤다. 아마 일 년 내내 저러겠지. 그리고 짧다면 짧지만 저질 체력인 나에게는 긴 등산길도 그럴 것이고.

아지트에 올라오니 걱정했던 것만큼 마구 부서져 있지는 않았다. 나무를 둘러서 만든 울타리도 제법 견고하게 버티고 있었고 골판지에다 유성 펜으로 꾸며 놓은 문패도 무사했다. 또한 등산하시는 어르신들이 일부러 떼어 낼 수도 있다고 생각했는데 그렇지도 않았다. 표지판 두 개 중 하나는 물에 젖어서인지 반으로 꼬부라져 접혀 있었지만 그걸 제외하고는 언제 비바람이 몰아쳤나 싶을 정도로 깨끗했다.

일단 등산하느라 헐떡이는 숨을 고르기 위해 모두 바위 위에 올라가서 돗자리를 깔고 잠시 동안 누워 있었다. 그런 후, 가지고 온 간식을 먹었다. 약 한 달 전과 주변 풍경이 확연히 달라졌다는 것을 느낄 수 있었는데 그때와는 달리 날씨도 훨씬 더 따뜻했고 (사실 올라올 때는 미칠 듯이 더웠지만) 나무에 잎도 푸릇푸릇 돋아나서 정말로 이제 추운 날은 다 갔구나 하는 생각이 들었다.

언제까지고 누워서 노닥거릴 수도 없는 일. 솔방울 카네이션 뒤에 붙여서 장식할 리본을 만들기 시작했다. 참고로 말하자면 나는 리본 만드는 데 재주가 없어 별로 하고 싶진 않았다. 그나마 이건 내가 직접 묶는 게 아니라 스테이플러로 찍으면 되는 거니까 다른 리본 만드는 것보다는 조금 쉬웠다.

현아, 연아와 함께 열심히 리본을 만들며 이야기도 하고 있는데 남자애들은 바위 아래로 내려가서 논다고 한다. 도대체 놀 만한 거리가 있는지 모르겠지만 말이다. 한 가지 있기는 하다. 누가 해놓았는지는 몰라도 아지트 아래에 둥치가 제법 굵은 나무가 있는데 타고 오를 수 있도록 나무사다리를 박아 놓았다. 그 간격이 제법 넓어서 아이들이 그걸 밟고 나무에 오르기는 무리였다. 그런데 엄마가 남자애들한테 나무 오르는 시범을 보여 준다고 그곳을 직접 올라가시는 거다. 내가 보기에는 멋있어 보이지도 않고 오히려 엄마의 빵빵한 엉덩이만 보여 주는 것 같은데 말이다.

리본도 어느 정도 만들었고 시간도 제법 지나서 다시 하산하기로 했다. 그 전에 찌그러진 아지트 표지판만 살짝 손보고 길을 따라 쭉 내려갔다. 엄마가 우리를 잠시 불러 세우더니 옆길로 가면 계곡에 외나무다리가 있으니 한번 가 보지 않겠냐고 물어 보셨다. 거의 대다수가 "싫어요~!"라고 외쳤다.

'응~ 소용없어 애들아. 어차피 엄마는 답정너(**답**은 **정**해져 있으니 **너**희는 그냥 따르기만 해)니까.'

그렇게 엄마는 아이들을 이끌고 앞장서기 시작했는데. 아~~ 하필이면 내가 제일 싫어하는 길이다. 내 뒤에 따라오는 아이들도 있어 얼른 내려가 주어야 했지만 정말 이건 아니다 싶었다. 심지어 발이 미끄러지려고 하면 나도 모르게 욕이 튀어나오려고까지 했다. 어휴, 정말 엄마는 저 불도저 같은 성격 좀 고쳐야 한다. 남의 의견은 간단히 묵살해 버리고 당신 좋을 대로만 마구잡이로 아이들을 끌고 가다니…….

물론 내려와서 마주한 외나무다리 건너기는 재미는 있었다. 그냥 그뿐이다. 이왕 말한 김에 더 하자면 '그래, 결과적으로 재미있었으니 됐지'라고 말한다면 정말 생각 없으신 거다. 따라 준 아이들이 다행히 겁이 많아 조심해서 잘 건너 주었기에 재미있었던 거지, 거기서 다치는 아이가 나왔다면 어찌 되었을까?

게다가 기현이는 그 경사진 길을 내려오느라 무슨 깔고 앉을 썰매 대용품도 없이 그냥 털썩 주저앉아서 자기 엉덩이를 질질 끌며 내려오던데 그러지 말라고 소리쳤는데도 또 귓등으로도 안 듣는다. 이런 위험한 길은 엄마가 맨 뒤에서 아이들을 통솔하며 조심해서 내려가게 도와줘야 하는 것 아닌가 싶다.

그래 놓고서 나중에 산을 내려와서는 우리 중에 하나라도 다치는 사람 나오면 학교에서 이 활동을 더 하도록 하겠냐며 뭐라고 하시는데 참나, 기가 막힌다. 엄마나 좀 더 신중하시길!

그렇게 아슬아슬하지만 무사히 수석교사실로 돌아와서 다 마른 솔방울에 마감재를 바르고 그 마감재가 마르는 동안 점심으로 치킨을 시켜서 먹었다. 점점 뭐랄까, 식비가 초반부터 막 늘어나는 소리가 들리는데 마지막엔 아주 비싼 뷔페 같은 곳에 가서 먹게 되는 건가? 그 경비 조달을 어찌 하려고 저러시나 싶다.

생각보다 마감재도 일찍 말라서 바로 그 위에다 반짝이풀로 장식을 하여 엄마께 가지고 갔다. 그러면 엄마는 솔방울 아래쪽에 글루건을 발라서 산에서 만들었던 리본을 붙여 주셨다. 그걸 하시는 동안 나는 점심 먹은 것을 치웠고 아이들은 솔방울 카네이션과 함께 어버이날에 드릴 편지를 쓰기 시작했다. 현아랑 연아가 매우 정성스럽게 쓰는 모습을 보며 엄마와 할머니께 정말 사랑받고 지낸다는 걸 느낄 수 있었다.

이렇게 모든 일정이 끝나고 또 할머니, 할아버지께서 마중 나오신다는 명재만 빼고 모두들 차로 집에 태워 주고 다음을 기약했다.

5회차

우리가 지켜요

5월 2일 수요일

5학년에서 대구로 도시 체험을 간다. 경북대학교를 탐방하고 라이온즈파크에서 야구 경기를 관람한다고 한다. 우리 학교 5학년 아이들은 제각각 개성과 에너지가 철철 넘쳐흐른다. 매년 그 학년을 맡아 담임하는 선생님들은 무척 힘들어하신다. 학교에서는 특별한 교육과정을 편성하여 그 에너지를 풀어 주려고 노력하고 있다.

그런데 하필 우리 무지개 일곱 남매의 5회차 숲 체험일과 겹친다. 명재, 기현, 정우가 5학년이라 그냥 진행하기 곤란하다. 이런저런 고민 끝에 5월 7일 대체공휴일에 당겨 진행하기로 했다.

5월 7일 월요일

딸내미 미소를 찾습니다

가는 날이 장날이라고 변경하여 잡은 날에 비가 온다. 활동에 제약이 있는 것도 문제이지만 그보다 모두의 기분이 가라앉는 게 더 문제다. 특히 딸내미의 기분은 더 표가 난다. 계속 신경이 쓰인다. 아이들이 와도 인사는 고사하고 눈길조차 주지 않는다. 싸늘한 냉기가 시베리아 벌판이다. 그나마 가지고 있는 딸내미의 모나리자 미소마저 내리는 비에 모두 씻겨 내려갔나 보다.

학교에 도착하니 명재의 높은음자리표 목소리만이 땅에 떨어진 모두의 기분을 조금이나마 끌어올려 주고 있다.

내비게이션 너마저

수석교사실에 모여 약간의 간식을 각자 배낭에 나누어 넣고 집에 갈 때 나누어 줄 지난번에 만든 솔방울 꽃과 엽서를 챙겨 학교를 나섰다. 이동군을 타고 내비게이션에 목적지를 입력하려고 보니 작동이 되지 않는다. 미리 확인했어야 하는데 평소 타고 다니던 차가 아니라서 미처 거기까지 생각하지 못한 것이다. 길치인 내가 약간 불안스럽긴 하지만 몇 번 다녀온 기억을 되살려 그냥 가는 수밖에 없다. 낙동강을 옆에 끼고 강변을 달리니 아이들의 기분은 나아지고 있는데 딸내미는 여전하다.

산호대교를 건너자, 길가 아이스콘 모양의 마로니에 꽃이 우리를 환호한다. 비를 맞아 더욱 생기가 넘친다. 양쪽에서 도열한 모습이 우리를 국빈으로 대접하는 듯하다.

문제는 목적지 근처 다 가서 발생했다. 새로 큰길이 생기는 바람에 삼거리에서 다른 길로 접어든 것이다. 얼마 전 답사도 와 본 적이 있어서 '이쯤이면 도착

해야 하는데…….'

가도 가도 익숙한 길이 나타나지 않는다. 아이들은 서서히 지겨워하는 기색을 드러낸다. 불안하다. 백미러로 딸내미 눈치를 살폈다. 이어폰을 꽂은 채 무표정한 얼굴에는 어떤 감정도 읽어낼 수 없다. 그래서 더 불안하다. 한참을 돌아 결국 스마트폰의 길찾기에 의지하고서야 목적지에 도착할 수 있었다.

모노레일에 세로토닌을 싣고

이번 회차는 구미 에코랜드에서 모노레일을 타고 숲을 한 바퀴 둘러보고 전시된 동식물을 관찰하기로 했다. 비가 오고 있음에도 모노레일 체험이 가능하고 실내에 전시된 동식물도 관찰할 수 있어서 다행이다. 오히려 비가 오니까 사람들이 많이 붐비지 않아 더 좋다.

먼저 모노레일을 타러 3층 탑승장으로 갔다. 그곳에도 사람들이 많지 않아 기다리지 않고 바로 탈 수 있었는데 모노레일이 8인승이라 우리 아홉 명 모두가 한 차에 탈 수 없다고 한다. 5명, 4명으로 나누어서 타야 한다는 것이다. 탑승시켜주는 분께 간곡히 부탁을 드려 내가 한 명을 안고 타기로 하여 한 차에 타는 걸 허락받았다. 안전벨트를 착용하고 어떤 단추도 만지지 말라는 주의사항이 끝난 뒤 운전기사도 없는 모노레일이 움직이기 시작했다.

비 내리는 숲도 누군가에게 우리를 정중하게 모시라는 엄명을 받은 게 틀림없다. 먼저, 낮게 운무를 드리워 레드벨벳을 대신했다. 아까시나무에게는 꽃 피우기를 잠시 멈추고 우리가 지나가는 길에 마중 나와 다소곳이 고개 숙여 맞이하도록 해두었다. 시끄러운 군악대를 대신해서 숲에서 목소리가 가장 아름다운 새를 대기시켰다.

아이들은 수피아(숲의 요정을 뜻하는 순우리말)의 대접에 매우 흡족해하며 행복한 환호성을 질러댔다. 모노레일이 모시는 속도도 마음에 드는지 우리를 맞이하

모노레일 신나요^^

는 이들의 인사를 받는 여유까지 보인다.

"상수리나무 보았어요."

"느릅나무가 뭐예요?"

"암석원이 뭐 하는 곳이에요?"

모노레일은 손님들이 혹시나 지루해할까 봐 높이를 달리하여 오르락내리락 하기를 반복하며 우리를 산 정상으로 데려다주었다. 그곳에 대기하고 있던 아저씨는 우리에게 내릴 것인지 그대로 타고 내려갈 것인지 물어 보신다.

"그대로 타고 갈 거예요." 이구동성으로 외친다. 감사함의 표현으로 물고 있던 쫀드기 하나를 떼어 드렸다.

치즈봉 따먹기 투호대회

아쉬움을 뒤로하고 모노레일 탔던 장소에서 내려 승강장을 나오니 전통놀이 기구가 눈에 띈다. 가장 하기 쉬운 투호놀이를 골랐다. 경쟁심을 발동시키기 위하여 간식으로 준비했던 치즈봉을 상품으로 내걸었다. 첫째 판은 하나 성공한

“명재형아, 잘하는데?”

세 명이 치즈봉 하나씩 받았다. 두 번째 경기에서는 투호를 던져 성공하면 모두 환호성과 함께 박수를 치도록 했다. 놀랍게도 5개 중 3개를 성공한 명재가 우승하는 이변이 벌어졌다. 상품으로 받은 치즈봉을 친구들과 나누어 먹는 명재의 마음씀이 이쁘다.

아이들의 눈은 다르다

체험관으로 내려가는 계단 벽면에 빙벽을 오르는 산악인 모형이 매달려 있었는데 아이들은 그 앞에 서서 눈을 떼지 못한다. 진짜 사람인 줄 알고 있는 듯했다.

2층으로 내려오니 모두 고개를 들고 위를 쳐다본다. 지난 답사 왔을 때 내 눈에는 보이지 않던 다람쥐 산책로가 이어져 있는 게 아닌가? 일곱 남매가 왔다고 환영이라도 하듯 그 안에서 다람쥐가 뱅글뱅글 재주넘기를 선보인다.

역시 아이들은 움직이는 생명체에 더 관심을 가진다. 내가 보기엔 별 볼 게 없어 20분이면 흥미를 잃을 것이라 생각했는데 그게 아니었다. 여기지기서 온갖

"아저씨 수고 하세요"

것들이 아이들의 발길을 붙잡았다.

이곳 생태체험관은 아이들의 눈을 정확하게 읽어 내어 만든 것 같다. 꼬물꼬물 작은 벌레, 귀뚤귀뚤 귀뚜라미, 아주 작아 앙증맞은 육지거북, 계곡물에 사는 가재부터 낙동강에 사는 우리 고장 물고기까지 아이들은 초집중하여 들여다본다.

내겐 새로운 경험이다. 명재가 그렇게 오랜 시간 동안 이상한 소리를 내지 않는 것이 신기했고 기현이가 투덜대지 않는 것도, 현준이의 반짝이는 눈도 새로웠다. 특히나 동물에 관심 많은 딸내미가 흥미있게 관찰하는 것도 더없이 좋았다.

1층에 있는 실내 놀이터를 보면서도 '돈만 들이고 알맹이가 없군' 했었는데 그곳으로 용민이가 나를 잡아끌었다. 미끄럼틀 아래로 데리고 가더니 어느 구멍에다 눈을 대고 보고 있으라고 한다. 그러고는 분명히 미끄럼틀 위로 쪼르르 올라갔는데 마주 보이는 곳에서 웃고 있는 것이 아닌가? 순간 '이게 뭐지?' 했다. 바로 잠망경 구조로 만들어 놓았던 것이다. 이 아이들은 그 짧은 시간에 언제 이것들을 찾아냈을까 무척 신기했다.

비 내리는 놀이터

실내 카페 앞을 알짱거리는 딸내미와 명재를 두고 나머지 아이들은 밖으로 미끄럼을 타러 나갔다. 비가 오고 있음에도 터널로 되어 있어 미끄럼을 탈 수 있어 다행이다. 먼저 타 본 정우가 달려오더니 화장지를 달랜다. 아마도 터널이긴 하지만 입구와 출구에 물기가 있는 것으로 보아 엉덩이가 젖어 닦으려나 보다 했다.

친구 엉덩이가 젖지 않게!

화장지를 가지고 자기 옷을 닦는 것이 아니라 터널로 들어가는 입구를 닦는다. 그러고는 다시 미끄럼을 타고 내려가더니 출구 쪽도 닦는 것이 아닌가? 화장지가 부족하다고 더 달랜다. 다음에 내려오는 아이들의 옷이 젖지 않도록 하는 배려임을 말하지 않아도 알겠다. 얼마나 흐뭇하던지 카메라 셔터를 연신 눌러댔다. 그걸 아는지 모르는지 다른 아이들은 신나게 미끄럼을 탔다.

어지간히 타서 배가 출출한지 카페 옆, 가방 둔 곳으로 모이기 시작했다. 서서히 점심 때가 되어 가나 보다. 명재가 구슬 아이스크림을 사서 미끄럼 타고 온 아이들에게 건넨다. 이렇게 서로를 배려하는 마음이 하나둘 보이니 행복이 온 마음으로 번져 나간다.

'얘들아~ 모쪼록 너희 기억 속에 오늘 하루가 자연에 더 관심을 가지고 모든 생명의 소중함을 느낀 가운데 친구를 배려해서 더 행복한 날로 남기를…….'

보조교사의 시선으로 바라보기

원래 일정대로라면 5회차는 12일이었어야 했다. 그러나 그날 5학년 아이들이 다른 일정이 있다고 하여 어린이날의 대체공휴일인 7일에 진행하기로 했다. 엄마가 아이들 부모님, 조부모님께 미리 말씀을 드려 놓았다. 짧지만 그래도 연휴인데 몇 명 정도는 빠질 거라고 생각했지만 예상 외로 모두가 참석해 주었다.

일단 전부 수석교사실에 모여서 아침 김밥을 먹고 중간에 먹을 간식도 챙겼다. 이미 지났지만 어린이날 선물로 엄마가 준비한 게 있었는데 바로 큼지막하고 빨간 하트가 대롱대롱 매달려 있는 머리핀이었다. 머리띠 양옆으로 하트가 두 개 달려 있는 것은 많이 봤어도 그렇게 따로 떨어뜨려서 만든 건 처음 봐서 굉장히 웃겼다.

그 전날부터 계속 비가 와서 옷을 단단히 챙겨 입은 후에 우리의 노쇠한 이동옹을 타고 오늘의 체험지로 출발했다. 이번에는 꽤나 먼 곳까지 오게 되었는데 구미에 있는 에코랜드라는 곳이다.

그곳에 도착하여 차를 완전히 주차하기도 전에 명재가 차 문을 열어서 엄마가 완전 노발대발 화를 내셨다. 당연히 혼내야 하는 부분은 맞지만 다른 아이들도 있는데 그렇게나 고래고함을 지르다니, 나중에 따로 불러서 단단히 일러두든가 하시지. 음…….

어찌 되었건 도착하자마자 맨 먼저 간 곳은 랜드 주변을 빙 둘러서 숲을 구경할 수 있도록 운행하는 모노레일을 타는 정거장이었다. 그러나 아직까지 비가 오고 있었고 전날 밤 정확한 일정에 대해서 들었을 때는 과연 모노레일이 운행될지 의심스러웠다.

그러나 막상 타고 보니 비는 물론 눈이 와도 운행할 수 있을 만큼 레일과 차체 바퀴의 결합이 단단했고 열차의 지붕과 옆쪽으로는 두꺼운 비닐막을 씌워 놓아서 빗방울이 들어오지 못하도록 해 꽤나 쾌적한 상태로 편안히 타고 숲을 둘러볼 수 있었다.

모노레일을 다 타고 내려서 보니 아까 탔던 곳의 근처 한쪽에 전통놀이 기구들이 마련되어 있었다. 윷놀이, 제기차기, 투호 등 여러 가지 있었는데 간식을 상품으로 걸고 투호놀이 경기를 했다.

놀이를 마치고 아래층으로 내려갔다. 3층과 2층 벽을 이용하여 빙벽 사진을 붙여놓고 그곳을 올라가는 암벽 등반가 마네킹이 있어 그 앞에 모두 모여서 사진을 찍었다. 엄마가 "저 아저씨 보니까 다들 무슨 생각이 들어?"라고 물으셨는데 가장 살벌한 대답은 정작 엄마의 대답이었다. 세상에나, 똥침을 놓고 싶으시댄다.

2층은 그야말로 나를 위한 공간이었다 해도 과언이 아니었는데 귀여운 동물들이 엄청 많이 있었다. 천장 쪽 위로는 다람쥐들이 뛰어놀 수 있는 긴 터널과 쉼터용 아크릴 박스 공간이 쭉 이어져 있었고 실제로 다람쥐 몇 마리가 원통형으로 된 통로를 빙글빙글 돌거나 그 안에 마련된 쳇바퀴를 굴리면서 놀고 있었다. 몇 마리는 아래쪽으로 지나다니는 사람들을 구경하고 있기도 했다. 진짜 다람쥐가 너무 귀여워서 지금 키우는 햄스터들을 다 떠나보내면 키워 볼까도 생각했지만 햄스터와는 달리 반은 케이지에 사육하고 반은 방목 사육을 해야 한다니 나 혼자 따로 나가 살지 않고서야 그런 류의 동물들을 키우기엔 아직 무리일 듯하다.

다람쥐 말고도 귀뚜라미, 밀웜, 딱정벌레와 같은 곤충류와 육지거북(사실 얼마 전 우리 집에 소라게를 입양하기 전까지 육지거북을 키울까 고민했었음), 기니피그가 있었고 벽면에는 수조를 쭉 진열해 놓고 낙동강에 서식하는 어류나 양서류, 가재나 게 같은 갑각류를 전시해 놓았다.

신기한 동물원 구경. 그러나…

항상 이런 곳에 오면 드는 생각이, 물론 다양한 동물들을 한번에 접할 수 있고 즐길 수 있는 거야 좋지만 동물들은 얼마나 스트레스를 받을까 싶다. 사람도 마찬가지 아닌가? 조용하던 시골 마을의 벽에 그림을 그려 놨을 뿐인데 시에서 멋대로 벽화마을이랍시고 지정해 놓고는 관광객들로 인한 소음 공해와 쓰레기 같은 문제가 생겨도 정작 그 주민들이 감수해야 할 고통은 신경도 안 쓰는 것과 같은 것이리라.

심지어 동물들은 자기 사생활마저 그대로 노출되는 것 아닌가? 사람들 손이 닿지 않는 천장에 있는 다람쥐들은 그나마 덜 하겠지만 기니피그들은 두세 발걸음조차 걷지 못할 정도로 좁은 공간에 있고, 육지거북들은 성인이 몸을 굽혀 손을 쭉 뻗으면 그들을 집어들 수 있을 정도로 허접한 울타리에 둘러싸여 있을 뿐이다. 수조도 마찬가지로 뭣 모르는 아이들이 신기하다며 손으로 막 두들길 수 있는 환경이었다. 아무리 교육이 목적이라 하더라도 동물들에게도 최소한의 생활공간을 확보해 주어 소음이나 사람들의 손길을 피할 수 있도록 거리라도 띄어 주면 좋겠다.

그래도 다행히 우리 일곱 남매들은 기본적인 개념이 탄탄해서 아무도 동물들한테 들이대거나 우리나 수조를 두드리지 않고 얌전히 감상만 해주었다. 물론 잘 볼 수 없는 동물들을 보게 돼서 약간 흥분한 감이 없진 않았지만 말이다.

2층에는 동물들뿐만 아니라 한 켠에 소원 쪽지를 적어 붙이는 곳도 있었다. 난 그냥 평범하게 가족들이랑 배우 김남길 씨 행복을 비는 내용으로 써서 붙였는데 기현이 이 녀석 소원 봐라, 치킨을 먹고 싶다고 적었다. 지난번에 점심으로 시켜 줘 실컷 먹었으면서 말이다. 하긴 치킨은 언제나 먹고 싶은 게 인지상정이긴 하지.^^

점심시간이 가까워져서 다시 차를 타고 길을 되돌아왔다. 학교로 가지 않고 바로 점심을 먹으러 갔다. 비가 오면 밀가루가 땡긴다며 국수를 먹자고 의견이 모아졌다. 우리 가족이 자주 가던 국숫집인데 그곳은 일요일만 휴무인 줄 알았는데 오늘도 닫혀 있다. 이 집은 맨날 쉬나 하고 투덜거리며 꽤 비싼 곳임에도 근처 돈까스 뷔페로 갔다. 다들 신나서 계속 담아 먹을 줄 알았는데 현아와 연아 자매는 돈까스도, 함박 스테이크도 그다지 많이 먹지 않고 오히려 스파게티나 국수 같은 면류만 조금씩 담아 와서 먹는 것이다. 내가 보니 남자아이들도 그렇게 많이 먹지 못하는 것 같았다.

그렇게 배를 채운 후 각자 집으로 데려다주고 엄마와 나는 피곤에 절어 집에 돌아와서 후딱 씻고 침대에 엎어져 버렸다. 끝!

공주님 왕자님이 되어 봐요

5월 16일 수요일

요 며칠 동안 토끼풀 꽃이 많이 피어 있는 곳을 찾아다녔다. 무지개 일곱 남매들과 토끼풀 꽃으로 왕관을 만들고, 목걸이, 팔찌도 만들어 공주님, 왕자님 놀이를 하기 위해서이다. 꽃 왕관을 쓰고 놀면서 아이들 스스로 자기가 소중한 존재라는 마음이 들도록 하는 것이 이번 회차의 목적이다. 그러니 토끼풀 꽃이 많을수록 좋다.

저녁을 먹고 운동 가자는 남편을 끌고 동락공원으로 향했다. 토끼풀을 찾아 헤맸다. 먼저 낙동강변으로 가 보니 그곳에는 토끼풀이라고는 없다. 다음은 동락공원 북쪽 끝까지 걸어가서 거꾸로 더듬어 올라왔다. 풍차가 유유히 돌아가고 그 옆으로 구미과학관이 있다. 놀이터, 동물사육장, 초가, 전통 놀이터도 있다. 동락공원이야말로 무지개 남매들이 체험하기 좋은 곳이다.

토끼풀 꽃 따기

그러면 뭐 하겠는가? 토끼풀이 없는걸. 할 수 없지. 오는 길에 다른 곳에 들러서 뜯어 와야겠다. 아주 없는 건 아니고 군데군데 토끼풀이 조금씩 있기는 하다. 하지만 양이 너무 적고 꽃대가 짧아서 왕관이나 목걸이를 만들기에 적당하지 못하다. 토끼풀 꽃이 많은 곳이어야 한다. 아쉬움을 안고 차가 있는 곳으로 발길을 돌렸다. 가는 길에 조금씩 토끼풀이 보이기 시작하더니 양쪽으로 가로수가 늘어선 길 아래에 엄청나게 많은 양의 토끼풀이 있는 게 아닌가?

"유레카~~~!" 환호성이 터져 나왔다. 드디어 다음 활동할 모든 조건이 갖추어졌다. 이제 다음 주 월요일, 우리 학교 재량휴업일에 아이들을 데리고 오면 된다.

5월 21일 월요일

손님이 오셨어요

무지개 일곱 남매가 특별 손님을 맞았다. 시인이며 동화 · 수필작가인 홍기 선생님이시다. 지금까지 무려 33권의 책을 내셨고, 지난해 펴낸 수필집 『섬에서 단순하게 살아보기』는 한국출판문화산업진흥원 주관 '2017 세종도서 문학나눔' 도서로 선정되어 전국의 학교와 도서관에 보급되고 있다. 글 쓰는 일에 전념하시겠다고 몇 년 전에 명예퇴임하셨는데 올해 우리 학교에 잠시 기간제로 와서 3학년 2반을 맡고 계신다.

그분이 우리를 격려하고자 오신 것이다. 한 회차를 함께 참여하고 싶다고 하셨을 때 사실 반가움 반, 걱정 반이었다. 우리 활동에 깊은 관심을 가져 주셔서 반갑고, 황금 같은 휴일에 하루를 투자하고 거기다가 점심까지 사 주시겠다니 참 고맙고 감사한 일이다.

그런 만큼 많이 부담스러웠고 더 걱정인 것은 아이들이 어떻게 받아들일까, 하는 점이었다. 특히 낯을 가리는 딸내미가 더 신경 쓰였다. 그래서 넌지시 말을 꺼냈을 때도 반응이 썩 좋지 않아 걱정했다. 하지만 그건 쓸데없는 나의 기우에 지나지 않았다.

붉은토끼풀과 첫 대결을 하다

오늘 활동 장소인 동락공원으로 가는 길가에 붉은토끼풀이 거대한 세력을 형성하고 있었다. 왕관이나 목걸이를 만들 때 새하얀 토끼풀 꽃과 함께 줄기 하나에 연분홍빛 꽃과 초록 잎이 그 아래를 받치고 있는 붉은토끼풀을 군데군데 포인트로 넣어 주면 더 예쁠 것이다.

붉은토끼풀은 보들보들하고 여린 토끼풀에 비하면 매우 강한 오랑캐족 같다. 잎도 꽃도 일단 크다. 아이들은 붉은토끼풀과 씨름을 한

아이들과 놀아 주시는 홍 선생님

다. 처음에는 풀이라고 얕잡아 보고 한 손으로 덤비다가 큰코다치고 나가떨어진다. 다시 마음을 다잡아 전투력을 상승시킨 후, 두 손을 사용하고서야 붉은토끼풀을 넘어뜨린다.

붉은토끼풀도 마냥 당하고만 있지 않는다. 곧 꺾이더라도 아이들에게 기어코 복수를 하고 만다. 보드라운 손을 가진 잔인하기 짝이 없는 승리자들은 그 복수의 칼에 손가락 여기저기 상흔을 입는다. 거대한 붉은 세력들은 연약한 침략자들의 손에 그만 함락당하고 만다. 점점 더 무자비해진다. 드디어 작은 승리자들의 입술이 기쁨에 못 이겨 씰룩인다.

하양 토끼풀과 두 번째 대결

지난 사전 답사 때 점찍어 두었던 공원 안 토끼풀 군락지로 이동군을 몰았다. 주차장에 내리자마자 두 번째로 대결할 하양 적군이 눈앞에 도열하고 있다. 아이들은 이전 승리의 기세를 몰아 적진으로 뛰어들었다.

"엥, 이건 너무 보드랍잖아! 아까 것보다 훨씬 작아." 그만 긴장을 풀어 버렸다. 또다시 전쟁을 치를 마음이 싹 가셨나 보다.

생각건대 같은 종족인 붉은토끼풀의 패전 소식이 이곳까지 전해졌나 보다. 이 연약한 침략자들을 막아내기 위해 하양 장군은 미리 작전을 세워 두었고 모든 하양군은 그 작전 명령에 의해 일사분란하게 움직이고 있다.

"하양 제군들은 들어라! 첫 번째 작전은 저 연약하고도 무자비한 침략자들이 우리 군과 싸울 생각이 들지 않도록 모두 최대한 자세를 낮추도록 한다. 그다음 작전은 우리의 비밀 병기를 숨기고 있다가 내가 신호를 보내면 그것으로 일제히 공격한다. 알겠나?"

첫 번째 작전에 그만 전투력을 상실한 아이들은 토끼풀을 뜯을 생각도 하지 않고 작은 여치 꽁무니만 따라다닌다. 이어 두 번째 비밀 병기인 생화학 공격에

당한 아군은 코를 벌렁거리며 적군이 뿌린 생화학 무기가 무엇인지 찾아내기에 급급하다.

적군을 미리 탐지한 나도 첫 번째 작전은 이미 알고 대비했으나 두 번째 작전은 감히 눈치조차 채지 못하고 아군과 함께 당하고야 말았다.

"이 향기가 어디서 나노?" 아이들과 함께 연신 콧구멍을 벌렁거리기만 했다. 누가 아까시 향이 제일 좋다고 했던가? 아마 토끼풀 꽃 향을 맡아 보지 않은 사람이리라. 은근하게 사람의 마음을 끌어당기는 이 오묘한 향에 어느 누구라도 당하지 않을 수 없을걸.

청마루에 앉아 왕관을 만들다

무장해제 당해 전력을 상실한 채 떠도는 아이들을 온갖 방법으로 꼬드겨 겨우 목표치의 토끼풀을 채취하고, 옆에 있는 보라색 벳지(털갈퀴덩굴)도 조금 걷어서 전통 초가 청마루에 자리를 잡았다. 온갖 작전을 펼쳤음에도 결국 우리의 포로가 된 토끼풀은 여전히 향을 내뿜어 우리에게 저항했지만 이미 우리의 전리품이 되고야 말았다.

전리품과 승자의 여유

아이들은 토끼풀을 10개 정도씩 다발로 묶고 홍기 선생님과 나와 연아는 그것들을 엮어서 왕관이며 목걸이를 만들었다. 하얀 토끼풀 사이사이에 붉은토끼풀과 보라색 벳지로 포인트를 주었다.

보통 때 같으면 지루해하면서 어느새 딴 짓을 하고 있을 아이들인데 꽤나 오래도록 앉아서 자기의 맡은 임무를 다하는 것이 기특하다. 토끼풀을 뜯을 때나 만들기를 할 때에도 명재는 거의 하지 않고 방해만 하는데도 이제 적응이 되었는지, 아니면 포기했는지 아이들은 그다지 무어라 타박하지 않는다.

그중 제일 달라진 건 딸내미다. 끊임없이 달라붙는 명재를 싸늘한 시선으로 제압하지 않고 다 받아주고 있었다. 그저께 나에게 자기 본분에 대한 싫은 소리를 들어서일까? 지난 회차 사진 속에 나타난 자신의 모습을 한번 보라고 했을 때, 이래서는 안 되겠다고 스스로 다짐을 한 것일까? 그도 아니면 오늘 손님으로 오신 홍기 선생님의 딸내미에 대한 자상한 배려에 기분이 상승되어서일까? 아무튼 오늘은 딸내미 특유의 무관심한 듯한, 다른 이로 하여금 질리게 만드는 냉정한 표정을 한 번도 보여 주지 않았다.

아이들도 딸내미의 변화가 느껴졌나 보다. 함께 웃고 떠들고 하고 있으니 말이다. 나도 귀찮게 느껴질 만큼 치대는 명재를 웃으며 받아내 주고 있는 것이다. 얼마나 고맙고 이쁜지 모르겠다. 딸내미의 눈치를 가장 많이 보는 사람은 바로 나다. 이후에도 오늘만 같기를.

쌍둥이가 달라도 너무 달라요

슬슬 좀이 쑤시기 시작하나 보다. 하나둘 엉덩이가 들썩이더니 초가 주변을 어슬렁거리기 시작한다. 홍기 선생님이 그런 아이들을 데리고 산책을 다녀오시기로 했다. 연아는 남아서 나와 계속 왕관을 만들겠다고 한다.

연아의 손이 얼마나 맵던지 만들어 놓은 왕관이 내가 한 것보다 훨씬 예쁘다.

아무리 이란성 쌍둥이라지만 현아와 연아는 참 많이 다르다. 우선 생김새가 전혀 닮지 않았다. 언니인 현아는 듬든한 맏며느릿감이다. 반면, 연아는 귀엽고 깜찍한 막내며느리 같다. 어떤 일에 대한 취향도 제각각이고 잘하는 것도 다르다. 음식 만들기 할 때는 현아가 훨씬 잘하는데 이번 왕관 만들기는 연아가 더 집중해서 꼼꼼하게 잘 만든다. 현아, 연아가 이 다음에 커서 무엇을 하며 살지 무척 궁금하고 기대된다.

공주님, 왕자님 납시오

나들이 갔던 아이들이 하나둘 모이기 시작한다. 점심으로 중국 음식을 시켜 놓고 왕관과 목걸이 만들기에 속력을 높였다. 하나하나 완성할 때마다 아이들은 머리에 쓰고, 목에 걸어 보고 했다. 홍기 선생님이 정성들여 만든 왕관을 딸내미에게 씌워 주셨다. 그것을 마다 않고 넙죽 받아 쓰고는 사진을 찍어도 피하지 않고 포즈까지 잡는 게 아닌가? 변해도 저리 변할 수 있나 싶다.

공주처럼 우아하게

작업하던 토끼풀을 펼쳐 놓은 채로 그곳에 두고 안쪽 마루에서 배달 온 음식을 차렸다. 탕수육이며 짬뽕, 짜장면을 후루룩 쩝쩝 잘도 먹는다. 음식만 보면 끼적끼적대던 명재도 참 잘 먹는다.

드디어 완성되었다. 우리의 작품인 꽃왕관과 꽃목걸이를 들고 남은 토끼풀로 서로서로 꽃시계도 하나씩 만들어 차고는 자리를 이동했다.

초가 옆에 있는 원두막에서 공주님과 왕자님 놀이를 했다. 원두막을 지나 연못을 가로지르는 구름다리에서도 공주님, 왕자님처럼 우아한 모습으로 걸어오며 포즈를 잡았다.

이렇게 토끼풀 꽃으로 놀이를 하며 자존감을 갖도록 하는 애초의 나의 의도와는 사뭇 달랐지만 아이들도 꽃을 뜯으며 향기에 취해 보고, 화관을 만들어 머리에 써 보며 나름 행복한 기분을 가졌으리라 생각해 본다.

우리 무지개 일곱 남매와 온 하루를 함께 해주신 홍기 선생님, 감사합니다~.

공주님 왕자님 놀이

보조교사의 시선으로 바라보기

월요일? 월요일엔 학교를 가야지, 왜 월요일에 숲 체험을 하냐구? 오늘이 그 학교 재량휴업일이라지 뭐야. 월요일에 노니까 그것 참 좋겠네. 하지만 난 아니야. 오늘도 오후에 학원으로 출근해야 한단다. 그래도 어쩔 수 있니? 바로 어젯밤에 엄마에게 그렇게 호되게 혼났으니 따라가는 수밖에.

참 화창한 날씨네. 꽃 따러 가기 정말 좋은 날씨다. 그렇지 않니? 마침 오늘 체험도 토끼풀 꽃을 따서 왕관이랑 목걸이랑 팔찌 같은 예쁜 장식품을 만드는 건데 정말 잘됐지 않니? 비가 온다고 했으면 엄마가 또 그 전에 미리 왕창 따와서 준비해 놓으실 텐데 말이야. 아무리 신선하게 보관한다 한들 바로 딴 꽃보다는 시들할 거 아니겠니?

언제나처럼 아침에 아이들을 태워서 학교에 왔어. 오늘은 특별한 손님도 오셔! 홍기 선생님이라고 엄마가 요즘 한창 빠져 있는 오카리나 연주를 가르쳐 주시는 선생님이셔! 홍기 선생님은 동시, 동화 작가이시래. 엄마께 일곱 남매 숲 체험 이야기를 듣고 흥미 있으셨나 봐. 그래서 오늘 우리와 함께 체험하고 점심도 사 준다고 하셨다지 뭐니? 그래서 우리 일곱 남매들, 완전 신이 났지!

차를 타고 오늘의 활동 장소인 동락공원에 가려면 홍기쌤 차와 엄마 차에 나눠서 타야 했는데 다들 엄마 차가 더 익숙한지 쌤 차에 타는 걸 머뭇거리더라고. 물론 나도 그랬어. 결국 늘 타던 것처럼 이동군에 구겨 타고는 공원으로 달려갔지.

가는 길가에는 우리가 흔히 봐 왔던 토끼풀이 아닌, 거의 어린애만큼 키가 큰 분홍색 토끼풀이 흐드러지게 피어 있었어. 엄마가 그걸 놓치실 리가 없지. 붉은토끼풀이라고 하며 모두 내려서 그 꽃을 따라는 거야. 보는 것만큼이나 줄기가 억세서 딴다고 하기보단 줄기를 뜯는다고 표현하는 게 더 맞을 거야. 각자 딸 수 있을 만큼 최대한 많이 따라는데 거의 마지막쯤 해서는 손이 아려 오더라고. 그래도 다들 생각보다 많이 땄더라! 홍기쌤이 따신 한아름의 토끼풀을 나에게 선물로 주셨어. 너무 예뻤고 마치 내가 공주가 된 기분이었어.

모두 붉은토끼풀을 한 다발씩 안고 목적지인 동락공원으로 왔어. 생각했던 만큼 햇빛이 강력하지 않았고 그나마 간간이 비추던 햇빛도 나무 그늘이 가려 주어서 선선했어. 그곳엔 하얀 토끼풀이 지천으로 피어 있었어. 낮은 언덕에서 우리는 쪼그려 앉아 꽃을 따고, 따고 또 땄지. 아까 땄던 붉은토끼풀 꽃과는 다르게 얘는 줄기가 완전 연해서 딴다고 하기보다는 이건 아예 뿌리까지 뽑힐 정도였어. 따기 쉽다 보니 아무 생각이 없어지더라. 어느새 비닐봉지에 가득 찼어. 다들 지쳤고, 슬슬 왕관도 만들고 점심도 먹어야 하니까 공원 안에 있는 원두막으로 갔지.

그제야 해가 좀 쨍해지고 기온도 점점 높아지더라고. 하필 그늘을 벗어나자마자 더워지다니, 그때까지만 해도 고맙던 날씨가 미워졌지. 하지만 조금 걷다 보니 금방 원두막이 나와서 얼른 다시 그늘 속으로 들어갔어. 사실 원두막이라기보다 그냥 초가에 딸린 대청마루라 해야 할까? 어쨌든 원두막은 아니었던 것 같아.

그렇게 청마루에 앉아서 어제 엄마랑 연습했던 것처럼 꽃줄기로 왕관 만드는 법을 아이들에게 보여 주었어. 잡담과 멍을 때리기를 반복하면서 왕관을 만들었지. 둘러앉아 만드는 모습이 마치 가내 수공업 하는 장면같이 느껴졌어. 우리가 딴 꽃은 생각보다 많았고 그래서인지 만들어도, 만들어도 전혀 줄지 않는 기분이었지. 우리가 만든 작품은 생각보다 매우 훌륭했어.

작업은 이제 거의 막바지에 이르렀고 어느덧 점심시간이 되었어. 마침 거기 청마루 기둥에 배달 책자가 딱 걸려 있지 뭐야. 다들 원하는 메뉴가 중국음식으로 모아져 시켜 먹기로 하고 엄마가 전화를 했지. 기다리는 동안 그 주변을 둘러보러 나갔는데 근처에 전통 그네가 있었어. 원래 이건 서서 타야 하는 건데 아이들은 이런 그네를 처음 보는 모양이야. 그래서 내가 시범을 보여 주며 "내가 구미의 춘향이다!"라고 외쳤지. 응? 그런데 이몽룡이 없어.ㅠㅠ

놀다 보니 얼마 안 된 것 같은데 벌써 음식이 왔다고 하더라. 다른 마루에 상을 차렸어. 사 주신 홍기 선생님께 감사 인사를 드리고 점심을 먹기 시작했어. 난 짜장면을 먹었는데 너무 맛있는 거야. 야외에서 먹어서 그런가, 아니면 꽃향기에 취하다 못해 거의 무뎌질 쯤 되어 새로운 냄새를 맡아서 그런지 몰라도 정말로 맛있었어.

점심도 맛나게 먹었겠다, 이제 마무리만 남겨 놓았으니 다들 분발해서 마지막 작업을 서둘렀고 모두 끝냈어! 아까 그네가 있던 곳 주변 진짜 원두막으로 가서 포토타임을 가졌어. 직접 만든 왕관과 꽃목걸이, 그리고 꽃다발을 들고 우리는 원두막 위에서

홍기 선생님께 화관을 선물 받다

포즈를 취하고 아래에서 엄마와 선생님이 사진을 찍어 주셨지. 그리고 걸어가다 보니 또 나온 훌륭한 포토존! 연못을 가로지르는 구름다리가 나왔어. 거기서 나랑 연아가 폼나게 모델 워킹을 했단다.

집에 가기 전에 마지막으로 공원 안 과학관에 가서 관람을 하기로 했어. 가는 도중 동물사육장을 지나면서 귀여운 토끼도 보고 어릴 때 가족끼리 와서 들던 군가도 들으며 열심히 걸어갔지. 그때만 해도 군대는 먼 얘기인 줄 알았건만 내 동생 윤이가 벌써 제대하고도 이렇게나 시간이 지났네.

그 근처에 뭔가 새로 생긴 듯한 소리반사경이라는 구조물이 있더라고. 한번 체험해 봤는데 마치 스테인 볼을 세워서 놓은 것 같은 모양새였어. 그게 두 개가 있어서 서로 마주보게 하고 그 앞에 각각 의자를 두어서 거기에 앉은 사람끼리 서로 얘기하게끔 하는 구조인데, 신기하게도 거기서 말을 하면 뒤에 있는 판이 오목하니까 가운데로 소리를 모아 맞은편의 상대방이 한 말이 뒤에서 들리는 거 있지. 무척 신기했어. 그리고 그 옆에는 나무와 금속으로 만든 커다란 실로폰도 있었어.

실내 과학관은 월요일이라 개장하지 않았어. 그래서 꿩대신 닭이라는 심정으로 그 옆에 있는 풍차라도 보러 갔는데 그것도 안 움직이고 있지 뭐야, 흑흑.

이제는 구름도 한 점 없이 해가 중천에 떠서 그날 더위의 절정을 찍었지. 그림자도 짧아져서 나무 밑으로 걸어도 햇빛을 그대로 받고, 홍기 선생님이 사주신 아이스크림 냉기에 의지해서 겨우겨우 주차장으로 돌아왔어.

그곳에서 홍기 선생님께 인사를 드리고 각자 집에 내려 주고 바이바이 했어. 그리고 나는 곧바로 출★근!

온몸으로 느껴요

7회차

6월 17일 일요일

7회차 체험 장소로 국립칠곡숲체원으로 정하고 사전답사를 갔다. 우리 아지트가 있는 비룡산도, 학교 뒷산인 시묘산도 있지만 관리되지 않은 여름숲은 위험하다. 자유분방한 무지개 형제들이 숲을 마구 헤집고 다니다가 벌집을 건드릴 수도 있고 뱀을 만날 수도 있기 때문이다. 여름 동안에는 되도록 지속적인 관리가 이루어진 숲을 찾아다닐 예정이다. 행여나 안전에 문제가 생기면 큰일이니까.

국립칠곡숲체원은 계곡물을 가둔 저수지를 중앙에 두고 맞은편 쪽에 데크를 설치하여 숲속을 안락하게 걸을 수 있도록 했다. 숲체원 건물이 있는 쪽에는 도토리유아숲도 있다. 2월에 왔을 때만 해도 없던 시설물들이 간간이 눈에 띈다. 우리 남매들이 한나절 동안 즐기기에 손색이 없어 보인다.

숲 놀이터로 오르는 길은 야자 매트를 깔아 두어 걷기도 좋다. 내려오는 길에는 산딸기가 손님 맞을 채비를 한 듯 빠알간 열매로 상을 차려 놓고 있다. 마지막 코스인 주차장 가는 길은 저수지 주변으로 수변 데크가 설치되어 있고 눈 호강을 할 수 있도록 저수지 한쪽에는 노랑어리연 꽃이 무리 지어 동동 떠 있다.

이만하면 아무리 더운 날이라도 아이들이 투덜거리지 않겠다 싶어 안심이 된다. 1시간 남짓 답사를 마치고 돌아온 주차장 옆에 '연리지 쉼터'라는 팻말이 눈에 들어왔다. 겨울에 왔을 때는 멀리서도 붙은 가지 모습을 볼 수 있었는데 그사이 초록잎으로 가려져 있어 그 장면을 볼 수 없다.

가까이 가서 볼 요량으로 설치된 데크로 몇 걸음을 걸었을까? 종아리 부분에 송곳으로 찌르는 듯한 통증이 파고든다.

'아~~아악, 이게 뭐야?' 미처 생각도 하기 전에 맹렬하게 달려드는 벌들을 피해 걸음아 날 살려라 도망쳤다.

정신을 차린 후 준비한 연고를 간신히 바르고 내가 무슨 잘못을 저질러 이런 봉변을 당했는지 다시 그 장소로 가 보았다. 데크 난간 아래에 벌들이 보금자리를 만들고 있었다. 내가 데크로 올라가 걸으니 쿵쿵 울렸을 것이고 그곳 벌들에게는 비상사태가 선포되었던 것이다. 다행히도 그 세가 아주 미미해서 한두 방으로 대가를 치른 듯하다.

생각만 해도 아찔하다. 이런 일들이 사전답사에서 나에게 일어났기 망정이지 우리 남매들이 쏘였으면 어찌될 뻔했누. 에효효~~~. 긴 숨을 내쉬며 모내기하러 가는 농꾼마냥 따끔거리는 종아리에 걸쳐진 바지를 둥둥 끌어올렸다. 그 폼새로 입장료 받는 곳에 가서 벌집을 제거해 달라고 요청했다.

미안하다, 벌들아. 다른 곳에 가서 집을 지으렴.

6월 23일 토요일

느티나무 할머니, 죄송해요

이번 회차에는 많은 아이들이 빠질 것 같아 걱정했다. 태권도장에 다니는 정우, 명재, 용민이의 품띠 승급 심사일과 겹치기 때문이다. 체험일을 미루어야 하나 어쩌나 고민했다. 다행히도 승급 심사 받으러 오후에 간다 하여 그대로 진행했다.

아침부터 일찍 서둘러 국립칠곡숲체원으로 이동군을 몰았다. 산을 오르는 시작점에는 650년 묵은 느티나무 할머니가 온갖 풍파를 겪어 내고 의연하게 서 있다. 아니, 의연하게 서 있다라는 말은 맞지 않다.

바로 옆으로 도로를 내고 시멘트로 덮어 차들과 사람들이 끊임없이 지나다니

느티나무 할머니와 함께

고 있으니 뿌리가 제대로 숨을 쉴 수가 없다. 그 뿌리가 제 역할을 못하니 스스로 가지를 잘라내며 근근이 버티고 계신 것이다. 사람들아, 보호수라는 팻말을 붙여 놓지나 말지. 650년 중 최근 50여 년 동안 느티나무 가지는 반으로 줄고, 중심 기둥에는 에폭시라는 것으로 외과수술을 해놓아 치명적인 흠집을 남기고 말았다. 느티나무 할머니께 참으로 죄송했다.

650년을 살아 내신 느티나무 할머니를 그냥 지나치는 건 더욱 무례를 범하는 것 같아 일곱 남매들과 차에서 내려 인사를 드린 후 올라왔다.

숲속 친구들아, 고마워

주차장에 도착하여 먼저 데크가 있는 곳으로 길을 잡았다. 그쪽이 둘러가는 길이긴 해도 초록 그늘이 드리워져 있고 걷기가 편하기 때문이다. 지그재그로 만든 길을 오르다 보니 힘이 드는지 몇 분도 걷지 않아서 언제 도착하냐고 보챈다.

이럴 때 나의 구세주는 숲 친구들이다. 그늘을 만들어 준 나무도 그렇지만 아이들이 힘든 것도 깜빡 잊어버릴 만큼 기운을 돋우는 건 역시 동물이다. 아이들이 지나가는 길 옆에서 숨바꼭질하듯 쪼르르 나타났다가 보란 듯이 멈추어 고개를 들어 쳐다보고 눈 깜짝할 사이 사라지곤 하는 다람쥐야말로 고마운 친구다.

"저기 다람쥐 있다~~."

"어디, 어디?"

"조오기 들어갔어."

"또 나온다. 저기저기." 다른 친구들도 보라고 가리키는 손가락이 다람쥐의 몸놀림만큼 재빠르다. 아이들 눈동자도 요리조리 따라 바쁘다.

"봤어, 봤어."

"아이, 귀여웡."

다람쥐 친구 덕분에 돌았던 생기가 다시 가라앉는다. 얼마큼 가다가 아이들이 지칠 때쯤 또 나타나 주면 좋겠지만 다람쥐에게만 기댈 수 없는 노릇. 이번에는 나무 친구들에게 넌지시 도움을 청했다.

초피나무, 비목나무, 누리장나무에게 차례로 향기를 빌렸다.

"이 나무는 허브거든. 무슨 향이 나는지 맡아 볼래?" 초피나무 잎을 따서 아이들의 코에 들이밀었다.

"으~~윽, 이게 무슨 향이에요? 냄새가 너무 지독해요."

"추어탕에 넣어 먹는 거야. 그럼 이 향은 어떤지 맡아 볼래?" 이번에는 비목나무다.

"싫어요, 맡기 싫어요."

"아냐, 이건 향긋한 냄새가 날 거야."

"진짜네요. 이건 좋아요. 너도 맡아 봐."

"음, 좋아요. 달콤한 맛이 나요."

"그러면 이건 어때? 어떤 향이 나니?"

"으음, 뭐랄까? 약 냄새 같기도 하고, 콩 냄새가 나기도 해요."

"그래? 그렇지. 이 나무는 누린내가 난다 해서 누리장이라는 이름을 붙였어."

"그래요? 난 고소하고 좋은데."

그다음에는 산수국에게 예쁜 꽃을 부탁했고 산벚나무에게 까맣게 익은 버찌를 얻어 아이들의 투정을 달래 주었다. 숲속 친구들아, 고마워.

그래도 '함께'라서 행복해요

도토리유아숲 놀이터는 지친 아이들에게 단번에 세로토닌이라는 행복 호르몬을 생성해 주었다. 밧줄로 만들어진 세 줄 타기, 두 줄 타기도 하고, 햇살처럼 엮어 놓은 둥근 원형 위에 옹기종기 올라서 굴러 보기도 하고 드러눕기도 한다. 밧줄놀이 삼매경에 빠져 있는 모습을 보니 내가 그림 그리던 그 모습, 바로 진짜

신나는 밧줄 놀이

남매가 된 듯하다.

사실 며칠 전 무지개 일곱 남매에게 위기가 찾아왔었다. 현아가 숲 체험을 계속할지 말지 고민 중이라는 이야기를 담임으로부터 들었다. 이유인즉 명재가 자꾸 부비부비하는 게 너무 싫다는 것이다. 이 점에 대해서는 딸내미에게 이미 들었는데 난 별 대책을 세우지 않았었다.

엄마 사랑이 목말라서 그러는 아이를 자꾸 밀쳐 내는 딸내미가 매몰차 보였고 그래서 나무라기까지 했다. 하지만 현아, 연아까지 그리 생각한다면 이건 곤란한 일임에 분명하다. 현아, 연아에게도, 딸내미에게도 명재를 조심시키마 약속했다.

명재를 불러 누나들의 마음을 전하고 다 함께 행복한 숲 체험이 되도록 노력하자고 달랬다. 무작정 안아 주고 보듬어 주는 것이 명재에게 좋은 영향을 주지만은 않다는 걸 깨닫고 며칠간 마음이 심란했었다. 참 어렵고도 어렵다.

명재에게 그렇게 말하긴 했어도 금방 행동이 고쳐질까 내심 걱정했다. 그러나 아직까지는 별 문제없이 잘 따라 주고 있다. 나도 좀 더 신경 써서 명재나 자매들의 마음을 다치지 않게 조심해야겠다.

숲의 초록이 그렇게 싱그러운 이유는 위에서 비추고 있는 햇살 때문이다. 전 국립수목원장 신준환 님은 초록은 햇빛을 지향하고 많은 사람들이 믿는 신앙은 모두 밝음을 지향한다고 했다. 일곱 남매와 딸내미에게 나의 이 작은 노력이 초록에게 꼭 필요한 햇살이듯 그러하길 바란다. 한 줄기 햇살을 부여잡고 가느다란 초록 가지를 뻗어 내는 것처럼 나의 어설픈 몸짓이 그들에게 한 줄기 햇살이길.

둥~개 둥개 둥개~~야~

밧줄놀이도 심드렁할 때쯤 힘들게 짊어지고 온 해먹을 풀어헤쳤다. 사실 나도 해먹 설치는 처음 해보는 것이라 걱정하며 펼쳤는데 고민한 것이 부끄러울 만큼 쉬웠다. 옆에서 연아가 자기도 설치해 보겠다고 거들고 나섰다.

아뿔싸~~, 내가 그렇지. 어쩐지 일이 잘 풀린다 했다. 나의 계획은 해먹을 떡하니 설치해 놓고 두 명씩 짝을 지어 나란히 누워 사이좋게 도란도란 이야기하면 친밀감이 높아져서 남매간의 우애도 깊어질 것이라 생각했다.

그런데 이게 뭐야? 한 사람이 겨우 탈 수 있을 정도의 폭밖에 되지 않는다. 해먹을 구입할 때 길이만 보고 폭을 생각하지 못했던 것이다.

할 수 없지 어쩌겠는가? 굴참나무들에게 양해를 구하고 다섯 개를 얼기설기 엮어놓으니 아이들이 좋아라 하며 하나씩 잡아탄다.

'저 편한 자세들을 보라. 얼마나 흐뭇한 광경인가?'

초록 나뭇잎 사이로 비치는 햇살에 눈을 지그시 감고 솜사탕 먹은 표정으로 해먹을 타고 있는 모습은 옛 어른들이 말씀하시던 우리집 논에 물 들어가는 것과 자식 입에 밥 들어가는 것처럼 보기 좋은 장면이다.

해먹 개수가 부족해서 나머지 남매들을 데리고 아래쪽에 설치된 미니 집라인을 타러 갔다. 지난 겨울에 왔을 때는 무섭다고 타기를 한사코 거부하던 딸내미도 한번 타더니 재미가 들었나 보다. 서로 당겨 주고 밀어 주고 하면서 잘도 탄다.

나도 해먹에 누워 여유를 즐겨 볼까? 하는 마음으로 다시 위로 올라오니 명재, 정우, 기현 형제들은 여전히 해먹에 누워 행복감에 빠져 있다. 휴대전화에서 흘러나오는 노래를 따라 부르며 행복 호르몬을 온 산으로 발산하고 있다.

신기한 것은 명재가 해먹을 타고 있다는 것이다. 자기는 고소공포증이 있어 못 탄다고 도망가던 아이다. 다가가서 해먹을 살랑살랑 밀어 주니 입가에 미소가 슬그머니 번진다.

"둥~개 둥개 둥개~~야. 둥~개 둥개 둥개~~야. 명재야, 재미있지?"

"네, 재미있어요."

"안 무서워?"

"안 무서워요. 편안해요."

"수석쌤도 타 볼까? 난 무서울 것 같은데?"

"타 보세요. 하나도 안 무서워요. 내가 살살 밀어 줄게요."

"그래? 그럼 나도 우리 명재 덕에 호강 한번 해볼까?"

집라인 타기

해먹에 누워 보는 세상은 그 어떤 근심도, 걱정도 내려놓게 한다. 초록 너머 파아란 하늘, 두둥실 흰구름은 병상에 누워 계신 엄마를 어디론가 모셔가 잠시 내게서 떼어 놓았다.

해먹 타기에 맛들인 명재

품띠 따러 갑니다

너무 행복에 젖어 있었나 보다. 내 마음이 구름과 함께 떠다니느라 시간 가는 줄도 몰랐다. 하늘 위에 있다가 땅으로 내려오니 갑자기 태권도 품띠 따러 갈 아이들이 생각났다. 11시 50분에는 출발해야 도장에서 원하는 시간을 맞출 수가 있는데 이미 그 시간이 지나고 있었다.

"아아악, 애들아 늦었다. 빨리 해먹 걷자."

모두들 사태의 심각성을 알았는지 군말 없이 해먹을 걷고 자기 짐들도 챙긴다. 부리나케 내려오는데 빨갛게 매단 열매를 내밀며 산딸기가 우리를 잡아끈다.

"참, 여기 산딸기가 있었지. 하나씩이라도 따서 먹어 봐, 엄청나게 맛있어."

"어머머, 예뻐요. 이거 먹어도 돼요?"

"그러엄, 얼마나 달콤한데."

"야~~ 진짜 달콤해요." 너도나도 하나씩 입에 물고 산딸기 아줌마에게 더 달라고 손을 내민다.

"안 되겠다, 맛보았으니 그만 가자. 너무 늦었다."

거의 뛰다시피 주차장으로 내려와 이동군 시동을 걸었다. 원하는 시간에 당도하지는 못했지만 꾸지람 들을 정도는 아니게 태권도장 앞에 아이들을 내려 줄 수 있었다.

'애들아, 친구들이 먼저 다가오기를 기다리지 말고 너희가 먼저 다가가 다정한 인사를 건네 보는 용기를 가져 보렴. 너희는 멋진 무지개 일곱 남매이니까.'

보조교사의 시선으로 바라보기

이제 6월도 막바지에 접어든 날, 아침부터 졸음이 쏟아져서 아이들을 데리러 갈 때도, 학교로 가는 길에도 정신없이 꾸벅거리다 보니 어느새 학교에 도착해 있었다.

그렇게 비몽사몽 상태로 수석교사실에서 김밥을 먹고 냉장고에 있는 사과 주스를 쓰윽 꺼내서 쪽쪽 빨아 가며 마시니 그제야 잠에서 조금 깨어났다. 듣기로는 명재를 포함한 남자애들이 오후에 태권도 품띠 따러 간다고 한다. 일정을 신속하게 진행하기 위하여 얼른 학교를 떠났다.

오늘의 체험 장소는 국립칠곡숲체원이다. 우리 가족끼리 한번 와 본 적이 있다. 그때는 겨울이라 잠시 쉬어 가며 많은 곳을 둘러볼 수 있었는데 오늘은 시간에 제약이 있고 여름이다 보니 더워서 그리 오래 걸어다닐 수가 없었다.

주차장 매표소에 오니 오늘 체험을 도와주실 숲선생님이 계셨다. 집에서부터 가지고 온 커다란 상자를 들어 내리는 걸 도와주셨는데 그 상자의 정체가 이틀 전에 우리집 문 앞에 떡 하니 놓여 있어 '뭐지?' 했던 바로 그것이다. 열어 보니 포대기 같은 것이 있어 엄마께 뭐냐고 여쭤 보니까 해먹이란다.

올라가는 길도 힘든 길이 아니라 '다누리 길'이라는 이름으로 완만하게 되어 있어서 걷기에 수월했다. 지난번에는 반대로 산길을 올라와서 그 길로 내려왔던 경험이 있는 나에게는 정말로 그냥 산책길이었는데 남자아이들은 그 길도 힘들다고 쨍쨍거린다.

나보다도 체력 좋은 아이들이 진짜로 힘들다는 건 설마 아닐 것이다. 올라가기 전에 엄마가 미리 주의를 줬는데도 자꾸만 언제 도착하냐고 투덜거린다. 지금도 그렇지만 어릴 적에 나나 동생이 똑같은 상황에서 찡얼댔으면 모르긴 몰라도 엄마의 천둥 같은 고함소리가 산을 쩌렁쩌렁 울렸을 것이다.

이러나저러나 계속해서 길을 따라 올라가니 어딘가 익숙한 곳이 나왔다. 바로 가족끼리 왔을 때 엄마가 그렇게나 좋아했던 집라인 타는 장소였다. 그 아래에는 시소 같기도 하고 자전거 같기도 한 구조물이 새로 설치되어 있었다. 양쪽에 사람이 올라타서 각자 페달을 밟으면 내부에서 전기 동력이 발생해서 양쪽에 탄 사람의 무게 차이에 상관없이 오르내릴 수 있는 기구였다.

처음 보는 것인 데다가 그 원리가 신기해서 한동안 거기서 신나게 놀다가 집라인을 타러 올라갔더니 타지 못하도록 자물쇠로 잠가 묶어 놓은 것이 아닌가?

숲선생님이 숲체원에 연락하여 풀어 달라고 부탁을 드렸다. 나중에 내려와서 타기로 하고 우리는 좀 더 올라갔다. 외줄다리와 대나무 통을 두드려서 소리를 내는 놀이도구가 있는 곳에 도착했다.

언덕 평평한 바위에 짐을 풀고 엄마랑 연아가 나무 사이사이에 해먹을 설치하는 동안 나와 아이들은 근처의 나무에 거미줄처럼 얽혀 있는 밧줄을 타고 놀았다. 남자아이들의 경우 앉을 위치를 잘못 정하면 그곳이 참 아플 것 같다. 어우…….

해먹 설치는 스스로

줄 위에서 실컷 튕기고 놀다 보니 어느새 해먹이 다 설치되었고 각자 한 명씩 올라가서 누워 보았다. 나는 자리가 부족해서 나중에 타기로 하고 기다리고 있으니 숲선생님이 아이스크림을 사 오셨다고 해서 아이들에게 하나씩 나눠주고 나도 하나 물고 쭙

쭉 빨았다.

그렇게 아이스크림으로 더위를 식히고 있는데 집라인 줄을 풀어 놨다고 연락이 왔다. 내가 아이들을 데리고 가서 타는 방법을 보여 주려 했으나 타본 지 좀 되어 어떻게 타는지 살짝 헷갈렸다. 마침 엄마가 내려와 다시 알려 주셔서 내가 먼저 시범을 보였다. 아이들과 나이 순서대로 타고 놀다가 그늘도 없는 햇빛이 그대로 비치는 곳이라 너무 더워 금방 올라왔다.

더 타겠다는 아이들은 거기에 있고, 때마침 해먹에 자리가 나서 얼른 달려가 딱 누워 보았다. 크하~~~ 이보다 더 편한 곳이 있을까? 세상 편안하다. 그렇게 잠시 누워 있는데 엄마가 가방에서 돋보기를 꺼내셨다. 그걸로 곤충 관찰을 하라신다. 근데 눈 닦고 찾아봐도 움직이는 것들이 안 보였다.

문득 돋보기로 햇빛을 모아 불붙이는 걸 한번도 해본 적이 없다는 생각이 들었다. 산불 나면 큰일이다 싶어 마른 낙엽 한 장 주워들고 주변에 불 옮겨붙을 만한 것이 없는 자갈 바닥에다 두고 빛을 모아 봤다.

허얼~~~ 진짜 붙는다. 게다가 여름 낮이라 햇빛이 강하고 기온도 높아서 단 몇 초만에 불이 붙어서 당황스러울 정도다. 신기한 김에 몇 장 더 태우고 있으니 명재가 자기가 먹고 있던 젤리를 구워서 먹겠다고 달려든다. 아무튼 명재는 못 말려.

"응? 아니야. 젤리 안 구워져. 녹아." 그런데 녹는 것도 평범하게 녹는 게 아니라 무슨 찌개 끓듯이 자글자글 소리를 내면서 끓다가 슈욱 녹아 버려서 이것도 첨 보는 일이라 신기하긴 했다. 젤리가 조금 아깝긴 했지만 말이다.

해먹이 너무 편해서 할 수 있는 한 편하게 누워서 잠도 한숨 때리고 싶었지만 그럴 시간이 남아 있지 않았다. 해먹을 해체하고 얼른 짐을 꾸려서 올라왔던 길과 반대 방향으로 다시 주차장까지 내려왔다.

돋보기로 젤리 굽기

따로 태권도장까지 태워 줘야 할 남자애들은 엄마 차에, 나와 현아, 연아는 숲선생님 차에 타고 약목으로 돌아왔다. 오는 길에 나도 모르는 사이에 또 졸아 버렸다. 정신을 차리고 보니 냉면집에 도착해 있었다. 흐미나~~ 숲선생님 보기 부끄러워라.

냉면을 맛있게 먹고 이제 집에 가면 되는데 아까 숲체원 주차장에서부터 휴대폰을 찾고 있던 연아가 현아 휴대폰으로 누군가와 통화를 했다. 그렇게 찾던 폰을 숲체원 매표소에 두고 왔다고 한다. 아마 입장료 면제 받으려고 한국숲사랑청소년단 단원증을 매표소 직원분께 보여 줄 때 놓고는 안 들고 온 모양이다.

엄마가 다시 숲체원으로 가서 찾아 연아네 아파트 경비실에 맡겨두기로 했다. 일단 아이들을 각자 집으로 태워다 주고 나도 우리 아파트에 내려 준 뒤, 다시 숲체원으로 가는 엄마의 뒷모습이 지쳐 보였다.

함께해서 행복해요

8회차

7월 3일 일요일

여름 장마가 시작되어 며칠째 비가 내린다. 거기다가 올해 제7호 태풍 쁘라삐룬이 한반도에 상륙할 것이라고 하여 모두들 바짝 긴장하고 있다. 다행히도 오늘 예보에 태풍이 동쪽으로 살짝 비켜 남해를 거쳐 동해로 빠져나간다고 하니 한시름 덜긴 했으나 안심하기에는 이르다.

8회차 숲 체험이 있는 토요일에 비는 오지 않으나 기온이 27도밖에 되지 않는다고 하여 걱정이다. 숲에만 간다면 그 기온이면 더할 수 없이 쾌적한 날이 되겠지만 그날은 물놀이를 계획하고 있어 조금이라도 기온이 더 오르기를 학수고대하고 있다.

참, 사람의 마음이 간사하기 짝이 없다. 보통 때라면 너무 더울까 걱정일 텐데 이번엔 물놀이한다고 기온이 낮음을 염려하니 말이다. 27도는 아이들이 계곡에서 물놀이하기엔 추울 것이다. 혹 감기라도 걸리면 우짜노?

물놀이용품으로 보트처럼 생긴 대형 튜브와 도넛 모양 튜브도 구입해 두었는데 프로그램을 바꾸어야 하나, 그대로 밀고 나가야 하나? 고민스럽다.

7월 7일 토요일

날씨 흐림, 무지개 맑음

밤낮이 바뀐 딸내미를 아침부터 깨워 놓으니 비몽사몽간 헤매고 있다. 아이들을 데리러 가는 길에도 운전하면서 백미러로 보니 입이 찢어질까 걱정이 될 정도로 하품이 늘어진다.

'딸내마, 제~발 일찍 자고 일찍 일어나는 어른이 되자.' 이 한마디가 밖으로 튀어나오려는 것을 꾸욱 눌러 삼켜 본다.

바깥 기온이 더 오르는 것은 고사하고 하늘마저 잔뜩 찌푸리고 있다. 오늘 하루 아무 사고 없이 치러낼 수 있을까 싶어 걱정이 태풍처럼 밀려온다.

딸내미의 컨디션을 위해 조금이라도 더 재울 욕심에 한껏 시간을 늦추었더니 아이들 만날 시간에 늦어 버렸다. 게다가 기현, 현준 형제를 태우고 보니 온갖 준비물로 이동군 뒷자석이 차 버려 다음 탈 차례인 쌍둥이와 정우 자리가 없다. 할 수 없이 먼저 탄 아이들을 면사무소에 내려놓고 다시 가서 데려와야 했다.

그나마 다행인 것은 도움을 주기 위해 오실 숲선생님께 미리 학교 아래 면사무소로 와서 나누어 태워 가자고 부탁드린 것이다. 미리 와 있는 명재와 용민이는 개인 튜브와 물놀이용품을 잔뜩 메고 와서 재잘거리고 있었다. 날씨는 흐리지만 아이들 기분은 더없이 쾌청하다. 날씨와 상관없이 물놀이할 수 있다는 그 기대감만으로 충분히 행복할 테니까.

"날씨 조~으타."

"뭐가 좋아? 회색 구름이 잔뜩 끼어 있구만."

"난 회색이 좋으니까 괜찮아. 이런 날씨가 좋아."

"취미도 희한하네. 회색이 뭐가 좋아?"

뒷좌석에 탄 현아와 연아의 종알대는 소리를 들으며 회색 구름과 함께 나의 근심도 어느새 서서히 걷히고 있었다.

생일 축하해!

다음주 토요일이 현아와 연아의 생일이다. 그래서 미리 당겨 생일 파티를 해 주려고 아침에 케이크를 준비했었다. 짐을 정리하고 케이크를 가운데 두고 빙 둘러앉았다.

"생일 축하 노래를 어떻게 부르지, 생일 주인공이 둘이나 되어서?"

"사랑하는 현아, 연아 누나들~ 이러면 어때요?"

쌍둥이 누나들의 숲속 생일 파티

"안 돼, 너무 길어서 노래가 이상해." 한참을 실랑이한다.

"사랑하는 누나들~~, 어때?"

"좋아, 좋아~~ 짝짝짝."

"생일 축하합니다~~ 생일 축하합니다~~ 사랑하는 누나들~~ 생일 축하합니다~~."

축하를 받는 누나들도, 축하를 해주는 동생들도 모두 기분이 좋다.

명재야, 우리가 지켜 줄게

도착하고부터 물에 뛰어들고 싶어하는 아이들을, 추우니까 조금 있다가 하자고 잡아 두었지만 더는 못 참겠는지 물어 보지도 않고 물놀이 준비를 시작한다.

현아와 연아가 도넛 모양의 튜브를 잡고 입으로 바람을 넣고 있다. 옆 데크에선 남자아이들이 보트형 튜브를 꺼내어 발로 밟아 넣는 펌프와 씨름을 하고 있다. 현준이더러 입구를 잡으라 하고 정우가 밟아 넣는데 튜브는 도무지 그들의 노력에 대꾸가 없다.

'튜브에 바람 넣으며 열 내고, PT 체조 하고 나면 어느 정도 추위는 가시겠지?' 시간 끄는 걸 포기하고 바람 넣는 걸 거들었다. 사실 거들었다기보다 숲선생님과 내가 다 넣었다고 하는 게 맞지만 말이다.

기현이, 용민이, 명재는 이미 탈의장에 가서 수영복으로 갈아입고 올라온다. 얼마나 물에 들어가고 싶었으면 말하지 않아도 저렇게 알아서 잘할꼬? 그 모습을 보고 바람 넣던 다른 아이들도 옷가방을 들더니 잽싸게 사라지고 없다.

"PT 체조 100번 한 사람만 물에 들어가게 할 테니 빨리 시작해."

"PT 체조가 뭐예요?"

"그거 태권도장에서 많이 해봤어. 내가 가르쳐 줄게." 정우가 시범을 보인다.

"그래, 물이 차가우니까 그렇게 100번 뛰고 물에 들어가야 심장마비 안 걸려."

"하나, 두울, 세엣……." 구령을 붙여 주었지만 뒤죽박죽 제각각이다. 다 큰 딸내미도 물에 들어가려는지 슬그머니 PT 체조에 합류한다. 동작도, 박자도 모두 하나도 맞는 게 없지만 그게 중요한 게 아니다. 어찌 되었건 몸에 열이 나도록 하면 되니까.

생존수영 익히기가 학기 중에 잡혀 있어 각 학년별로 일주일씩 이미 수영장에 다녀온 터라 수영복, 수영모자 쓴 모습이 제법 폼이 난다. 거기다가 기현이는 물속 구경하는 스노클링 세트까지 장착하고는 물놀이장으로 향한다.

아무래도 안심이 되지 않아 따라가 보니 이미 아이들은 물에 들어가서 하나씩 튜브를 잡고 물장구치느라 정신이 없는데 명재는 입구에 붙어서 들어가지를 않는다.

"명재야, 왜 안 들어가는데? 너도 들어가서 친구들이랑 물놀이 해."

"물이 깊어 무섭단 말이에요."

"명재야 안 깊어. 이거 봐, 허벅지까지밖에 안 차. 빨리 들어와." 물속에서 아이들이 벌떡 선 채로 액션을 취하며 손짓을 한다.

"안 들어갈 거야. 무섭단 말이야." 내가 보기에도 무서움이 느껴질 정도로 물이

일곱 남매 물놀이 준비완료!

깊지 않지만 이미 무섭다고 느낀 명재를 물로 들어가도록 할 방법은 달리 없어 보인다. 저럴 때의 명재를 보면 임상심리학자 매슬로우(A. H. Maslow)가 말하는 인간의 욕구 다섯 가지 중 안전의 욕구에 고착되어 있는 느낌이 든다. 가족과 집에 대한 안전함, 건강 등을 안정적으로 유지하고 외부로부터의 위협에서 벗어나려는 욕구가 충족되어 있지 못한 것 같다. 지난번 해먹 탈 때도 한사코 무섭다고 빼던 아이다.

3학년 동생 용민이와 현준이가 보트를 끌고 와서 잡고 있을 테니 타라고 한다. 그래, 보트 타면 물에 들어가지 않아도 물놀이를 할 수 있을 테니 되겠다 싶다.

그마저 한참이나 엉덩이를 빼고 머뭇거리던 명재에게 다른 아이들까지 합세하여 꼬시기 작전을 펼치고서야 드디어 보트에 태우는 데 성공했다.

아이들은 동화나라 왕자님 호위무사같이 보트를 끌고 밀고 하면서 풀장 안으로 들어갔다. 한번 맛들인 명재는 언제 그랬냐는 듯이 신난다고 입이 벌어진다.

명재야, 우리가 지켜 줄게

삼겹살 전쟁?

“물놀이장에서 놀고 있는 어린이들은 지금 물 밖으로 나와 주시기 바랍니다. 며칠 전 폭우가 쏟아진 관계로 물놀이장 내 물이 흙탕물이라 피부에 좋지 않은 문제가 발생할 수 있어 물놀이를 금지하오니 모두 나와 주시기 바랍니다.”

겨우 20분을 놀았을까? 휴양림 관리사무소에서 알리는 기계음이 들려왔다. 마음먹고 물놀이하러 온 아이들에게는 그야말로 청천벽력과도 같은 소리가 아닌가?

그 큰 보트에 바람 넣느라 진 빼고, 숨이 턱턱 차도록 힘든 PT 체조를 무엇 때문에 했는데……. 그뿐인가? 귀뚜라미 튀어나오는 축축한 탈의실에서 겨우 옷 갈아입고, 물에 안 들어오려는 명재 꼬셔서 이제야말로 신나게 놀려고 하는데 다시 나가라고 하니 얼마나 기운 빠질까?

아이들 그 기분을 조금이라도 달래 볼세라 삼겹살 굽기를 서둘렀다. 점심시간이고 뭐고 없다. 다운되기 전에 아이들의 기분을 끌어올려야 한다.

아이들이 옷 갈아입고 올 때까지 고기가 구워져 있어야 한다. 휴대용 버너 두 대로 삼겹살을 굽기 시작했다. 한편에서는 상추와 깻잎을 꺼내고 오이도 썰었다.

지글지글 탁탁, 기름이 튄다. 손등에 파편들이 떨어져도 앗, 뜨거라! 할 여유도 없다. 마음이 콩 볶는 것처럼 바쁘다.

하나둘 옷을 갈아입은 아이들이 자석에 쇳가루 딸려오듯 삼겹살 냄새에 끌려 옆에 앉더니 젓가락을 찾는다.

“상추에 싸서 먹어. 고기만 먹지 말고.”

“네~~.”

“밥도 줄까? 고기하고 같이 싸서 먹게?”

"네네~~."

"콜라 줄까?"

"네에~~~~." 이구동성이다.

"오이고추 먹어 볼래?"

"네~~~."

"이놈들은 못 먹는 게 없노? 깻잎도 줄까?"

아이들은 고추나 깻잎은 안 먹을 거라고 생각한 내가 잘못이다. 깻잎은 고소해서 좋다며 싸서 먹는 아이들 먹성 때문에 우리 입은 삼겹살 한 조각 구경 못 하고, 손은 구워 대기에 바쁘다.

지들도 사람이라면 먹을 만큼 먹으면 나가떨어지겠지 생각하며 굽는데 역시 동생들부터 배를 두드리며 일어나기 시작한다. 제일 마지막까지 젓가락을 놓지 않는 건 역시 위~대한 정우와 기현이다.

이건 삼겹살 파티가 아니고 숫제 삼겹살 전쟁이라 함이 옳다. 마지막으로 정우가 자리에서 일어난다. 드디어 우리 차례다. 함께 구워 대기만 한 숲선생님께 죄송한 마음에 막걸리 한잔 드리고 남은 고기를 안주하여 삼겹살 전쟁의 승리를 자축했다.

내가 제일 멋져요

삼겹살로 채운 배를 두드리며 무언가 할 게 없나 두리번거리는 아이들에게 루페를 건네주었다. 기현이와 현준이 형제는 어디선가 민달팽이를 찾아왔지만 그 느린 놈으로는 성에 차지 않는지 어느새 루페가 바닥에 나뒹군다.

두 번째로 투입한 것은 네임펜과 조약돌이다. 작은 조약돌에 자기 모습 그리기다. 제일 멋지게 그린 친구에게 상을 주겠다는 소리에 모두 한자리씩 차지하

내 모습 그리기

고 앉아 열심이다. 작품을 모아서 누구 것이 제일 잘 그렸냐고 물으니 처음에는 하나같이 자기가 제일 잘 그렸다고 하더니 다른 작품을 보며 하나하나 칭찬을 아끼지 않는다. 이유를 대는 것이 내가 들어도 고개가 끄덕여지는 소리다.

그림을 잘 그렸건, 못 그렸건 그게 중요한 것이 아니다. 자기의 모습을 그려 보며 스스로 자신이 멋지다고 생각하는 그 자존감이 중요한 것이지. 또 좀처럼 남을 칭찬하는 데 인색한 마음을 무장해제하는 것은 더 의미 있는 일이지, 암.

이곳에서 살고 싶어요

역시 해먹은 무지개 남매들에게 제일가는 놀이도구이다. 물놀이를 못 해 안달이 난 아이들이 이동군에 실려 있는 해먹을 가져다가 데크 주변 소나무에 설치하더니 하나씩 차지하고 눕는다.

그래도 심심한지 명재가 물놀이하게 해달라고 떼를 쓴다. 휴양림 관리사무소에 가서 아양을 떨어 보라고 했더니 진짜 찾아 나선다. 어린 현준이랑 용민이도 따라나선다. 큰아이들도 물놀이하고 싶은 마음은 굴뚝같으나 차마 그럴 용기가 나지 않는지 뒤로 슬금슬금 물러선다.

얼마 지나지 않아 관리사무소로 갔던 아이들이 오르막길을 쏜살같이 달려온다. 숨을 헐떡이며 오는 폼이 무슨 대단한 소식을 가지고 오는 게 틀림없다. 3시부터 물놀이를 다시 할 수 있다고 한다.

아직 2시도 되기 전인데 벌써 탈의장으로 내려간다. 아까 입고 벗어 두었던 축축한 옷으로 다시 갈아입고 튜브도 정비하면서 애꿎은 시계만 들여다보며 늑장 부린다고 타박이 늘어진다. 이런 걸 보면 아무것도 할 줄 모르니 모든 것을 해주어야만 할 아이들이라고 생각한 내가 얼마나 큰 오류를 범하고 있는 것인가?

아이들의 관심과 흥미를 찾아내어 진정으로 원하는 일을 할 수 있게 해준다면 저렇게 재촉하지 않아도, 애달아하지 않아도 알아서 척척 하는 것을. 부모님이나 선생님들도 이런 점은 한번 더 생각해 볼 일이다.

3시까지는 죽어도 못 기다리겠나 보다. 30분 전인데 벌써 물놀이장으로 간다고 튜브를 들고 나선다. 할 수 없이 짐 정리를 하여 모두 차에다 실어 두고 가자고 하며 시간을 끌었다. 구구절절 시키지 않아도 잘한다. 난 느긋하다. 마음이 급한 쪽은 아이들이니까.

번갯불에 콩 구워 먹듯 잽싸게 정리하고 물놀이장으로 향한다. 그곳에 다른 아이들도 문이 열리기만 기다리고 있다. 그들의 간절함이 통했는지 10분 전에 문이 열렸다. 물이라고 해봐야 무릎까지밖에 차지 않았는데도 다들 신이 났다.

물이 조금밖에 없으니 좋은 점이 있긴 하다. 이번에는 명재가 거침없이 들어간다. 그렇게 들어간 아이들은 행여나 집에 가자고 불러낼까 봐 내가 있는 곳에서 제일 먼 쪽으로 들어가서는 고개 한 번 돌리지 않고 놀기에 여념이 없다.

명재가 혼자 놀까 봐 걱정할 필요도 없다. 알아서 어울려 잘 논다. 귀찮다고 물에 들어가지 않은 딸내미는 차에서, 용민이는 나와 밖에서 기다리며 한껏 지루해한다. 그렇게 1시간을 채우고 기다리는 가족 핑계를 대며 물 밖으로 끌어내는 데 성공을 했다.

일곱 남매 물놀이 삼매경

돌아오는 차 안에서 떨구어진 아이들의 고개가 이리저리 춤을 춘다. 얼마나 피곤할까? 그래도 아이들 모두 최고로 신나는 하루였다니 얼마나 기분 좋은 말인가?

'너희는 이제 가족이란다. 지금처럼 누군가 기쁜 일이 있으면 함께 축하해 주고, 어려운 일이 생겼을 때 손을 내밀어 도와주렴. 그렇게 서로 돕고 의지하며 험한 세상을 헤쳐 가기를 바란다.'

보조교사의 시선으로 바라보기

오늘은 7월 7일. 럭키 세븐! 그리고 바로 일주일 뒤인 7월 14일이 현아와 연아 쌍둥이 자매의 생일이라고 한다. 아침에 케이크를 사서 소소하게나마 생일 축하 파티를 해주기로 했다.

오늘의 활동 장소는 송정자연휴양림으로 어릴 때 가족끼리 자주 갔던 곳이다. 이곳은 뭐니 뭐니 해도 물놀이용 풀장이 최고였으며 나무 평상에 텐트를 쳐 놓고 삼겹살을 구워 먹으며 즐겼던 추억이 새록새록 떠오른다.

이제는 가족끼리 그렇게 함께 올 날은 어지간해서 없겠지만 대신 이렇게 무지개 남매들과 추억의 장소에 올 수 있어서 좋다.

날씨가 조금만 더 더웠으면 좋겠다 싶다. 하필 장마기간에 와서 조금 아쉬운 감이 없지 않아 있지만, 그래도 이 여름에 산을 오르는 고행보다야 이렇게 자리 딱 차지하고 실컷 놀다가 가는 게 좋지 않겠는가?

그런데 문제가 생겼다. 차 뒤의 트렁크에 저번에 썼던 해먹이며, 물놀이 때 쓸 튜브며 음식이나 간식 등등 완전 꽉꽉 채워 왔는데 만날 장소인 면사무소에 도착해서야 아이들 탈 자리가 부족하다는 것을 깨달은 것이다! 띠용…….

엄마가 "어허~ 이를 어쩌나~~~" 하며 당황해하더니 어디론가 전화를 하셨다. 곧 그 통화 대상이 누구인지 알겠다. 지난번에도 오셔서 우리 활동을 도와주셨던 숲선생님이다.

사실 아이들 태워 가는 문제뿐만 아니라 아까 말했듯이 짐도 무지막지하게 많았기 때문에 도와주러 와 주시니 감사할 따름이다. 비탈진 계곡이라 짐 들고 올라갔다 내려가기를 반복했다면 어찌 되었을지, 어휴~~ 생각만 해도 소름 돋는다. 숲선생님 덕분에 아이들에게 자잘한 짐을 하나씩 들게 하고 예약해 놓았던 평상 자리까지 한 번에 다 들고 올라갈 수 있었다.

오늘은 비가 오지 않았지만 어제까지 내린 비 때문에 기온이 좀 떨어져 있었고 아직 해도 구름에 가려 있어서 물놀이는 조금 있다가 하기로 했다. 평상에 자리부터 깔고 현아와 연아의 생일 축하 파티를 먼저 시작했다.

가져온 케이크야 뭐 특별 제작도 아니고 그저 빵집에서 파는 심플한 과일 케이크였지만 그래도 이렇게 숲에 와서 자기들 생일 파티를 하게 될 줄 상상도 못 한 것 같았다. 너무 좋아하며 심지어 케이크 사진을 찍어서 자기 엄마한테 보낼 정도로 신나해서 내가 해준 건 아니지만 뿌듯한 무언가가 밀려 올라왔다. 껄껄.

그렇게 생일 파티를 하고 물놀이에 쓸 튜브와 고무보트를 아이들이 먼저 꺼내어 열심히 불기 시작했는데, 와우, 처음부터 끝까지 입으로만 부는 현아와 연아의 체력과 근성에 박수를 쳐 주고 싶을 정도다. 남자애들은 불다가 너무 힘들어서 발 펌프로 바람을 넣고 있는데 어쩐지 자매들이 그냥 입으로 부는 게 더 빨리 부풀어 오르는 것 같았다.

그렇게 보트와 튜브를 빵빵하게 준비했다. 아직 물놀이장 개장 시간이 안 되어 이리저리 방황하다가 대충 시간이 되었나 싶어서 내려가 보니 관리자가 오지 않는다. 더 기다리기 지루했던 우리는 수영장 문 앞을 가로막고 있는 라바콘을 옆으로 그냥 치워 버리고 각자 튜브 하나씩 들고 입수하고 말았다.

아무리 재미난 것도 한두 번은 튕기고 보는 우리 명재가 그렇게 물놀이, 물놀이 노래를 부르더니 오늘은 물이 깊다고 안 들어온다.

그렇다고 해서 가만히 둘 우리가 아니지! 살살~ 꼬드긴 다음에 입수 시키는 데 성공했다. 그렇다고 해도 내내 보트 위에만 있었다. 그래도 방금 전에 튕긴 죄가 있으니 물세례 몇 번 정도는 각오하셔야지~.^^

그렇게 다들 신나게 놀고 있는데 갑자기 들려오는 방송, "현재 풀장에서 물놀이 중이신 분들은 모두 나와 주시기 바랍니뒈에앵네네이넹엔넨……."

'아니, 그러실 거면 처음부터 못 들어가게 아예 자물쇠를 걸어 잠가 놓든지.

무슨 계곡에서 바람 조금만 세게 불어도 쓰러질 것 같은 라바콘만 떡 세워 놓고 안전요원 한 명 배치도 안 해놓았으면서 우리끼리 잘 즐기고 있는데…… 하.

너 때문에 흥이 다 깨져 버렸으니까 **책임져**.'

들기에는 오늘 날씨가 물놀이를 하기에는 기온이 너무 낮고 물이 더러워서 더 이상 문을 안 열어 준다고 한다.

'이런……, 좋다가 말았네.'

할 수 없이 아직 시간은 이르지만 삼겹살을 구워 먹고 조금 쉰 다음에 물놀이 외의 일정을 진행하기로 했다.

밥도 맛있고 삼겹살은 더 맛있다. 그렇게 맛난 식사를 마친 뒤에 다들 그 잠깐의 물놀이로도 지쳤는지(사실 지쳤다기보단 맥 빠진 거겠지만) 차에 가서 해먹을 들고 와 설치하고는 드러누워 버렸다.

그래봤자 해먹은 다섯 개, 엄마랑 숲선생님은 안 쓰신다고 해도 나 포함 여덟 명이다. 나랑 현아, 연아가 밥을 먹는 사이에 후다닥 식사를 끝마친 남자애들이 이미 한 자리씩 떡 차지하고 있었다. 우리는 일단 평상에 돗자리를 깔고 있을 수밖에 없었다.

그런데 기다리고 기다려도 비켜줄 기미가 전혀 보이지 않는다. 할 수 없이 약간의 압력을 넣어 봤지만 그래도 소용이 없다. 결국 딜을 제시해서 드디어 자리를 차지할 수 있었다.

조약돌에 그린 아이들 얼굴

그렇게 한 차례 쉬고 있으니 엄마가 챙겨 온 루페와 돋보기로 이것저것 관찰하라고 나누어 주셨다. 주변에 딱히 관찰할 게 없다. 그걸 눈치챘는지 이번에는 살짝 납작하고 조그만 조약돌을 꺼내셨다. 그 조약돌에 자신의 얼굴을 그려 보라고 한다. 다들 열심히 그렸는데 현아가 자기 얼굴과 가장 닮았면서도 예쁘게 그렸다.

내 그림은 뭐랄까? 일의 양념도 없이 초사실주의적으로 그려졌다. 그래서 돌이 아니라 마치 거울을 들여다보는 느낌이었다고나 할까. 저 찌를 듯한 뾰족한 턱. 조약돌을 봐도 저 뾰족한 턱은 싫다.

이제 슬슬 마무리할 채비를 하는데 우리가 쉬는 동안에 남자애들이 또 어딜 다녀왔는지 주차장 아래쪽에 있는 수영장은 운영을 한다고 신바람이 났다. 차를 타고 내려오면서 수영장 상태를 슬쩍 보니 물은 깨끗해 보이는데 문제는 튜브고 뭐고 쓸 수 없을 만큼 물높이가 낮았다. 그래도 아이들은 좋아라 하며 물놀이를 하러 갔지만 나는 다시 옷 갈아입기도 귀찮아서 그냥 차에서 기다리기로 했다.

'이렇게나 오래 놀다 올 줄 알았으면 나도 가서 노는 건데…… 흑흑.'

그렇게 억겁의 기다림 끝에 드디어 아이들이 왔고 옷을 갈아입을 동안 또 기다리고 기다려 드디어 집으로 돌아왔다.

9회차

나도 잘할 수 있어요

7월 25일 수요일

올해 제7호 태풍 쁘라삐룬이 한반도를 비켜 지나간 뒤, 7월 10일부터 시작된 폭염은 2주가 넘게 밤낮으로 식을 줄 모른다. 에어컨을 가동하고 있는 교실은 그나마 시원하나 문을 열고 복도로 나오는 순간 열기가 달려들어 숨통을 조인다. 운동장에는 인조 잔디가 태양과 동맹을 맺고 무자비한 열기로 공격을 가해 온다. 그 바람에 학생 한 명이 일사병으로 병원에 실려간 뒤 그 세력에 감히 맞설 엄두가 나지 않는다. 그럼에도 축구하고 싶어 몸이 근질근질한 아이들이 아침 시간에라도 한판 뛰어 볼라치면 걱정스러움에 몸이 단 교장선생님과 보건선생님께선 불러들이기에 바쁘다.

지난 회차와 반대로 행여나 한 줄기 소나기라도 내려 기온이 떨어지기를 기다려 보지만 그럴 기미는 눈꼽만큼도 없어 보인다. 땀을 삐질삐질 흘리며 만사

귀찮아할 일곱 남매들이 그려져서 이 일을 어이할꼬 싶다.

그나마 반가운 소식이 전해졌다. 이번 회차에 갈 칠곡 호이유아숲체험원에 조그맣게 옹달샘을 만들어 물놀이를 할 수 있다고 한다. 갈아입을 옷을 준비해 오라는 숲선생님의 안내 문자가 그렇게 반가울 수가 없다.

아이들에게 그 소식을 전하니 튜브도 가져가도 되냐고 한다. 코딱지만 하게 파 놓았을 텐데 물놀이용품이 필요할까?

7월 28일 토요일

유치한 숲에는 안 갈래요

어제 여름방학식을 했다. 이번 회차부터 여름방학 기간 중 3회 동안 칠곡군 숲선생님 두 분이 함께 하기로 했다. 오늘은 그분들의 일터로 우리 무지개 남매가 찾아갔다.

일곱 남매 중에서 기현이가 같이 오지 못했다. 방과후 학교 컴퓨터반에서 워드프로세서 자격시험을 보러 간다고 했다. 형 따라 현준이도 오지 않을까 봐 걱정했는데 혼자서 씩씩하게 나와 주어 반갑다. 용민이도 근래에는 꼬박꼬박 와 주니 이제 아이들이 오지 않을 걱정은 붙들어 매도 될 듯하다.

"수석쌤, 오늘은 어디로 가는 거예요?"

"경북과학대학 안에 있는 호이유아숲체험원으로 가서 체험할 거야."

"유아숲체험원에 간다구요? 우린 유치원생이 아닌데 왜 그곳에 가요. 난 안 갈래요. 유치하게 그곳에 안 갈래요." 명재가 자꾸만 투덜댄다.

생각지도 못한 말에 당황했으나 애써 감추고 그곳에 가면 신나게 놀 수 있는 시설이 많다고 겨우 달랬다.

대학 건물 옆에 이동군을 주차하고 숲으로 올라갔다. 아무리 더운 날씨이지만 열 걸음도 안 가서 언제 도착하느냐는 아이들의 말에는 그저 웃을 수밖에. 100미터 남짓 올라가니 박이 주렁주렁 달려 있는 숲체험원 입구에서 두 분 숲선생님이 함박웃음으로 우리를 맞이한다.

반갑다, 노랑망태버섯아!

그때까지도 유아들이 노는 숲은 싫다고 투덜거리는 명재와 아이들에게 이곳은 동생들이 체험하는 곳이라서 초등학생들은 오고 싶어도 아무도 들어올 수 없는 곳이라 했다. 숲선생님이 무지개 친구들만 특별히 초대했다고 하니 그제야 잔뜩 찌푸린 얼굴을 펴는 게 아닌가?

선생님들이 숲 체험에 필요한 도구를 만들고 휴식하는 사무실에 들어가서 잠시 더위를 식혔다. 드디어 두 분 선생님이 아이들을 데리고 숲으로 올라갔다. 맨발로 걸어 올라가 볼 요량으로 양말과 신발을 벗는 사이 앞서간 아이들의 놀라는 소리가 들려왔다. 가슴이 덜컥 내려앉는다.

반갑다, 노랑망태버섯아!

'혹시 뱀이라도 나타난 건가?' 쫓아 올라가니 아이들이 한곳에 모여 고개를 처박고 있다.

"선생님, 이것 좀 보세요." 현아가 가리키는 쪽을 보니 노오란 물체가 언뜻 보인다.

"엄마야~~~, 이게 뭐야? 망태

버섯이네."

내가 얼마나 만나보고 싶어 하던 녀석인데 여기서 실물을 보다니. 이제까지 망태버섯은 대나무 숲에서만 나는 것으로 알고 있었는데 그게 아니란다. 대나무 숲에는 그냥 망태버섯이, 잡목림에는 이렇게 노랑망태버섯이 핀다고 숲선생님이 알려 주셨다.

노랑망태버섯의 자태를 보고 그 매력에 빠지지 않을 사람이 누가 있을까? 암갈색 주름삿갓을 눌러쓰고 그 아래로 노오란 망사 레이스를 쫘~악 펼친 모습으로 여기저기 솟아나 있는 걸 보면 마치 은하계 어느 별에서 온 우주인들이 무슨 거룩한 의식을 치르고 있는 듯하다.

이 노랑망태버섯 본 것으로 세상 행복 다 가진 기분이다.

"수석쌤, 이거 먹어도 되나요?"

"글쎄, 어떤 색은 먹을 수 있고, 어떤 색은 먹을 수 없다고 한 것 같은데 기억이 잘 안 나네. 다음에 알려 줄게."

집에 와서 버섯도감을 찾아보니 흰색 망태버섯은 식용이 가능하고 우리가 만난 노랑망태버섯은 독이 있어 먹을 수 없다고 한다.

모두가 노랑망태버섯에 정신을 빼앗기고 있을 때 숲선생님이 무언가를 아이들 앞으로 내밀었다. 사프심 통만 한 크기의 직사각형으로 잘 포개어 똘똘 말아 놓은 나뭇잎이었다.

"누가 이렇게 나뭇잎을 말아 놓았을까?"

"그 안에 뭐가 들어 있는지 한번 봐요."

"……."

결국 그것도 누군가의 작품인지 알 수 없어서 전문가에게 물어 보니 잎말이나방 종류가 지어 놓은 집이라고 한다.

누구 숲에서 샤워해 봤나요?

조금 더 올라가니 아이들이 그토록 원하던 물놀이장이 나타났다. 지름이 4미터 정도, 물의 깊이는 발목 정도밖에 되지 않아 웅덩이라는 표현이 더 어울릴 정도로 작은 공간이긴 했으나 아이들이 좋아할 무언가가 있었다. 그건 바로 물놀이장 중앙 2.5미터 높이로 둥글게 만들어 놓은 샤워기를 통해 물줄기가 뿌려지고 있었다.

계곡도 아닌 산 능선에 어떻게 물놀이장을 만들었을까 무척 궁금했다. 더운 여름날 유아들이 지치지 않고 숲 체험을 할 수 있도록 아래에서 지하수를 퍼 올려 산 위쪽에 물탱크를 설치하고 그곳에서 다시 호스를 나뭇가지에 걸쳐서 물이 뿌려지도록 만들었다고 한다.

위에서 뿌려지는 물줄기를 보고 아이들의 입이 함지박만 해졌다. 물을 그렇게 무서워하던 명재가 발목까지 오는 깊이에서는 안심이 되는지 제일 먼저 물속으로 뛰어들었다. 쭈뼛쭈뼛거리던 용민이, 현준이, 정우가 뒤이어 입수하고 행복에 겨운 몸짓을 뿜어내자, 흐르는 물줄기에 손을 내밀고만 있던 현아마저 물속으로 몸을 던지고 말았다.

이보다 더 시원할 순 없어

이미 옷을 적신 아이들은 물줄기에 몸을 내맡기고 온갖 포즈를 취하며 즐긴다. 그렇게 좋아하는 형제들을 보니 워드프로세서 자격시험 친다고 오지 못한 기현이가 생각났다.

"아홍, 나도 가고 싶다. 물놀이하고 싶은데……." 갈아입을 옷을 가지고 오라고 안내할 때 아쉬워하던 모습이 선하게 그려져 안타까움이 밀려왔다.

저 물줄기의 유혹을 끝내 외면하고 발을 담그지 않은 이들이 있었으니 바로 딸내미와 연아다. 지난 송정휴양림에 갔을 때는 다 큰 딸내미가 아이들처럼 잘도 논다 싶더니 그새 체면이 생각났는지 이번에는 들어가지 않는다.

연아도 무슨 이유인지 온몸을 던져 물속에서 허우적거리며 노는 현아를 보고도 도통 들어갈 용기를 내지 않는다. 아무래도 컨디션이 안 좋은가 보다. 발만이라도 담가 보라고 애달프게 권유해 보지만 둘은 끝내 들어가지 않았다. 대신 주변에 둥글고 넓게 설치된 해먹에서 여유를 즐기는 것으로 만족하는 듯했다.

'애고, 물속에 들어가면 더위가 싹 가실 텐데…….'

하긴 물에 굳이 들어가지 않아도 뿌려지는 물줄기 덕분인지, 숲속 나무 그늘 덕분인지 숲 밖의 쇠불이라도 녹여 버릴 듯한 열기가 이곳에선 느껴지지 않는다.

제가 '김연아'처럼 보이나요?

역시 유아숲 놀이터는 아이들에게 세로토닌을 발산하게 하는 것투성이다. 굵은 나무 둥치로 징검다리를 만들어 놓아 깡충깡충 건너기도 하고 커다란 나뭇가지에 매달아 놓은 그네도 타고 아이들은 놀기 삼매경에 빠져 시간 가는 줄 모른다.

생명이 다해 쓰러진 나무도 좋은 놀잇감이 된다. 아이들을 불러 모아 균형잡기 시합을 벌였다. 쓰러진 나무 위에서 중심을 잡고 걸어가다가 두 팔을 벌리고 한 다리를 들어 수평 자세로 멈추기다. 사진에 찍힌 모습이 머리, 허리, 발끝 부분이 가장 나란하게 되어 있는 사람에게 상금 2,000원을 주기로 했다.

심사위원은 나와 두 분 숲선생님이 맡았다. 참가자는 현아, 연아, 정우, 현준이다. 모두 진지한 모습으로 균형잡기 시합에 도전했다. 나의 예상과는 전혀 다른 결과가 나왔다.

숲선생님들에게 보이기 전에 참가자 모두에게 먼저 사진을 보여 주었다. 현

통나무 위에서 균형잡기

아, 연아 두 쌍둥이는 현준이와 정우가 자기들보다 낫다고 인정했다. 심사위원들께 둘 중에 누가 더 나은지 봐 달라고 했더니 똑같은 점수를 주셨다. 판정 결과를 발표하니 이제까지 우승을 양보하던 정우도, 가만히 웃기만 하던 현준이도 슬그머니 입이 귀에 걸린다.

한여름의 숲에는 방학을 맞아 유아들의 발걸음이 멈추었다. 목쉰 울음으로 자신의 존재감을 알리던 매미조차 지쳐 숨 고르기에 들어갔다. 고요하다 못해 적막감만이 햇볕에 노출된 채 한 점 미동도 없이 발밑의 그림자만 쳐다보면서 무료함을 달래던 숲속 친구들은 이곳을 찾아준 무지개 일곱 남매가 얼마나 반가웠을까?

행여 아이들이 따가운 햇볕이 싫어 금방 가 버릴까 봐 말없이 가지로 그늘을 드리워 주고 균형잡기하는 아이들을 응원하던 나무들도 판정이 꽤나 만족스러운지 자신의 잎을 움직여 사라락사라락 박수를 쳐 준다.

무당개구리도 데이트하네

무지개 일곱 남매도 말로 표현할 수는 없지만 숲속 친구들의 배려에 대단히 흡족한 모양이다. 일단 숲으로 오면 아이들의 얼굴이 평온해진다. 생각을 더듬어 보면 그렇게 투덜대던 소리도 어느새 사라지고 없다. 하긴 투덜거리거나 얼굴을 찡그릴 틈을 주지 않는다.

아이들이 심심해질 즈음이면 어김없이 새로운 관심거리를 제공해 주는 숲이니까. 굳이 내가 애써 무슨 프로그램을 계획할 필요가 없다. 이번에도 숲은 어김없이 아이들에게 생기를 불어넣어 줄 프로그램을 알아서 만들어 주었다.

인공 물놀이장에서 흘러내려 가는 조그마한 도랑에 무언가 살아 움직이는 물체가 포착되었다. 그걸 놓칠 아이들이 아니다. 우르르 몰려갔다.

"개구리닷!"

"어디, 어디?"

"조오~~기, 조오기에 있잖아." 아이들의 눈동자 구르는 소리가 들릴 지경이다.

"어, 이상한데? 두 마리닷."

"어쭈구리? 야들이 데이트하고 있었는갑다."

"한 마리가 도망간다~~~." 몰래 데이트를 즐기고 있던 개구리들은 이게 무슨 날벼락인가? 한 떼거리 아이들에게 데이트 장면을 들켜 버렸으니 얼마나 무안했을까?

"배가 빨간 걸 보니 무당개구리인가 봐요."

"그래? 그걸 우리 용민이가 우찌 아노?"

"책에서 봤어요."

"그렇구나. 우리가 피해 주자, 재네들 다시 같이 놀게."

"맞아요. 우리가 보고 있어 부끄러운가 봐요."

"쟤들은 좋겠다. 데이트도 하고." 사춘기가 시작된 현아 말이다. 우리 현아에게도 빨리 남자친구가 생겨야 할 텐데. 아니다, 먼저 스물일곱 우리 딸내미부터 남자친구가 생겨야 할 텐데.

시선을 사로잡은 무당개구리

거미가 되어 보았어요

숲에서 놀다가 지치고 배가 출출해질 즈음 다시 숲선생님들의 사무실로 들어갔다. 우선 물놀이로 젖은 옷을 갈아입고, 선생님들은 미리 준비해 둔 시원한 수박을 내오셨다. 아이들에게 아침 대용으로 먹다가 차에 두고 온 빵을 가져다줄까 하고 물었더니 고개를 끄덕인다. 뛰어놀았으니 배가 고프긴 한가 보다. 차 타고 올 때는 잘 먹지도 않더니 다시 가지고 온 빵과 우유가 마파람에 게눈 감추듯 사라지고 없다. 교실에서 천덕꾸러기처럼 굴러다니는 우유조차 저렇게 달게 먹는 모습은 진짜 처음이다.

어지간히 배를 채우고 선생님들이 준비해 주신 나뭇가지와 종이끈으로 거미줄 만들기를 했다. 빨강, 주황, 보라, 초록 등 예쁘게 물들인 종이끈으로 나뭇가지 사이를 돌려가며 엮어 놓고 보니 참으로 예쁘고 멋진 거미줄이 되었다. 남자아이들도 스스로 만든 작품이 꽤나 만족스러운지 다른 색으로 하나씩 더 만들겠다며 적극성을 보인다.

그저 맛있는 것을 먹거나 재미있는 놀이를 하는 일 외에는 저렇게 적극적으로 관심을 보이는 경우가 드문 아이들이 거미줄 만들기에, 자연물로 책갈피 만

우리가 만든 거미줄

드는 일에 관심을 가지고 열심히 한다.

유아숲체험원을 나서며 숲선생님들께 감사 인사를 드리고 또 오고 싶다는 간절함을 숲에게 전하며 모두들 젖은 옷이 든 배낭을 메고 탈래탈래 숲길을 내려왔다.

'얘들아~ 오늘 하루도 숲에서 신나고 행복했니? 숲속에서 물놀이도 하고 그네도 타고 통나무 위에서 멋진 포즈도 취해 보았지. 자연물로 거미줄도 멋지게 만들고 책갈피도 꾸며 보니 스스로 대견한 생각이 들지 않았니?'

보조교사의 시선으로 바라보기

요즘은 학교가 아닌 아이들 집에서 더 가까운 면사무소 주차장에서 모인다. 시간을 절약할 수 있어서 좋긴 하나 준비물을 챙기고 정신을 추스릴 여유가 없다. 수석교사실에 옹기종기 모여서 간식 나눠 챙겨 넣는 것과 그날 할 일에 대해 설명을 들을 때가 나름 좋았는데 말이다.

이렇게 쪄 죽을 것 같은 날씨에 곧바로 차에 실려서 잠도 덜 깬 채로 '으어어' 하며 가야 하다니. 그래도 오늘은 비교적 시원한 곳이고 다행히 지난번보다 모기의 공격에도 더 안전한 곳으로 왔다. 칠곡 호이유아숲체험원이라고, 이름이 참 호이호이하다.

어젯밤에 엄마가 휴대폰으로 대충 그곳의 전경을 보여 주셨다. 샤워기 같은 게 달린 작은 연못도 있었는데 물놀이를 즐기기에는 뭔가 애매하고 허술했다. 그래도 설마 그게 전부일까 싶어 갈아입을 옷을 한 벌 챙겨오기는 했다.

호이유아숲체험원은 경북과학대학 안에 있었는데 방학에도 항상 붐비던 나의 모교와는 달리 음침할 정도로 한산했고 교내에 있는 편의점조차 문을 꼭꼭 닫고 있었다. 아무도 없이 텅텅 비어 있는 대학 건물을 보니까 무섭기조차 했다. 차라리 진짜 숲속이 더 아늑할 정도이다.

더위를 피해 학교 건물 그늘에서 체험을 도와주실 선생님들을 기다렸는데 연락이 와서 엄마를 따라 숲 안쪽으로 걸어 들어갔다. 입구 터널에서 거꾸로 매달리기를 하고 있는 조롱박 아래에서 선생님 두 분이 우리를 반가이 맞아 주셨다.

숲선생님을 따라 조금 더 올라가니 작고 귀여운 집이 나타났다. 그곳에 짐을 풀고 선생님들께 오늘 체험할 내용을 들었다. 더 위쪽 숲으로 가서 다양한 체험도 하고 시원한 물놀이를 할 거라고 했다.

잠시 더위를 식히고 숲으로 갔다. 옷 갈아입고 간다고 제일 늦게 올라가고 있는데 갑자기 엄마가 온 숲이 다 떠나가라 소리를 질렀다. 그러고는 무엇을 발견하셨는지 흥분해서 막 뛰어가는 모습이 보였다. 너무 당황스러운 상황이라 도대체 무슨 일인가 하고 따라가 보았더니 난생처음 보는 신기한 것이 내 눈 앞에 떠억 나타났다. 처음 봤을 때 그게 버섯이라고는 생각도 못 했다. 노랑망태버섯이란다.

보아하니 생긴 게 양파 같은 것을 담아 두는 망같이 생기긴 했다. 나나 아이들 눈에는 그저 좀 신기하게 생긴 버섯일 뿐이었다.

"내가 이걸 책에서나 봤지, 여기서 요놈을 만나게 될 줄은 꿈에도 몰랐네"라며 엄마는 속사포 수다를 떨며 한참 동안 그 자리에서 떠날 생각을 않으셨다. 기다리다 지친 우리는 그냥 엄마를 두고 먼저 쓰윽 올라와 버렸다.

사실 그 행동이 이해 안 가는 것은 아니다. 뭐랄까, 아무리 평소에 조용한 사람이라도 자기가 관심 있는 분야에서 무언가 발견하면 정말 눈에 불이 켜지는 것처럼 반짝한다는 걸 나도 잘 아니까. 엄마랑 대형 마트 같은 곳에 갔을 때 어김없이 동물 코너에서 발길이 머문다. 아니, 찾아간다. 일단 그곳에 안착하면 다리가 저리는 줄도 모르고 쭈그려 앉아 몇십 분 동안이나 쬐그맣고 귀여운 아이들을 보곤 하는 것처럼 말이다.

그러니까 엄마의 저 행동이 이해는 가지만 최소한 그렇게 천둥소리는 내지 말아 주셨으면 싶다. 게다가 우리뿐만 아니라 선생님들도 기다리고 계시는데…….

'뭐든지 적당히 하세요. 어무이~~.'

올라가니 사진으로 봤던 그 장소가 나왔는데, 아아~~ 세상에나, 정말로 그렇게 아담한 웅덩이가 딱 하나일 줄이야. 나는 왠지 김이 팍 새는 느낌이 들었다. 하지만 아이들은 물 만난 가재처럼 환호성을 지르며 샤워기에서 떨어지는 물줄기에 거침없이 몸을 던졌다. 아이들 노는 모습을 몇 컷 찍어 주고는 근처에 있는 그물 해먹에 누워서 음악이나 들었다.

그사이에 엄마랑 아이들은 무슨 상품을 걸고 게임을 하는 모양이다. 나를 부르지 않아 혼자만의 시간을 즐겼다. 어느덧 게임이 종료되고 아이들이 다시 물에 들어가려는데 누군가 웅덩이에 개구리가 있다고 외쳤다. 그 소리가 들리자마자 내 몸은 반사적으로 벌떡 일어나서 그쪽으로 달려가고 있었다.

아이들이 첨벙대고 뛰어놀아 흙탕물이 된 웅덩이는 나뭇가지나 잎이 둥둥 떠 있어 개구리를 찾을 수 없었다. 아이들이 손가락으로 가리키는 곳을 아주 빠안히 쳐다보니 그곳에 정말로 있었다. 그것도 무당개구리다.

아이들 모두 한참을 무당개구리에 빠져 그들만 눈으로 좇았다. 무당개구리는 독이 있다고 한다. 그 좁은 곳에 함께 들어가서 놀면 아이들 발에 들러붙을 수 있으니 웅덩이는 개구리에게 양보하고 그만 내려왔다.

아이들이 옷을 갈아입을 동안 열심히 놀아서 배고픈 아이들을 위해 엄마가 차 있는 곳까지 내려가서 두고 온 빵을 가져오셨다. 선생님들도 냉장고에 준비해 두었던 시원한 수박과 복분자를 꺼내 주셔서 행복한 간식 시간을 가진 후 다음 활동으로 이어갔다.

나뭇가지와 색이 고운 종이끈을 이용해서 거미줄 만들기를 했다. 그 짜는 방식이 어쩐지 어릴 적에 대바늘과 털실로 뜨개질을 하는 것과 약간 비슷해 보였다.

어릴 때에도 중간 부분인 그냥 쭉 떠 나가는 부분은 반복적으로 한다 쳐도 첫 시작 부분을 못 해 엄마가 대신 해주시곤 했다. 나의 그 똥손은 지금도 나아진 게 없다. 애들은 벌써 중간 정도 만들고 있는데 나만 허우적대서 결국 숲선생님의 도움을 받았다.

그래도 거미줄 엮는 과정은 나름 수월하게 할 수 있어 선생님이 보여 준 샘플처럼 두 가지 색을 섞어 만들기도 했다. 그렇게 각자 자신만의 거미줄을 완성했는데 다들 색

도, 모양도 제각각인 아주 멋진 작품이 되었다.

자! 거미줄 다음에는 책갈피 만들기다. 마분지와 한지, 낙엽을 재료로 자기가 원하는 낙엽을 골라서 풀로 붙이고 한지로 마무리하면 되는 거다. 굉장히 간단한데 스티커로 된 한지를 처음 봐서 신기했다. 게다가 투명하기까지 하다.

이제 슬슬 정리해서 가려는데 뒤쪽에서 누가 사마귀가 있다고 소리쳤다. 정말로 딱 올 봄에 알을 깨고 나온 것 같은 조그만 사마귀가 있었다. 캬하~~ 오늘 뭐지? 무당개구리도 보고 사마귀도 보다니. 게다가 엄마는 노랑망태버섯까지.

사마귀를 아까 만든 거미줄 모형으로 낚아 올려서 밖에다 고이 놓아 주었다. 숲 체험을 도와주신 선생님들께 감사 인사를 드리고 오두막집을 나섰다. 다양한 동물을 보게 해준 숲과 그때까지도 거꾸로 매달리기를 하고 있는 조롱박과도 작별 인사를 나누었다. 끝!

10회차

꿀벌에게 배워요

8월 9일 목요일

7월 29일, 지난 일요일에 나의 엄마는 먼 길 떠나셨다. 구름 타고 바람 되어 산 넘고 물 건너 훠이훠이 그렇게 가셨다. 엄마를 보내 드리느라 정신없이 지내다 보니 어느새 무지개 일곱 남매 숲 체험이 눈앞에 와 있었다.

무지개 남매들은 이 여름날, 끝이 보이지 않는 살인 더위에 어찌 보내고 있었는지…….

무지개 일곱 남매와
내일은 새로 생긴 칠곡 꿀벌나라에 가 볼 예정입니다.
원래 시간대로 면사무소에 모여 출발하겠습니다.
시원한 물만 챙겨 보내 주시면 됩니다.

연아가 발명반 여름 캠프와 겹쳐서 참석할 수 없다는 어머니의 메시지가 왔다. 그제야 지난번에 이야기했던 게 기억이 났다. 다행히 현아가 혼자라도 와 준다고 했고 다른 가정에서는 소식이 없는 것을 보니 나머지 아이들도 다 올 모양이다.

8월 11일 토요일

고양이가 식빵 굽고 있어요

지난 회차에 오지 못했던 기현이가 동생 현준이랑 아파트 앞 놀이터에서 기다리고 있다.

"기현아, 그동안 잘 지냈어? 방학 동안 어떻게 보내고 있니?"

"잠자고 먹고, 잠자고 먹고 그렇게 보냈어요."

"설마 그것만 했을까? 잠자고 먹고 게임하고, 잠자고 먹고 게임하고 그랬겠지."

"맞아요, 게임도 했어요. 끼득끼득."

이렇게 오랜만에 만나 회포를 풀고 있는데 밖을 내다보고 있던 딸내미가 소리친다.

"고양이가 저 차 밑에 있어요. 아침부터 식빵 굽고 있네."

이게 무슨 자다가 봉창 두드리는 소린가?

"고양이가 무슨 식빵을……."

"아~~ 고양이가 웅크린 모습을 그렇게 말해요. 식빵처럼 보인다고요."

"고~뤠~~~? 그거 참 재미있는 표현이네."

"고양이 앞발은 솜방망이라고 해요. 복실복실해서 맞아도 안 아프다고요. 또 발바닥에 있는 몰랑몰랑한 부분을 젤리라고 하고요."

아침부터 고양이를 봐서 신이 났는지 조잘조잘 잘도 읊어댄다. 내가 보기에 우리 딸내미는 동물에 관한 한 모르는 것이 없다.

정우는 엄마랑 논대요

현아 자매와 정우가 살고 있는 아파트로 이동군을 몰았다. 아무도 나와 있지 않았다. 전화를 하니 현아는 나오는 중이라는데 정우는 받을 기미가 없다. 인내심을 가지고 한 번 더 눌렀다. 드디어 신호음이 끊기고 자다가 일어난 정우 목소리가 들려온다.

"정우야, 이제 일어났구나. 오늘 숲 체험 날인데 까먹었어?"

"아~~ 저 오늘 못 가요." 엥? 이건 또 무슨 소리.

"어제까지도 그런 소리 안 해놓고……. 무슨 일 있어?"

"엄마가 와서 오늘 함께 외식도 하고 놀러가기로 했어요." 순간 짜증이 훅 치밀었지만 잠시 생각해 보면 반가운 소식이기도 하다.

정우는 형이랑 무릎이 많이 아픈 할머니와 살고 있다. 엄마는 다른 지방에서 일하고 계셔서 가끔 집에 들러 정우 형제랑 함께 시간을 보낸다는 소리를 들은 적이 있다. 그러니 아무리 좋은 숲 체험일지라도 엄마와 함께하는 시간에 비하겠는가?

"그렇구나! 그럼 할 수 없지. 엄마랑 맛있는 거 많이 먹고 재미있게 놀다 와. 다음에 보자."

이리하여 오늘 숲 체험은 연아, 정우가 빠진 다섯 남매만 데리고 꿀벌나라로 가게 되었다.

꿀뜨기 체험하러 가요

전국에서 아까시나무가 가장 많은 칠곡은 몇 해 전까지 아카시아축제를 펼치기도 했다. 올 4월에는 꿀벌과 칠곡의 특산품 벌꿀을 주제로 하는 자연친화적 체험관인 꿀벌나라 테마공원이 조성되었다.

그곳은 꿀벌과 관련한 다양한 체험거리가 있지만 우리는 먼저 꿀뜨기 체험을 하기로 했다. 준비를 할 동안 잠시 꿀벌 공기방에서 기다렸다. 곧 이어질 꿀뜨기에 대한 기대감과 동시에 꿀을 뜨는 과정에서 벌에게 쏘일지 모른다는 불안감으로 아이들은 바짝 긴장하고 있었다. 특히 명재는 하기 싫다는 소리를 입술에 붙여 놓고 있다. 다른 아이들도 어릴 적 벌에 쏘인 경험들을 들먹이며 두려움을 토해 내고 있었다.

"꿀 뜨다가 벌에 쏘이는 거 아니에요?"

"설마 체험장에서 벌에 쏘이게 하겠어. 절대 그럴 일 없으니 안심해."

"그래도 벌에 쏘일까 봐 무서워요."

"만에 하나 벌에 쏘이더라도 잠시 따끔거리기만 해. 그렇지만 몸에는 얼마나 좋은지 아니? 일부러 꿀벌 침 놓는 사람도 많은걸. 나도 무릎이 아파서 예전에 벌침을 많이 맞았었어.

꿀벌나라에 왔어요

자기가 뜬 꿀은 직접 담아서 집에 가져가게 한대."

온갖 말로 아이들의 두려운 마음을 잠재우고 드디어 꿀뜨기 방으로 향했다.

꿀벌에게 배웠어요

체험방으로 들어서니 그곳 선생님께서 먼저 꿀벌에 대한 상식부터 설명해 주셨다. 꿀벌 한 통에는 약 2~3만 마리가 살고 있는데 그중 여왕벌 한 마리와 수벌 1~2백 마리가 있고 나머지는 모두 일벌로 구성되어 있다고 한다. 또한 그들이 각자 분담해서 하는 일과 우리 인간이 꿀벌과 공존하면서 얻는 이로움을 들려주셨다. 전 세계 꽃가루 매개 동물의 경제적 가치는 1130조 원! 꿀벌의 연간 노동 가치는 380조 원 정도란다. 정말 어마어마하지 않은가? 오죽하면 아인슈타인이 꿀벌이 없으면 4년 내에 지구가 멸망할 것이라고 했겠는가?

내겐 상상할 수 없는 경제적 가치보다 우리 무지개 남매들과 딸내미에게 꿀벌의 성실과 협동, 배려와 희생에 대해 한번 생각할 기회를 주었다는 게 더 와 닿았다. 나 또한 꿀벌에게 많은 것을 배웠고 꿀벌을 새로운 눈으로 보게 되었다.

드디어 기다리던 꿀뜨기 체험이다. 사실 기대한 것에 비하면 약간 실망스러웠다. 내 생각에는 꿀뜨기 복장을 입고 망사도 뒤집어쓰고 직접 꿀통에서 꿀을 채취하는 줄 알았다. 아마 아이들도 그리 생각했으니 벌에 쏘일까 봐 겁을 먹었을 것이다.

우리가 체험한 것은 너무도 간단했다. 먼저, 이미 벌통에서 꺼내 벌을 모두 제거한 벌집판을 살펴보고 얼마나 무거운지 무게를 가늠해 보기다. 진짜 무거웠다. 두 번째는 꿀을 가득 채운 구멍에 나쁜 균들이 들어가지 못하도록 밀랍으로 벌들이 막아 놓은 것을 칼로 제거해 보는 작업이다. 그런 후 둥근 통 안에 4개의 벌집판을 세로로 넣고 손잡이로 돌리면 원심력에 의해 꿀이 빠져나와 통 아래에 고이는 것을 확인해 보는 정도다.

밀랍 벗기기 체험

꿀뜨기 체험

기현이가 제거한 밀랍을 먹을 수 있냐고 물어 보니 맛보게 해주셨다. 밀랍이야 아무 맛도 없는 껌 같지만 그곳에 붙어 있는 꿀 때문에 달콤하니까 아이들이 자꾸 먹어대서 자제를 시켜야만 했다.

그다음은 꼭 탁구공만 한 아주 작은 병을 하나씩 주면서 꿀을 받아갈 수 있도록 해주었다. 아이들은 넘치지도 부족하지도 않게 가득가득 담아 들고는 함박웃음을 지었다.

꿀뜨기 체험을 마치고 나와 꿀벌 모형 동산을 지나 1층에 있는 창의 · 치유체험관으로 내려갔다. 그곳에선 두 가지 체험이 기다리고 있었다. 먼저 A4 용지에 다양한 꿀벌 캐릭터가 그려져 있는데 그중에 하나 골라 색칠을 한다. 완성 작품을 찍어 화면에 올리면 진짜 벌처럼 날아다니도록 하는 3D 스케치 즐기기 체험이다.

아이들은 자기들이 그린 꿀벌이 벽에 설치된 화면에서 날아다니는 것을 보고 무척이나 신기해하며 만족스러운 듯 환호성을 질렀다. 잡으려고 폴짝폴짝 뛰기도 하고 졸졸 따라다니기도 했다.

그다음은 비봇을 활용한 코딩 체험이다. 벌 모양 로봇을 자신이 목표한 곳으로 갈 수 있도록 프로그래밍하고 움직여 보는 체험이다. 아마도 오늘 오지 못한 연아는 발명 캠프에서 이와 비슷한 체험을 하고 있을 것이다. 우리 학교에는 칠곡발명체험센터가 있어 5, 6학년은 오조봇을 활용한 코딩 체험을 이미 접했다.

내 벌이 날아요

그래서인지 현아와 기현이는 조금 익숙하게 조작하는 데 비해 처음 접해 본 현준이와 용민이는 물론 심지어 딸내미조차 무척 낯설어했다.

우리 아이들이 살아낼 미래는 대부분의 일을 사람이 하기보다 기계나 컴퓨터가 하는 세상에 살게

될 것이다. 소프트웨어를 모르고는 자신이 원하는 일을 기계나 컴퓨터에 시킬 수 없게 된다. 오죽했으면 넷스케이프 브라우저 개발자 마크 앤드리슨은 "소프트웨어가 세상을 먹어 치우고 있다"고 했을까?

이 코딩 체험이 미래 세상을 살아가야 할 아이들에게 조금이나마 도움이 되기를 소망하며 아이들이 작은 생명 하나에도 따스한 시선으로 바라볼 수 있는 어른으로 성장하길 기대해 본다.

진짜 요즘은 찜질방을 따로 갈 필요가 없을 만큼 여름의 뜨거운 맛을 보고 있다. 정말 지옥이 이럴까 생각하면서 좀비처럼 비실비실 일어나 아침을 먹고 약목으로 출발했다.

오늘은 연아가 학교에서 하는 발명 캠프 가는 날과 겹쳐서 안타깝게도 함께 참여하지 못한다. 정우도 어머니가 오랜만에 집에 오셔서 급작스럽게 불참하게 되어 결국 다섯 남매와 함께 오늘 체험할 칠곡 꿀벌나라로 갔다.

그나마 비교적 목적지가 가까워 다행이다. 도착하기 무섭게 얼른 내려서 입구 쪽으로 발걸음을 재촉했다. 입구에서 단체사진 찍고 들어가자 놀이공원 관리인들이 타는 차가 남자아이들을 유혹한다. 엄마가 남자애들을 거기다 태우고 온갖 포즈로 사진을 찍어 대신다. 아이고, 부끄러버라~~. 현아랑 나는 그들이 우리와 모르는 사람인 양 하고 쓰으윽 지나쳐 갔다.

엄마가 입장권을 끊고 있는 동안 우리는 안쪽에 있는 양봉 관련 전시장에 가 보았는데 꿀벌 집에서 꿀을 채취하는 채밀기, 예전에 양봉하던 방법이나 그 우수성을 적어 놓은 서적 등 다양한 볼거리가 있었다.

전시장 앞에는 위에서 물이 흐르는 인공폭포가 설치되어 있었는데 물이라고 보기엔 수상쩍게 끈적끈적한 무언가가 흐르고 있어서 뭐지? 했다. 꿀이래서 완전 감탄하며 보고 있는데 그냥 꿀이 아니고 화학약품이 첨가되어 있으니 먹으면 안 된다고 한다.

나야 뭐 교양인(?)이라 그럴 생각도 없었지만 앞 표지판에 있음에도 다시 강조하는

관리인의 차가 신기한 형제들

이유는 꼭 하지 말라는데 한번쯤 맛을 보다가 혼쭐난 녀석들이 있었을 거라 예상된다.

왜 있지 않는가? 장마철에 굳이 야외로 물놀이를 갔다가 조난 당하거나 익사하는 사람들. 아이들은 더 하지. 특히나 우리 무지개 일곱 남매 중 형제들은.

다행이랄지 그걸 대비해서 꿀 폭포 주변에 울타리를 쳐 놓았고 그 울타리와 폭포까지 거리가 있어서 그런지 딱히 아무도 들어가려고 하진 않았다.

우리가 오늘 메인으로 할 꿀뜨기 체험장으로 올라갔다. 일단 체험을 도와주실 강사님이 준비를 할 동안 우리는 편백나무 향이 폴폴 나는 옆방에서 기다렸다.

그곳에는 길게 이어진 나무 테이블에 웬 유리창이 뚫려 있었다. 무언가 싶어 들여다보니 그 안에 꿀벌 집이 여럿 들어 있고 진짜 꿀벌들이 수도 없이 우글거리고 있었다. 그리고 유리창 앞쪽으로는 기역 자로 꺾인 쇠로 된 튜브가 있었는데 그 입구는 방충망보다 촘촘한 그물로 막아 두었고 옆에는 '시작'이라고 적힌 버튼이 있었다.

한번 눌러보니 관에서 "으수으이이잉" 하는 소리가 들리고 관을 통해서 안쪽에 있는 꿀벌 집 냄새가 새어 나왔다. 오호~~ 안내판을 보니 그런 식으로 꿀벌 집 냄새를 맡

저게 내 벌이야

으면 기관지와 폐에도 좋고 심신 안정도 된다고 적혀 있었다.

뭐 글쎄~~ 굳이 그 냄새를 묘사해 보자면 관광지에 가서 사 먹는 번데기 향에 꿀 냄새를 살짝 끼얹은 것 같은데 그것이 기관지에 좋다는 건 그렇다 쳐도 심신 안정까지 정말 되는지는 의심스럽다. 냄새가 좀 꺼림칙하긴 해도 기관지에 좋다고 하니 준비가 될 때까지 열심히 킁킁거리며 들이마셨다.

드디어 옆방으로 들어갔다. 아까 기다릴 때만 해도 그 방의 벽면에 벌집통에서 벌집판과 꿀을 채취할 때 벌에 쏘이지 않기 위해 입는 옷이 여러 벌 걸려 있어 직접 벌집을 꺼내는 작업부터 할 줄 알았다.

그 때문에 아이들은 벌에 쏘일 걱정으로 김칫국부터 한 사발씩 들이켜고 있었는데 다행히도 그것부터 하는 것은 아닌가 보다. 그냥 테이블에 빙 둘러앉아서 이론 강의를 30분 넘게 듣고는 벌통에서 미리 꺼내 놓았던 꿀이 가득 찬 벌집판의 겉면을 칼로 벗겨 보는 작업부터 시작했다.

텔레비전에서 바로 그 채밀 과정을 종종 봐 와서 나도 칼만 대면 꿀이 주르르 하고 쏟아질 줄 알았지만 그건 그야말로 전문가의 손길이었다는 것을 이제야 알았다.

벌집판 표면은 뭐라고 해야 할까? 이제 막 굳기 시작한 진흙 점토의 질감과 비슷했다. 끈적끈적하면서도 탄탄했다. 그래서 안쪽의 벌집 모양이 상하지 않도록 아주 조심조심 칼로 벗겨 냈는데 긴장해서인지 살짝 삑사리가 났다.

내가 맨 처음 시작해서 엄마와 아이들이 차례대로 하는 동안 난 벗겨 낸 벌집의 밀랍과 꿀을 강사님이 주신 비스킷에 열심히 발라 먹었다. 그야말로 꿀맛이었다.

다음은 방금 우리가 벗겨 낸 벌집판을 내 가슴팍까지 오는 크기의 원통형 기계 안쪽에 있는 틀에 끼워 넣고 손잡이를 돌려서 꿀을 채취하는 작업이다. 통은 수동형과 자동형이 있다는데 우리는 수동으로 손잡이를 돌리면서 안쪽에 끼운 판 네 개에서 꿀이 빠져나오는 것을 보았다. 눈으로 직접 보고서도 그 점성 높은 꿀이 그렇게 쉽게 빠져나오는 것이 아무리 원심력 때문이라지만 살짝 이해가 가지 않았다.

자, 이제는 드디어 꿀을 직접 병에 담아서 가져가는 마지막 단계다. 병은 그곳에서 직접 디자인한 조그만 유리병이었는데 역시나 꿀벌 체험답게 병 모양도 벌집 모양인 육각형이다.

그 병에 아까의 벌꿀 채취기 아래쪽에 있는 밸브를 직접 열어서 흘러나오는 꿀을 담으면 되는데 밸브를 너무 확 열면 나중에 넘쳐흐를 수도 있다고 해서 쫄보인 나는 그 말을 듣고 더 쫄아 버려서 밸브를 너무 신중하게 조절하는 바람에 성격 급한 엄마에게 떠밀리듯이 쫓겨났다.

'흑흑, 아니 넘쳐흐르는 것보단 천천히, 신중히 하는 게 낫지…….'

어찌 되었든 각자의 병에 꿀을 가득 담아 '꿀벌나라'라고 적힌 스티커도 붙이고 뚜껑도 꽉 닫았다. 모든 체험을 마치고 강사님께 인사를 드리고 그곳을 나왔다.

아까 올라올 때도 봤지만 체험장 앞쪽 화단에는 벌 관련 조형물들이 엄청 많았는데 좀 더 가까이 가서 자세히 보려고 하니 갑자기 조형물이 움직였다. 거기다 윙윙거리는 벌 소리도 들려왔다. 보아하니 보통 때는 가만히 있다가 사람이 지나가면 센서가 작동하여 움직이게 한 모양이다. 마냥 신기해하기엔 좀 무섭다. 우리를 쏘는 벌이 환경 호르몬의 영향을 받아 괴물 벌로 변한 것 같은 느낌이랄까.

다음은 마치 어린이집 같은 분위기의 건물로 들어갔다. 그곳을 담당하는 강사 선생님께서 체험 온 다른 아이들과 함께 똑같은 미로 그림이 여러 개 그려져 있는 돗자리에 원형으로 빙 둘러앉게 했다.

나누어 준 장난감을 받았는데 그냥 장난감이 아니고 BEE봇이라는 이름의 코딩로봇이란다. 그것은 사용자가 어떤 명령어를 입력하여 시작 버튼을 눌러 작동시키면 입력해 놓은 방향대로 움직이는 로봇이다.

아까 말한 그 미로 그림 돗자리 위에 BEE봇을 두고 작동시켜 미션을 수행해 내야 하는 것이다. 로봇을 작동시키기 전에 '반짝반짝 작은 별'을 개사한 '앞으로 한 칸 뒤로 한 칸' 노래에 맞춰 강사님의 율동을 따라했다.

그렇게 율동을 두세 차례 하고 난 뒤 드디어 본격적인 BEE봇 조종을 시작했다. 처음에는 그냥 맨바닥에 두고 앞으로 가기, 뒤로 가기, 오른쪽과 왼쪽 돌기 등 가장 기본적인 코드를 익히고 미로 돗자리에서 미션을 수행했다.

대략적인 미션 내용은 미로 중간중간에 여러 종류의 꽃이 있는데 BEE봇은 꿀벌이니까 꽃을 찾아가되, 천적인 말벌과 거미는 피해서 가야 한다는 것이다.

처음과 두 번째는 하나의 꽃을 찾아가는 거라서 비교적 쉽게 갈 수 있었지만 그 이후부터 모든 꽃을 천적을 피해서 한 번에 가라질 않나, 사람의 인생도 그리 순탄치 않은 것처럼 꿀벌도 여러 사고를 당할 수 있다며 한쪽 방향을 못 쓰게 하기도 했다.

때문에 자꾸만 헷갈려서 우왕좌왕하며 따라하다가 머리가 터져 버리는 줄 알았다. 마침 그때 엄마가 가자고 하지 않았다면 진짜 터졌을 수도 있었을 거다. 그렇게 안 쓰던 머리를 1년치는 다 쓰고 나와 점심을 먹고 오늘 하루 일정을 마무리했다.

11회차

우리가 지켜요

8월 24일 금요일

개학일이다. 19호 태풍 솔릭이 한반도를 관통하면서 2010년의 곤파스 이후 최악의 태풍이 될 것이라 한다. 온 방송에서 이미 제주도에서 저지른 솔릭의 만행을 실시간으로 보여 주고 있어 우리를 떨게 하고 있다. 이에 솔릭이 통과할 거라는 지역의 학교들은 휴업이나 등하교 시간을 조정하기도 한단다. 이런 심각한 날씨에 개학을 해도 될까 고개를 갸웃거리며 집을 나섰다. 하지만 그 어마무시하다는 솔릭은 아직까지 자신의 발톱을 숨긴 채 잔뜩 겁만 주고 있는 상황이다.

등굣길에 만난 아이들은 솔릭이고 뭐고 하나도 겁나지 않은가 보다. 방학 동안 집 안에서의 오랜 칩거를 끝낸 해방감이 발걸음과 하이톤 인사에 묻어 난다. 아이들의 생기발랄한 그 모습에 오히려 솔릭이 겁먹고 주춤하는가 싶다.

교문에서 현아, 연아를 만났다. 둘 다 짧게 자른 단발머리를 나폴거리며 반갑게 인사를 한다. 내일 우리의 만남을 떠올리고 나니 문득 숲 체험을 그대로 진행해도 되는지 걱정이 몰려온다.

'설마 내일까지 여기에 버티고 있을라구? 동해로 빠져나가겠지. 빠져나가더라도 숲 체험할 형편이 되려나? 무리하게 진행하다 혹시 큰일이라도…….'

애고, 일곱 남매 데리고 숲 체험 다니려니 매번 이런저런 날씨가 제일 걱정이다.

8월 25일 토요일

솔릭이 겁먹고 줄행랑쳤어요.

미크로네시아의 전설 속 족장 '솔릭'도 우리 일곱 남매의 원성에 지레 겁을 먹었나 보다. 제주도에서는 그렇게 거만하게 굴며 위세를 떨치더니 이곳은 언제 지나갔는지도 모르게 자신의 본모습을 감춘 채 후다닥 도망가 버리고 말았다. 잔뜩 긴장하고 있던 사람들은 이게 어찌 된 일인가 당황스럽기까지 할 정도다.

제주도 신화에 의하면 키가 36척이나 되는 설문대 할망이 아들 500명을 낳았는데 혹시나 한 명의 아들이라도 바람에 날아갈까 봐 태풍이 오면 치마를 펼쳐 막아 준다고 한다.

그래서 어떤 이는 솔릭이 꼬랑지를 내리고 줄행랑친 것이 설문대 할망의 공일 것이라고 했다. 내 생각은 다르다. 설문대 할망의 공이라면 솔릭의 분탕질에 제주도가 저리 처참하게 당하도록 두지 않았을 것이다. 아마도 족장 '솔릭'은 설문대 할망보다도 끊임없이 퍼부어 대는 우리 일곱 남매의 저주가 두려웠을 터다. '아이고, 시끄러운 녀석들 있네, 저런 녀석들은 피하는 게 상책이지' 하며 입김 한 번 세게 불어 보지 못하고, 물장난 한 번 못 친 채, '걸음아 날 살려라' 강릉을 거쳐 동해로 냅다 도망쳐 버린 것이다. 아니, 어쩌면 우리 일곱 남매들 숲 체험 잘할 수 있도록 배려해서 그냥 지나가신 것일 수도 있겠다.

미술관 사탕털이범 일당

방학이라는 여유로운 단잠에 빠져 있던 아이들과 엄마들은 아직 새 학기 적응이 안 되는지 모두 약속시간보다 늦게 나와 애를 태웠지만 한 사람도 빠짐없이 나와 주었다.

오늘 활동지인 경상북도환경연수원에 도착하니 기현이가 와서 동생이 배가 아프다고 한단다. 근처에 있는 화장실에 가서 볼일을 보라고 하니 배를 움켜쥐면서도 지저분해서 들어가기 싫다고 고개를 잘래잘래 흔든다.

서둘러 연수원 입구에 있는 구미시 탄소제로교육관으로 들어갔다. 현준이가 볼일을 보는 동안 우리는 그 옆방에 전시중인 꽃과 자연을 소재로 그린 그림을 둘러보았다.

중이 염불에는 관심 없고 젯밥에만 신경 쓴다 하더니 남자아이들이 꼭 그 짝이다. 그림은 거들떠보지 않고 중앙에 준비되어 있는 사탕과 과자에만 정신이 팔려 야금야금 다 가져갈 판이다. 화가님 보기에 민망해서 제동을 걸고 나섰다.

"어허~~, 야들이 꼭 사탕털이범이 들이닥친 것 같노? 하나씩만 가져야지. 그걸 다 가져가면 우짜노?"

화가님은 인자하게 웃고 있었지만 나는 얼굴이 화끈거려 얼른 전시관을 나와 옆에 있는 탄소제로실천관으로 아이들을 몰았다. 재활용품을 이용하여 다양하게 꾸며 놓은 곳이다. 이곳을 보기 위해 온 것이 아니기에 수박 겉핥기로 둘러보고 나왔다. 현준이가 보였다. 제대로 근심을 풀어낸 모양인지 이제 얼굴색이 환하다.

숲 체험 하러 와서 건물 안에서만 있을 수 없는 일. 시원한 곳에서 더 있고 싶어

이야, 이거 재밌는데?

하는 아이들을 끌고 밖으로 나오자 열기가 훅 덮쳐 온다. 그래도 놀이터 같은 시설물이 보이니까 아이들이 군말 없이 따라온다.

몸을 움직여 생성시킨 에너지로 탈 수 있는 에너지 시소와 회전기구가 있고 태양광 에너지로 작동되는 대형 피아노도 있다. 기현이는 마치 피아니스트가 된 양 온몸으로 쿵쾅쿵쾅 건반을 두드린다. 또 폐자원을 이용해 만든 그네도 타 보았으니 이제 슬슬 숲으로 가야겠지?

신갈나무 잎은 누가 떨어뜨렸을까?

놀이기구에 붙어 떨어질 줄을 모르는 아이들에게 "이제 올라가자" 하고 배낭을 멨다. 가고 싶지 않은 눈치가 역력하지만 모른 체하고 앞장서 걸어갔다. 어쩔 것인가? 지네들이 안 따라오면. 저 뒤에서는 벌써부터 명재의 투덜거림이 시작되었다.

"아~~ 가기 싫은데……. 시원한 건물 안에 있고 싶은데……. 안 가면 안 돼요?"

"그~뤠~~. 올라오기 싫으면 혼자 내려가서 탄소제로교육관에 가 있어."

명재는 말로 뱉어 냈지만 다른 남매들도 모두 같은 마음이라는 걸 안다. 일곱 남매뿐 아니라 딸내미까지도. 모른 체하고 갈 테면 혼자 내려가라 하니 모두 아무 말도 못 하고 어기적거리고 따라온다.

'애들아, 숲에 가면 얼마나 재미있는 것이 많은데 여기까지 와서 건물 안에만 있어야 되겠니?'

그렇게 50미터 정도 올라왔을까? 참나무 집안의 신갈나무 잎들이 도토리를 하나씩 달고 여기저기 떨어져 있다.

'옳다꾸나! 바로 이거지.' 가지를 하나 주워들었다.

"얘들아, 수석쌤이 퀴즈 하나 낼 테니 맞혀 봐."

신갈나무 잎은 누가 떨어뜨렸을까?

"이 잎을 누가 떨어뜨렸을까? 보기를 줄게. 1번 사람, 2번 다람쥐, 3번 청설모, 4번 바람, 5번 벌레." 모두 손을 번쩍 든다.

"2번 다람쥐요."

"땡!"

"4번 바람요."

"땡!"

"1번요."

"1번이 뭔데? 사람?"

"땡!" 다 나올 기세다.

"5번요."

"5번은 뭐였는데?"

"벌레요."

"딩동댕. 맞았어, 정답은 벌레야. 도토리거위벌레가 이 잎들을 다 떨어뜨렸어. 그런데 이 잎들을 한번 자세히 봐. 하나씩 떨어져 있지 않고 가지째로 떨어져 있지? 왜 이렇게 함께 떨어뜨려 놓았을까?"

"이파리를 먹으려고요."

"그냥요." 가지를 주워서 위로 던져 날려 보았다.

"낙하산 같아요."

"그래, 바로 그거야. 잎들 가운데 도토리가 하나씩 달려 있지. 그 속에다 구멍을 뚫고 알을 낳았어. 그리고 알이 충격 받지 않게 하려고 가지째 잘라서 잎들이 낙하산 역할을 하게 한 것이지. 기가 막히지 않니?"

"와~~, 도토리거위벌레 디~~게 똑똑하네요."

"진짜로 똑똑하네요."

도토리거위벌레는 한여름 도토리에 구멍을 뚫어 알을 낳고, 일주일 정도 지나 알에서 깨어난 애벌레는 도토리 과육을 먹고 생활한다. 20일쯤 지나면 도토리 껍질을 뚫고 나와 땅속에서 흙집을 지어 겨울을 난다. 이듬해 5월 하순께 번데기가 되고 3~4주가 지나 성충으로 날개돋이 한다. 성충이 된 도토리거위벌레는 참나무류에 기어올라 다시 도토리를 뚫고 알을 낳고 가지를 잘라 떨어뜨린다고 한다.

도토리거위벌레가 자른 나뭇가지

기다란 주둥이 끝에서 가위처럼 작은 집게 입이 나와 덜 여문 도토리에 아주 조금씩 구멍을 뚫는다. 구멍 뚫린 부분을 살펴보면 모두 앞부분이 아니고 각두(깍정이, 술잔 모양의 받침) 쪽이다. 그곳에 뚫는 이유는 도토리 껍질보다 각두 부분이 훨씬 연하기 때문이란다.

이렇게 암컷 도토리거위벌레가 알을 낳기 위해 도토리에 구멍을 뚫고 있으면 어디선가 암컷의 페로몬 냄새를 맡은 수컷이 찾아와 짝짓기를 한다. 암컷은 뚫은 구멍에 알을 낳고 빠지지 않게 입구를 잘 막는다. 그러고는 나뭇가지의 끝 쪽으로 이동해서 가지째 자르기 시작하는데, 신기하게도 가지가 다 잘릴 즈음이면 남은 가지 쪽으로 이동해 잘린 가지와 같이 땅에 떨어지지 않는다고 한다.

2~3시간의 작업 끝에 잘린 가지는 바로 땅에 떨어지지 않고 바람을 타듯 천

천히 떨어진다. 도토리 안에 들어 있는 알이 충격을 적게 받고 밖으로 튕겨 나오는 것을 방지하기 위해 잎을 2~3장 달아 놓았기 때문이다.

그것 말고도 가지째 떨어뜨리는 이유는 잎이 시들기 전까지 광합성 작용을 계속해 도토리의 과육을 신선하게 유지하기 위해서란다. 알에서 깨어난 애벌레가 먹고 어른이 되기까지의 양분 공급을 위해서라니 참으로 기가 막힌 일이다.

마음을 모아야 콜라가 우리 손에

도토리거위벌레가 아이들의 올라가기 싫은 마음을 잠재웠나 보다. 이제는 아무 소리 없이 졸졸 따라온다. 심심해하는 아이들에게 걸어 올라가면서 1미터 정도 되는 막대기를 구해 오라고 했다. 사실은 거의 내가 다 구해 주었지만.

주변 쉼터에 모여 배낭을 내려놓은 후 둥글게 서도록 했다.

“지금부터 너희에게 미션 하나를 줄 거야. 이 미션을 성공하면 점심 때 햄버거와 함께 콜라까지 사 줄게. 만약 성공하지 못하면 햄버거만 먹어야 해. 어때, 도전해 볼래?”

“무슨 미션인데요?”

“주운 나뭇가지를 원 안쪽에 세워 잡고 서 있다가 하나, 둘, 셋 하면 자기 것을 놓고 오른쪽 친구의 막대기를 잡아야 해. 이때 모두 막대기를 넘어뜨리지 않게 해서 연속 다섯 번 성공하면 돼.

막대기가 하나라도 넘어지면 처음부터 다시 시작해야 해. 그러니까 내 것만 잡으려 하지 말고 옆 사람이 잘 잡을 수 있도록 넘겨주는 게 중요해. 이 미션은 옆 사람을 배려해야 성공할 수 있어. 자, 그러면 시작해 볼까?”

“네에~~~~.”

콜라 없이 햄버거를 먹기 싫은지 모두 마음을 다잡는다. 그래도 연속으로 다섯 번 성공하기가 어디 쉬운가? 똑바른 막대기도 아니고 나뭇가지를 대충 부러

나무 막대기 잡기

뜨린 것이라 더 어렵다. 시작과 함께 여기저기에서 막대기를 놓친 아이에게 쏟아지는 원망의 소리가 계곡을 가득 메운다.

아이들의 인내심이 한계점에 도달했을 때 현준이가 막대기를 놓쳤다. 형들의 질타를 들은 현준이가 울면서 안 한다고 뛰쳐나가 버렸다. 제일 안달 난 아이는 콜라가 먹고 싶은 형 기현이다. 동생을 옆으로 데리고 가서 뭐라고 꼬드기는 것 같은데 통하지 않는 기색이다. 다시 시작한다 해도 아이들의 마음이 너무 어수선해서 성공하기 어렵다. 내려오는 길에 다시 도전하자고 달랬다. 내려올 즈음이면 현준이나 다른 친구들도 새로운 마음으로 잘할 수 있을 것이다.

나뭇잎 배 멀리 보내기

속상해서 발걸음을 떼지 못하는 아이들을 달래서 조금 더 위로 올라갔다. 마침 개울로 내려갈 수 있는 곳이 나타났다. 더위에 지쳐 있는 아이들에게 개울은 최고의 놀이터다. 들어가라는 말도 꺼내기 전에 남자아이들은 운동화와 양말을 벗어던지고 이내 철퍼덕거린다. 옆에서 딸내미들은 머뭇거리고만 있다.

나부터 먼저 물속으로 들어가 시원하다는 온갖 포즈를 취하고서야 드디어 현아가 들어왔다. 나머지 두 딸내미는 토옹 넘어올 기미가 없다. 지난번 호이유아 숲체험원에 가서도 물속에 안 들어가서 안타깝게 하더니만.

할 수 없지 어쩌겠는가? 말을 물가로 데려갈 수는 있어도 억지로 물을 먹일 수는 없는 일. 그래도 속상하다. 모두가 함께하면 더 재미있을 텐데…….

나뭇잎 배 경주

물가에 있는 좀깨잎나무 잎을 따서 멀리 보내기 시합을 했다.

"이번에는 개인전이야. 정해진 시간 안에 나뭇잎 배가 멀리 간 사람이 감자튀김을 먹을 수 있어."

"손으로 밀어도 되나요?"

"당근 안 되지. 손으로 직접 배를 밀 수는 없지만 물을 이용할 수는 있어. 시간은 1분이다. 현지쌤이 시간을 잴 거야. 준비되었나? 시작할까?"

아이들의 폼을 보니 이번에야말로 우승하겠다는 비장함이 묻어 있다. 시작 소리가 나기 무섭게 손으로 물살을 밀어내기 바쁘다. 나뭇잎 배는 주인의 마음을 아는지 모르는지 천천히 흘러가기도 하고, 옆길로 새서 잠시 쉬기도 한다. 어떤 배는 소용돌이와 함께 빙글빙글 춤을 춘다. 아이들 입에서 탄식과 기쁨이 교차된다.

나뭇잎 하나에 저 천방지축들이 이렇게 몰입할 수 있다니 신기하다. 나뭇잎 배와 함께 아이들의 눈망울도 따라 흘러간다. 물가에 있는 딸내미와 연아는 모기떼의 습격을 받아 간지럽다며 빨리 내려가자고 아우성이다. 저럴 줄 알고 물속으로 들어오라 해도 기어코 빼더니만……. 쯧쯧.

내려오는 길에 다시 막대기 잡기 미션을 진행했다. 미션 성공도 하지 않고 콜라를 줄 수는 없으니 말이다. 대신 연속 다섯 번에서 세 번으로 낮추어 주었다. 이번에는 아까와는 달리 자기 막대기보다 옆 사람이 잘 잡을 수 있도록 넘겨주는 것에 더 신경 쓰는 모습을 보였다. 난 이렇게 오늘 활동에서 아이들이 남을 배려하는 마음을 건질 수 있었다.

'얘들아, 오늘도 숲의 배려로 아무 사고 없이 행복한 숲 체험할 수 있었으니 지구 환경과 숲을 지키는 데 앞장서는 그린레인저가 되어 주렴.'

보조교사의 시선으로 바라보기

8월의 끝이니 여름의 마지막 활동이라고 해도 좋을 것 같다. 그 전 활동은 무더위에 체험이라고 해봤자 최대한 덜 움직이고 실내에서 할 수 있을 만한 곳으로 골라 갔었다. 이제 날씨가 좀 시원해져서 오랜만에 야외 활동을 하게 되었다.

전국적으로 사람들을 긴장시키며 제주도를 묵사발 내버린 태풍마저 우리 지역은 슬그머니 스쳐 간 후에 때 아닌 장마 같은 비가 내려 주어 더위의 기세를 한풀 꺾어 주었다. 한여름의 더위가 누그러졌다고 해도 아직 에어컨을 틀지 않고는 견디기 어렵다. 노쇠한 이동군이라 조수석에 앉으니 에어컨 1단은 켜지지도 않고 2단으로 틀면 너무 추워서 끄다 켜다를 반복해야 했다.

오늘도 우리 가족에게 익숙한 금오산으로 갔다. 금오랜드 쪽과 산책로만 놓고 본다면 그렇긴 한데…… 저수지 안쪽으로 조금 더 들어가서 경상북도환경연수원 주차장에다 차를 댔다. 사실 여기도 와 본 곳이라 주차장은 낯이 익은데 안쪽에 들어갔던 기억은 증발되어 버린 듯하다.

올라가면서 산책로 쪽을 보니 그 시간에 산에 와서 운동하고 있는 사람들이 많았다. 참으로 존경스럽다.

'나는 저질 체력이라 누가 무기 같은 걸 들고 와서 협박하지 않는 이상 절대 내 의지로는 못 할 일이지, 암.'

가는 길에 미모사가 많이 심겨 있었다. 우리의 손길만 닿으면 깜짝 놀라 움츠러드는

미모사랑 놀기

것에 재미를 붙여 한참을 그렇게 놀았다. 쭈욱 올라가서 구미시 탄소제로교육관이라는 건물로 들어갔다. 처음 들어간 곳은 금오산 주변의 풍경과 각종 꽃들의 정밀화, 그리고 누구신지는 모르겠지만 인물화도 몇 점 전시해 놓은 작은 공간이었다. 꽃 그림 하나 정도는 탐이 났다.

화실 중간에는 작은 탁자가 있고 그 위에는 그림 감상하는 손님들 드시라고(생각하건대 그런 용도였을 거다, 아마도.) 소소한 간식이 놓여 있었다. 먹을 거에 관심 많은 우리 기현이랑 정우는 웬 떡인가 했을 거다.

화가님께 묻지도 않고 벌써 하나씩 홀랑 해치우고는 다시 한 주먹 가득 집어서 챙겨 넣으려는 찰나에 엄마가 그 장면을 목격하셨나 보다. 식겁한 엄마가 큰 소리로 저지하는 소리를 듣고서야 우리는 무슨 상황이 벌어졌는지 알 수 있었다. 엄마가 안 보셨으면 완전 진상 퍼레이드 한 판 벌일 뻔했다.

우리 일행은 부끄러워서 다급히 그곳을 빠져나왔다. 반대편으로 가니 이상하고 신기하게 생긴 조형물이 있었다. 탄소 제로 서약을 하는 곳이다. 동그란 원형 모형에 손바닥을 올려놓으면 앞쪽 천장에 달려 있는 커다란 모형에 손바닥 모양과 함께 '저는 탄소 제로 서약을 지키겠습니다'라는 문구가 뜨는 시스템이었다.

확실히 흥미롭긴 했으나 아쉬운 부분이 있었다. 왼손을 올려놓아도 항상 오른손이 나오거니와 매번 같은 문구가 출력되어 나왔다. 그러다 보니 딱히 우리가 직접 서약하는 느낌이 들지 않고 심심풀이용 오락거리로밖에 느껴지지 않았다.

지금의 놀랍도록 발전된 기술이면 손 방향은 물론 손을 올려놓은 이의 정밀한 손 모양까지 그대로 보여 줄 수 있고 전자 펜으로 패드에 글을 쓰면 그 문구대로 나타내 줄 수도 있을 텐데……. 그런 시스템을 왜 안 들여놓았을까? 생각해 보면 그것도 충분히 이해가 되어 씁쓸하다. 예산이 부족하겠지 뭐. 기술력이 아쉽건 어쨌건 아이들은 다들 한 번씩 손을 올려보고 신기해했다. 실내에서 충분히 쉬었으니 이제 슬슬 본격적인 바깥 체험을 하러 나가 볼까?

탄소 제로 서약하기

밖으로 나오자마자 보인 것은 언덕 위에 있는 놀이터였다. 그곳은 단순한 놀이터가 아니고 '탄소 제로'라는 테마에 맞추어 꾸며 놓은 것 같은데 그걸 충실히 반영한 것은 두 가지 정도밖에 없어 보였다.

하나는 풍차를 이용한 전력 공급, 다른 하나는 태양 에너지를 이용한 전자 피아노인데 건반 화면에 사람이 손을 대면 이를 인식해서 소리가 나는 그런 형식이었다.

그래도 이건 아까 것보단 훨씬 나아 보이네. 확실한 테마 반영에다 즐겁기까지 한 장치. 그래, 이런 걸 원했어! 하지만 딱히 칠 줄 아는 곡이 없으므로 '반짝반짝 작은 별'을 한 번 치고는 벤치 그네에서 노는 아이들 사진을 몇 장 찍어 주었다.

위로 쭉 나 있는 산책길을 따라서 올라갔다. 딱히 힘든 코스도 아니건만 여름 내내 편한 곳만 찾아 다녀서 다들 체력이 떨어지셨나? 운동을 전혀 안 하는 나도 그냥저냥 걷기 좋은 수준인데 자꾸 힘들다고 징징거린다. 물론 남자아이들 얘기다. 현아랑 연아는 너무 착해서 불평 같은 거 모른다. 아이, 착해.

올라가는 도중, 큰 나무 그늘에 멈춰서 잠시 쉬는데 엄마가 바닥에 떨어져 있는 신갈나무 잎을 주워서 퀴즈를 내셨다. 도토리를 떨어뜨린 범인이 누군지, 왜 도토리가 하나만 떨어지지 않고 잎이 달려 있는 가지째 떨어지는지 맞혀 보라는 것이었다.

아무도 범인을 찾지 못해서 엄마가 보기까지 내어 주셨다. 범인은 도토리거위벌레란다.

다시 산책로를 따라 올라갔다. 가는 길 옆에 조그마한 공터가 나왔다. 엄마는 그곳에서 무언가를 하려고 생각해 놓은 게 있나 보다. 지팡이만 한 굵기와 길이의 나뭇가지를 하나씩 주워 오라고 했다.

이름을 뭐라고 붙여야 할지 모르겠지만 원으로 빙 둘러서서 각자 가진 막대 끝을 땅에다 찍고 선다. 그러다가 구령이 떨어지면 재빨리 자기 것을 놓고 옆 사람의 막대가 쓰러지기 전에 잡아야 하는 놀이다.

결국은 협동심을 요구하는 놀이다. 문제는 성공하지 못하면 점심에 먹기로 한 햄버거 세트에서 콜라를 뺀다는 것이다.

나는 놀이 장면을 찍는다는 명목으로 참여하지 않고 은근슬쩍 뒤로 빠졌다. 적당히 찍으며 구경을 하는데 자꾸만 현준이가 나무 막대를 놓쳐서 쓰러진다. 형 기현이를 포함한 남자애들이 거의 폭력 수준의 비난을 쏟아붓는 통에 현준이가 그만 울음을 터뜨렸다.

단단히 삐져 버린 현준이가 참여하지 않겠다고 뻗대기 시작했다. 결국 나중에 다시 하기로 하고 무조건 달래야 하는 상황이 왔는데 아무리 생각해도 이건 아닌 것 같았다.

엄마 성격대로라면 어쨌거나 성공할 때까지 놀이를 진행할 텐데 원래 사 주기로 했던 것에서 굳이 뭔가를 뺀다는 것은 조금 잘못되지 않았나 싶다. 오히려 반대로 성공할 때 조그만 거라도 더 추가해서 보상을 준다고 했어야 더 빨리 협동심을 발휘해서 제대로 했을 텐데.

그렇게 흐지부지된 채로 다시 길을 따라 위로 올라갔다. 엄마가 갑자기 옆에 흐르고 있는 계곡물에서 물놀이를 하자고 했다. 엥? 이건 계곡물이라고 하기엔 조금 그렇지 않나?

딱 봐도 등산로 바로 옆에 있어서 사람들이 그렇게 깨끗하게 놔 두질 않았을 텐데 말이다. 게다가 물도 그리 많지 않아서 잘 흐르지도 않는데 과연 괜찮을까 싶었다. 하지만 남자아이들이 그런 거 신경이나 쓰나? 좋다고 달려 들어갔다. 결국엔 나랑 연아만 빼고 물속에 전부 다 들어가 버렸다.

물이 그렇게 깊지는 않았지만 원래 물놀이를 하러 온 것이 아니어서 갈아입을 옷도 없다. 물에 안 들어간 난 애들 옷이 다 젖을까 봐 조마조마했지만 정작 그런 거 신경도 안 쓰고 잘도 놀았다.

엄마가 또 놀이를 제안하셨다. 물론 물에 들어가 있는 아이들만 할 수 있는 놀이다. 각자 하나씩 나뭇잎을 물에 띄워서 웅덩이 시작점에서 반대편 끝까지 빨리 보내기 경주다. 첫 번째 판은 가만히 놓아서 제한 시간 동안 누구 배가 제일 멀리 가는가이다.

내가 휴대폰 타이머로 시간을 재 주고 엄마가 심판을 봤는데 늘 그렇듯이 자꾸 반칙을 한다. 할 수 없이 두 번째는 잎에 손을 대지 않고 물을 튕겨서 흘려보내든 어쨌든 할 수 있는 모든 방법을 동원해서 지정된 곳까지 먼저 닿는 사람이 이기는 걸로 바꾸었다.

그렇게 세 번의 경주를 치르는 동안 물에 들어가지 않고 구경만 하던 나와 연아는 모기의 공격에 시달려야만 했다. 하필이면 물파스도 가져오지 않아 얼른 가자고 보챘다.

우리의 재촉에 물놀이를 그만두고 정리하는 동안 우리는 아까 막대 놀이 하던 곳으로 먼저 내려왔다. 사실 모른 척하고 지나쳐 가고 싶은 마음이 간절했다. 모두 내려와서 다시 놀이가 진행되었다. 결국 횟수를 다섯 번에서 세 번으로 낮추고서야 성공할 수 있었다. 모두 환호성을 질렀다. 주차장까지 내려오며 각자 먹고 싶은 햄버거를 골라 전화로 주문을 했다. 집으로 오는 중에 햄버거를 받아 아이들에게 나누어 주었다.

'잉……? 뭔가 이상하다……?' 엄마 것이 빠져 있었다. 분명 엄마 몫은 동생에게 줄 거라며 함께 주문했는데 내가 주문을 잘못해서 하나를 빼먹은 것이다.

아, 이런! 다시 가기 귀찮아서 그냥 내 꺼 동생 주고 난 그냥 밥을 먹고 말았다는 슬픈 이야기로 이번 회차도 끝이 났다.

12회차

서로의 입장을 생각해요

9월 4일 화요일

어느덧 무지개 일곱 남매와 숲 체험을 함께한 지 6개월이 지났다. 횟수로는 11회차를 마쳤다. 내 느낌이기는 하나 아이들이 눈에 띄게 밝아졌다. 특히 기현, 현준 형제가 더 그렇다. 얘들 아빠도 처음에는 소리가 작아 무슨 말인지 알아듣기 힘들었다. 지금은 숲 체험을 많이 지지해 주시는 듯하다. 그날 활동했던 사진을 보내면 짧지만 고맙다는 답장도 보내 주신다.

'10년, 20년 뒤에 일곱 남매들은 어떤 모습으로 성장해 있을까?

아이들이 어른이 되었을 때 우리가 함께했던 이 시간들이 어떤 느낌으로 남아 있을까? 설마 기억은 나겠지?'

참 행복했던 순간순간으로 남았으면 좋겠다.

9월 8일 토요일

가는 날이 장날

토요일이 되면 모두 마음이 풀어지나 보다. 딸내미도 아이들도 여전히 아침에 일어나는 것이 힘들다. 전화를 받고서야 일어나 부리나케 챙겨 나오려면 얼마나 귀찮을까?

나오는 하품을 입에 물고라도 와 주니 고맙다. 정우는 태권도 격파대회가 있어 참여할 수 없다고 미리 알려 주어 고맙다. 힘들어하기는 이동군도 마찬가지다. 그렇지만 중간에 서지 않고 우리가 가고 싶은 곳을 데려다주니 이 또한 고맙다.

오늘 여섯 남매와 갈 곳은 칠곡 관내에 있는 세아조각수목원이다. 가는 차 안에서 아침 대신 빵과 요구르트를 먹으며 아이들은 서서히 깨어나기 시작했다. 하필 가는 날이 장날인 모양이다. 목적지에 도착하니 전기톱 엔진 돌아가는 소리가 시끄럽다. 대대적인 풀 깎기를 하고 있었다.

이곳은 개장하기 전부터 식물 조사하러 와 본 곳이다. 이름만 수목원이지 실은 조각공원이라는 명칭이 더 맞다. 온갖 종류의 조각품들이 곳곳에 늘어서 있다. 그 조각품 하나의 가격보다도 수목원 전체 식물에 투자한 비용이 더 적었다는 이야기를 들어서인지 식물에 관심이 많은 나로선 수목원이라는 이름이 매우 마땅찮다. 하지만 아이들은 식물보다 조각품들에 더 관심이 갈 테니 체험 장소로는 나쁘지 않을 듯하다.

도깨비와 맞장 뜨기

입장료를 내고 있는 사이 아이들은 주차장 앞에 서 있는 도깨비 상에 꽂혀 있었다. 점잖기만 한 현준이가 무슨 마음인지 도깨비와 힘겨루기를 하고 있었다. 아무 죄도 없는 도깨비에게 주먹다짐을 하고 있지 않은가? 그러고 있으니 형이

랑 명재도 달려들어 도깨비 방망이마저 뺏으려 한다.

도깨비는 이게 무슨 날벼락인가 싶었을 거다. 웬 조그만 녀석들이 쪼르르 달려오더니 괜한 주먹다짐에 자신의 보물 1호인 방망이까지 빼앗으려 덤벼드니, 이것들을 혼을 내야 할지 웃어 넘겨야 할지 자못 심각한 표정이다.

아니다. 현준이 입장에서 보면 자기는 아무 짓도 않고 지나가는데 웬 커다란 놈이 눈알을 부라리며 울퉁불퉁한 몽둥이를 들고 내려칠 기세를 하고 있으니 부아가 치밀었을 수도 있겠다. 형 기현이랑 명재도 힘없는 어린 동생이 도깨비랑 그렇게 대치하고 있으니 얼른 가서 도와야겠다는 생각이 들었을 수도…….

내가 다가가서 아이들을 다른 곳으로 가자고 떼어 놓을 때까지 도깨비는 작은 침입자들로부터 무방비 상태로 그렇게 당하고만 있었다.

그다음 아무 죄 없이 봉변을 당한 이가 또 있었으니 바로 산타할아버지다. 길 입구에 서 있는 할아버지를 본 순간 기현이가 단호하게 윽박질렀다.

"산타는 이 세상에 없어."

"맞아, 산타는 없어" 하면서 현준이가 또다시 달려들어 펀치를 날린다.

도깨비는 험악하게 내려다보고 있어서 그렇다고 치자. 긴 수염 휘날리며 세상에서 제일 너그러운 표정을 짓고 있는 산타할아버지는 이게 무슨 날벼락이냐고? 작년 크리스마스날 기현네를 찾아가서 선물을 주지 못한 대가를 이 시점에서 톡톡히 치르고 있는 산타할아버지다. 잘못하긴 하셨네. 선물도 안 주고 저렇게 인자한 웃음을 짓고 계시니 형제들이 화가 안 나겠어요?

황소 등 올라타기

황소 등 올라타기

계곡 따라 올라갔다. 아이들의 입에서 또다시 불평이 터져 나올 즈음, 뒷다리를 떠억 버티고 누군가를 곧 들이받으려는 황소 한 마리가 눈에 들어왔다. 그 포즈야말로 남자아이들에게 누군가와 싸워 이기고 싶은 저 밑바닥의 욕망에 불씨를 확 던지는 거다. 제일 먼저 기현이가 쪼르르 달려간다. 명재와 현준이도 뒤따른다. 버티고 있는 황소 다리를 꺾을 기세로 씨름을 한다. 내가 아이들의 경쟁심에 기름을 살짝 끼얹었다.

"등에 올라타서 찍어 눌러야 황소가 꺼꾸러지지."

말이 떨어지기가 무섭게 등에 기어오른다. 웬일인지 앞서던 기현이가 한발 물러나며 동생에게 자리를 양보한다.

"기현아, 넌 왜 안 올라가?"

"반바지가 땡겨서 올라가기가 힘들어요." 멀쩡한 반바지 타령이다. 덩치에 비해서 높은 곳을 무서워한다는 것을 알고 있는 터다. 지난봄에 우리 아지트 근처에 있는 고욤나무에 오를 때도 그랬었다. 그에 비해 동생 현준이와 명재는 냉큼 올라탔다. 황소 등에 올라타서 승리의 만세를 부르는 두 녀석을 보며 기현이는 슬그머니 길로 내려와 버렸다. 형 체면이 말이 아니다.

미키마우스랑 줄다리기

계곡을 빠져나와 산허리를 돌아 중간쯤에 있는 정자로 갔다. 그곳은 평평하게 닦아 놓아 놀기에 적당하다. 무엇보다도 비가 많이 내린 뒤라 계곡에는 모기가 많아서 도망 오다시피 했는데 그곳은 햇볕이 잘 들어서인지 모기가 한 마리도 보이지 않았다.

가지고 온 굵직한 밧줄을 던져 주니 바로 성별로 편을 갈라 줄다리기를 했다. 했다라고 하기가 좀 그렇다. 줄을 당기자마자 남자아이들이 바로 끌려와 버렸으니까. 도대체 힘 한번 제대로 써 보지 못하고 우르르 무너진다. 정우가 왔으면 나을 텐데 싶다.

할 수 없이 내가 남자 편에 가서 당겨 준다니까 모두 반대다. 자매팀은 자기들이 손해라고 반대하고 형제팀은 자존심에 반대를 한다. 1초도 버티지 못하고 앞으로 고꾸라지고도 싫다는 소리에 우습기만 하다.

힘의 균형이 맞지 않아 줄다리기는 포기하고 밧줄의 처음과 끝을 묶어 둥글게 만든 다음 간격을 맞추어 모두 잡게 했다. 밧줄에 의지하여 서로의 힘을 균형 맞추어 몸을 뒤로 젖혀 꽃송이를 만들게 했다. 명재는 자세가 제대로 나오지 않아 낑낑거린다. 그래도 최선을 다해 시도를 한다. 균형을 유지하며 앉았다 일어섰다를 해보았다. 잘한다 싶었는데 명재가 손을 놓아 버리는 바람에 그만 균형이 깨어지고 만다. 모두 뒤로 발라당 넘어지고 엎어져도 재미난 모양이다.

마음 모아 균형잡기

아이들은 밧줄 하나만 쥐어 주어도 잘 논다. 잠시 정자에 쉬고 있는데 형제들이 밧줄을 가지고 그 옆에 서 있는 미키마우스 상으로 가더니 엄지 척을 하고 있는 손가락에 밧줄을 걸고 당긴다. 이제까지 우리가 노는 모습을 보고만 있던 미키마우스는 힘 한번 써 보지 못한 채 조금 전의 남자아이들마냥 딸려 오고 만다.

아무도 찾는 이 없는 토요일, 산 중턱에 홀로 서 있다가 한 떼거리 아이들이 쫑알쫑알 찾아들어 자신이 서 있는 앞에서 노는 모습을 보며 얼마나 재미가 있었을까? 거기다가 명색이 사내놈들이 힘 한번 못 써 보고 앞으로 엎어지는 꼴을 보며 얼마나 웃기고 재미졌을까?

그 녀석들이 보복이라도 하려는 양 예고도 없이 가지고 놀던 밧줄로 자신의 손가락에 척 걸고는 줄다리기한다고 당겼을 때 아까 남자아이들처럼 똑같이 앞으로 엎어질 때의 마음은 어떠했을까? 참 궁금하다.

그렇게 노는 모습을 보는 이가 또 있었으니 바로 머루 송이들이다. 미키 옆에 자리한 비닐하우스를 담 삼아 타고 머루 덩굴이 자라고 있었다. 머루 알이 시끄러운 아이들 소리에 까만 얼굴을 빼꼼이 내밀고 구경하다가 그만 아이들에게 납치되고 말았다. 새까맣게 익은 머루 알은 낱낱이 색출되어 아이들의 입속으로

미키마우스랑 줄다리기

끌려 들어가고 말았다.

매처럼 먹이 사냥하기

두 소나무 사이에 널찍한 평상 하나가 들어왔다. 옳다꾸나! 저기로구나. 가지고 온 마끈을 이용하여 소나무에 손이 닿는 한 높이 빨랫줄을 맸다. 배고픈 하이에나처럼 재미난 놀 거리를 찾아 헤매던 아이들은 무얼 하나 싶어 얼씬거린다. 비스킷을 꺼내자 눈이 더욱 반짝인다.

"수석쌤, 뭐 하시게요?"

"응, 이 비스킷을 줄에 매달 거야. 너희도 이쪽으로 와서 실로 비스킷을 묶어 줄래?"

어떤 놀이를 할 것인지 말하지 않아도 알겠다는 표정이다. 그러고는 둥근 비스킷에 구멍을 판다. 그런데 무명실이 어찌나 튼튼한지 손으로는 잘리지가 않는다. 가위나 칼을 챙겨 오지 않은 것이다. 할 수 없이 삼신할머니가 주신 도구라도 사용할밖에…….

"어어~~, 이 실이 왜 이리 축축해요?"

"진짜로 심하게 축축하네~~." 뻔히 내가 무얼 사용했는지 알면서도 저리 너스레를 떤다. 그래도 더럽다 하지 않고 과자 묶기에 여념이 없다. 자기들도 다른 방도가 없음을 눈치챘거니와 이 재미난 놀이를 포기하기 싫었던 게다. 그렇지만 축축하든 말든 난 그 실을 열 토막으로 자르는 데 이가 다 빠지는 줄 알았다.

"푸하하, 심하게 축축하긴 하네."

실을 다 끊고 과자를 묶으려고 보니 내가 만져 봐도 심하다.

"얼마나 질겼으면 이랬겠노? 너거가 이해해라."

"수석쌤, 줄이 너무 낮아요."

"그냥 서 있어도 과자가 닿아요."

"그~래? 그러면 안 되지. 내가 더 높이 올려 볼게."

말은 그리했으나 내 키도 아이들보다 더 그리 크지 않아 까치발을 하고서 억지로 억지로 조금 더 올릴 수 있었다.

"어때, 이만하면 됐나?"

"네, 그 정도가 딱 알맞아요. 너무 올리면 뛰어도 안 닿을 것 같아요."

"그래, 이제는 너거 하나하나 키에 맞도록 실을 이용해서 높이를 모두 다르게 달아야 돼."

"네~~~~." 모두 거든다. 비스킷이 눈앞에 알짱거리면 한입 '왕' 깨물어 먹기라도 하건마는 아무도 입에 넣을 생각 않고 줄에 매달기에 바쁘다. 드디어 완성이다. 자기들이 보기에도 그럴싸한지 입이 귀에 걸린다.

"야~~, 멋지게 되었네. 자, 이제 자기 키 높이에 맞는 곳에 가서 서. 그리고 하나, 둘, 셋 하면 뛰어서 입으로 낚아채는 거야. 매가 먹이를 낚아채듯이. 손은 절

매가 되어 먹이 사냥하기

대 사용하면 안 돼. 열중 쉬어 하고 뛰자.”

구령에 맞추어 폴짝 뛰기는 하나 아무도 성공하지 못한다. 입에 닿기는 하나 낚아채지를 못한다.

“현준이부터 해봐, 현아가 줄 높이를 조금 낮추어 주고. 하나, 둘, 셋.” 역시 실패다. 명재도, 기현이도 도전했으나 모두 입술에 닿기만 할 뿐이다. 그러니까 딸내미들은 아예 도전할 생각도 않는다.

“그게 그렇게 안 되나? 그럼 각자 연습할 시간을 줄게.”

모두 폴짝폴짝 열심이다.

‘저렇게 운동 신경들이 없어서야……. 내가 시범을 보여야겠어.’ 아이들 연습하는 데 끼어 나도 뛰어 보니 진짜 안 된다. 입에 닿기는 하는데 그 찰나에 깨물어지지가 않는다.

“독수리나 매들은 먹이를 어떻게 낚아채는지 모르겠네. 진짜 어렵다, 그지?”

“도저히 못 하겠어요. 좀 더 낮추어 주세요.”

“그래, 더 낮추어서 이번에는 발돋움해서 입으로 먹기 하자.”

그렇게 낮추고서야 과자를 한 입 베어 물 수가 있었다. 모두 입으로 물어뜯어 먹고는 행복해한다.

“완벽한 성공은 못 했지만 이거 엄청 재미있어요.” 현아 말이다.

그래, 뭐 꼭 성공해야 되는 건 아니지. 이렇게 매가 되어 먹이 사냥하면서 다른 동물 입장이 한번 되어 보는 게 중요하지. 그러면서 다른 사람을 배려하는 마음도 길러지겠지.

‘얘들아, 오늘도 신나게 놀았으니 맛있는 점심 먹고 뽱야뽱야 배 두들기며 집에 가자꾸나.’

보조교사의 시선으로 바라보기

언제나처럼 일어나기 힘든 아침, 아빠의 방문 두드리는 소리에 "으~어어~~~" 하며 겨우 일어나 아침밥을 먹는 둥 마는 둥 하고는 그대로 다시 침대에 쓰러졌다. 엄마가 다시 부르고서야 고양이 세수를 하고 손끝에 걸리는 옷으로 갈아입었다. 화장하기도 귀찮았지만 억지로 마음을 추스려서 대충 찍어 발랐다. 엄마가 정신 차리라고 주는 모닝커피를 마시고 집을 나섰다.

면사무소 앞에서 모여 오늘의 목적지인 세아조각수목원으로 출발했다. 사실 여기도 지난번 금오산처럼 나에게는 초행이 아니다. 지난겨울에 가족과 왔었는데 그때는 정식 개장을 하지 않은 상태라 무료로 안에 들어가 둘러볼 수 있었다.

나는 이미 그곳에 있는 조각상이나 장식물을 봐서 대충대충 보면서 들어갔다. 풀밭 안쪽에 그네가 보여 타려고 달려갔다. 그런데 왜 그 사이에 거미줄이 보란 듯이 떡 쳐져 있냐구요? '으으…… 난 거미가 싫어.'

그때 풀밭에서 무언가가 톡 하고 튀어올랐다. 자세히 살펴보니 개구리였는데 정말 작았다. 아마도 이번 여름을 보내면서 막 개구리가 된 듯했다. 그래서인지 개구리를 만진 뒤 손에 스민 그 특유의 비린내도 전혀 나지가 않았다.

귀여워서 데려가고 싶었지만 이미 내 손에 잠시 올려놓은 것만으로도 개구리에게는 지옥의 열기를 느낀 것과 같았으리라는 걸 너무도 잘 알기에 손에서 뛰어내리자마자 작별 인사를 해주었다.

안쪽에는 덩굴장미가 길 따라 쭉 늘어서 있었다. 장미꽃이 너무나도 아담하고 귀여워서 사진을 찍지 않을 수가 없었다. 엄마는 아까부터 나뭇잎을 가지고 뭔가를 만들고 계셨는데 어느 순간 짠 하고 나뭇잎 배를 내 눈앞에 보여 주었다.

'그런데 왜 쎄한 느낌이 드냐고요? 그야 엄마가 시범으로 만들어서 보여 준다는 건 우리도 그걸 만들어 봐야 한다는 걸 알고 있기 때문이죠.^^'

역시나 예상대로 우리에게 조릿대 잎을 하나씩 쥐어 주시는 어무니. 조릿대 잎은 처음 손에 쥐었을 때의 느낌부터 남달랐다. 이건 단순한 나뭇잎 따위와는 차원이 다르다. 엄청 빳빳하고 거칠어서 마음대로 모양을 만들기도 어렵고 자꾸 손이 쓸려서 아팠다. 결국 엄마가 처음에 만든 샘플 말고는 제대로 만들어진 것이 하나도 없었다.

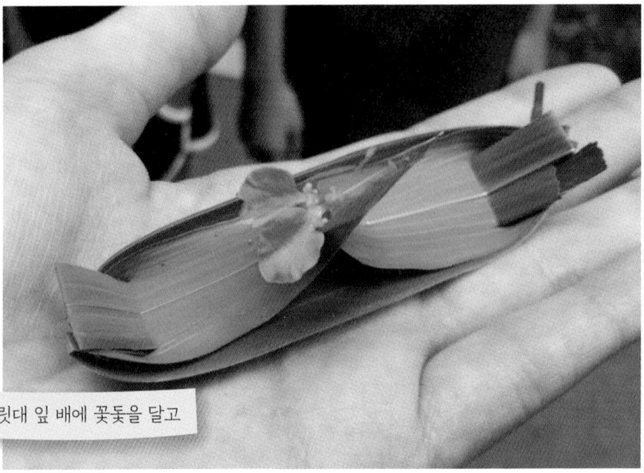
조릿대 잎 배에 꽃돛을 달고

수목원은 개장 전인 지난번에 왔을 때보다 더 엉성한 모습이 자꾸만 눈에 띄었다. 지난번에는 멀쩡하던 길이 웬 벽으로 막혀 있지를 않나, 숲으로 올라가는 길에도 나무며 풀이며 잘라 아무렇게나 던져 놓은 것 때문에 발이 푹푹 빠져서 다시 포장도로로 돌아가야 했다. 산 위 공터에 있던 쇠사슬로 만든 그네는 장식인가 의심될 만큼 처참하게 끊어져 대롱대롱 매달려 있었다.

아직도 준비 중이라면 당연히 돈도 안 받아야지, 이 정도로 해놓고 왜 입장료를 받냐며 엄마는 투덜거렸고 나도 그렇게 생각했다. 하지만 나나 엄마나 가서 따질 용기는 없어서 그냥 패스하고 말았다.

사실 엄마는 용기가 없다고 하기보단 그냥 그럴 마음의 여유가 없어서일 거다. 만약 정말로 그것 때문에 화가 났으면 당연히 따지러 가셨겠지. 그보다는 이후 진행할 숲 놀이에 골몰하느라 그러지 않으셨을 확률이 더 높다.

연인들이 타는 낮은 그네에서 떨어져 엉덩방아를 찧은 엄마가 진정된 후에 숲길을 올라갔다. 중간쯤에 벌거벗은 남녀의 조각상이 있어 진하게 감상 한번 해주고, 좀 더 위에는 황소가 나타나 오르막길의 고통을 잊게 해주었다. 휴대폰으로 군가를 들으며 평평한 숲길을 걸어가는데 넓은 공터가 나왔다. 정자도 있다. 그곳에서 쉬기로 했다.

우선 아침에 먹다가 남은 빵을 마저 먹고 주변에 서 있는 말과 사슴 마네킹을 구경했다. 마네킹이라 한 이유는 나무 조각상도 아니고 석상은 더더욱 아닌데 통통 치면 속이 비어 있는 걸 알 수 있고 그래서 명칭을 붙이기가 애매해서 그냥 마네킹이라 부르는 거다.

엄마가 가방에서 웬 밧줄을 꺼내셨다.

'엥? 밧줄로 할 수 있는 게임이라면 생각나는 건 딱 하나밖에 없잖아.'

"줄다리기?"

"줄다리기할 것은 아니지만 말이 나왔으니 해보자." 엄마 말이다.

"어…… 네……."

그렇게 해서 줄다리기 팀을 나누는데 뭐 제일 먼저 떠오르는 것은 성별 대결이다. 애초부터 힘의 밸런스가 맞지 않긴 했다. 그렇다고 엄마가 들어가면 밸런스가 더 크게 무너지기 때문에 일단 해보기로 했다. 있는 힘껏 잡아당겼다.

"엥……? 너네들 뭐니?"

눈 깜짝할 사이도 주지 않고 엉덩방아 대신 고추방아를 찧고 있었다. 정말로 단 1초도 넘기지 않았다. 우리가 이길 거라는 거야 뻔했지만 너무나 맥없이 끌려와서 김이 팍 샜다. 아직 애들이 힘 조절이 서툴러서라고 생각하며 다시 경기를 해보았다. 그래도 마찬가지였다.

'사내놈들이 이렇게 힘을 못 써서야, 원.'

잠시 뒤, 현준이가 나에게 1대1 대결을 신청했다.

'아니, 방금 두 번 다 져 놓고, 게다가 덩치 차이가 얼마나 나는데 나에게 도전을?' 하면서 솔직히 약간 깔보면서 들어갔다.

시작하자마자 뭔가 묵직한 힘이 느껴지더니 내가 끌려가고 있는 게 아닌가?

'서…… 설마 이 녀석 아까는 힘을 비축하면서 누가 가장 약한가 보고는 나를 딱 찍었다는 건가? 대단한걸. 만약 진짜 그렇다면 숲 체험을 데리고 다닐 게 아니라 소림사에 보내야겠어.

하지만 난 너처럼 꼴사납게 앞으로 고꾸라지지는 않는다! 그러니 본때를 보여 주겠어! 야아압!'

그후에도 진 게 용납이 안 되는지 자꾸만 재대결을 신청한다. 슬슬 귀찮아진 나는 은근슬쩍 명재와 맞붙게 해서 겨우 현준이의 말도 안 되는 경쟁심에서 벗어날 수 있었다.

이제 엄마가 원래 생각했던 놀이를 했다. 양끝을 묶어 원이 되도록 한 다음 우리에게 밧줄을 잡고 적당한 간격으로 둥글게 서라고 하셨다.

그렇게 서서 각자 두 손으로 밧줄을 잡은 상태로 엄마의 지시대로 행동을 취하면 되는 것이다. 동시에 앉았다 일어서기를 하거나 허리를 한껏 뒤로 젖혀서 꽃을 피우기도 했다.

누구 하나라도 힘의 균형을 잡지 못하면 다 같이 넘어진다. 힘의 밸런스를 잘 맞춰야 하는, 한마디로 지난번의 그 막대 이어받기 놀이랑 비슷하게 협동심을 기르는 놀이인 것이다. 지난번의 기억은 그다지 좋지 않았지만 이번에는 그때보다 훨씬 더 재미있었다.

이 밧줄 게임은 누구 하나가 장난치려고 일부러 손을 놓지 않는 이상 그렇게 우르르 넘어질 일도 없고, 무엇보다 상품도, 벌칙도 아무것도 걸려 있지 않으니까 더 가벼운 마음으로 즐길 수 있던 것 같다. 하지만 힘의 균형도 잠시였다. 한 사람이 아차 하는 순간 모두 와르르 넘어졌다. 몇 번 엉덩방아도 찧고 깔깔거리며 놀이를 마친 뒤 다시 쉬었다. 그것도 운동이라고 힘들었다.

짐을 챙겨서 내려가는데 이제 끝일 줄 알았건만 밧줄을 이용한 놀이는 아직 남아 있었다. 아래쪽에도 공터가 하나 있는데 단체 관람객들이 놀이를 할 수 있는 용도로 만든 공간 같아 보였다.

엄마는 새 놀이를 하려고 그러는지 공터에 있는 평상 위에 전을 펴셨다. 밧줄을 두 나무에 묶고 그곳에 과자를 주렁주렁 달아 손을 쓰지 않고 점프해서 입으로 낚아채 먹는 놀이란다.

과자는 중간에 구멍 뚫기 좋도록 되어 있는 것이라 나뭇가지로 살살 파서 실로 묶었다. 이 과자는 잘 부서지는 걸로도 유명해서 실을 묶는 데 엄청 조심해야 했다. 묶은 과자를 밧줄에 매달고는 본격적으로 놀이를 시작했다. 키 큰 나도 참여해서 기본적으로 밧줄을 높이 묶고 각자 키에 맞게 실 길이를 다르게 했다. 하다 보니 아이들에게 너무 높았다.

거듭되는 실패에 밧줄 높이는 점점 낮아지고, 어느덧 아이들이 그냥 폴짝 뛰기만 해도 과자에 닿을 수 있을 만큼이나 되었다. 나는 까치발만 하면 될 정도의 높이였다.

그런데 아무리 높이를 낮추어도 당최 먹을 수가 없다. 입에 닿기는 닿는데 그 타이밍에 입술이 과자를 딱 잡지를 못하니까 밧줄만 계속 흔들리고 그래서 더더욱 먹기가 힘들었다.

결국 엄마가 손으로 줄을 더 낮춰서 어떻게든 한 입씩은 먹게 하고서야 끝이 났다. 입질하는 과정에서 땅에 떨어진 과자 부스러기는 개미들이 먹도록 평상 밑으로 던져주고는 자리를 털고 일어났다.

중간중간 예쁜 꽃 사진을 찍으며 내려오니 한 바퀴를 빙 돌아 우리가 처음에 출발했던 주차장이 나왔다. 우리 차 말고는 아무도 없다고 엄마가 지그재그로 운전을 하여 우리 몸은 나뭇잎처럼 이리저리 나부끼며 이번 활동도 끝이 났다.

13회차

나의 미래를 보아요

9월 21일 금요일

내일은 무지개 13회차 숲 체험이 있습니다. 내일 올 때 각자 배낭에 물 한 병씩 넣어서 가지고 오도록 부탁드립니다. 아침에는 살짝 추울 수 있으니 겉옷 하나 챙겨 약속시간에 늦지 않게 보내 주세요. 참석 여부를 알려 주시면 더욱 감사하겠습니다.

기현, 현준 내일 참석합니다. 아빠가 못 해준 거 선생님께서 많은 도움 주심에 감사드립니다.

이렇게 한 분이라도 안내 문자에 대한 답을 주시니 다행이다. 일곱 남매 가정에서는 약속이나 한 듯, 한 번에 한 분씩은 "네"라는 답이라도 보내 주신다.

어떨 때는 서운한 마음이 들기도 했는데 기현 아빠의 이 두 문장은 정말 위로가 되었다.

9월 22일 토요일

모두 함께

기현네만 답장이 오고 추석 연휴 전날이라 한두 명은 빠질지도 모르겠다고 생각했는데 전원 참석이다. 거기다가 거의 제시간에 나와 주었다. 안내 문자 보낸 대로 배낭도 모두 메고 왔다.

대구에 있는 앞산공원에 가서 케이블카를 타고 산으로 올라갈 예정이다. 그곳에서 약 1킬로미터 남짓 떨어진 정상까지 걸어 올라갈 작정이라 각자의 배낭에 물을 챙겨 오라고 했었다.

더운 여름에는 될 수 있으면 실내를 찾거나 그리 힘들지 않은 곳을 가다 보니 아예 배낭조차 메고 오지 않아 간식을 나누어 주어도 넣을 곳이 마땅찮았었다. 제법 먼 산길을 가려면 안 그래도 힘들 텐데 다른 사람 몫까지 넣으면 무거울 테니 각자의 배낭이 있어야 한다.

대체로 준비 상태가 좋다. 반바지를 입고 오지도 않았고 너무 얇은 옷도 아니다. 하지만 결정적으로 정우가 슬리퍼를 끌고 온 것이 문제다. 안내 문자에 신발에 대한 언급을 하지 않아 살짝 걱정이 되긴 했지만 앞산공원 가는 줄 알고 있는 정우가 저리 슬리퍼를 끌고 올 줄은 몰랐다.

어쩌겠는가? 다시 집으로 돌려보내기는 너무 늦다. 그래도 정우는 태권도로 다져진 몸이니 괜찮을 것 같아 그냥 가기로 했다. 다 내 잘못이다. 정우는 엄마와 떨어져 살고 있고 할머니도 아프셔서 누가 챙겨 주기도 어려운데 말이다. 좀 더 세밀하게 챙겼어야 했는데.

케이블카를 타고

앞산공원 케이블카 주차장에 도착했다. 그런데 주변 분위기가 웬지 썰렁하다. '설마 케이블카를 운행 안 하는 건 아니겠지?' 갑자기 불안이 엄습해 온다. 차를 대자마자 탑승권 매표소로 달려갔다. 문이 안 열린다. 허걱! 아이들도 당황스러운 기색이 역력하다. 다른 문이 있나 이리저리 찾아봐도 없다.

"토요일에 운행 안 하는 게 말이 돼?"

"그러게요?"

"여기 보니까 운행은 하는 것 같은데요? 아직 시간이 안 되어서 그런가 봐요. 10시 30분에 첫 차가 운행된대요." 딸내미 말이다.

"에효~~, 다행이다. 미안해, 내가 미리 알아보고 왔어야 하는데."

운동기구가 설치되어 있는 곳으로 가서 놀다가 주변에 있는 숲에서 버섯도 구경하면서 시간을 때우고 드디어 케이블카에 몸을 실었다.

'케이블카를 타고 올라가면 아이들은 얼마나 신기해할까? 또 정상에 내려서 대구 시내가 한눈에 들어오면 어떤 환호성을 질러댈까?'

이런 나의 환상은 케이블카에 발을 딛는 순간 삐걱거리기 시작했다.

"수석쌤, 무서버요. 안 탈래요." 용민이가 무섭다고 엉덩이를 빼기 시작한다. 다른 아이들도 썩 황홀해하는 표정이 아니다. 다행히 두려움을 가득 입에 물고도 멈칫거리며 케이블카에 몸을 실었다. 덜컹거리며 정상을 향해 올라가는 케이블카 안에서 산 아래를 내려다볼 때 생각보다 환호성은 지르지 않았지만 그래도 신기해했다.

케이블카를 타고

세상이 우리 발 아래인데

케이블카 문이 열리고 아이들 눈에 대구 시내가 한눈에 들어오고부터 연아도 무섭다고 오금을 바로 펴지 못하는 게 아닌가?

'이게 아닌데…….'

"얘들아, 이렇게 너른 길이 있는데 뭐가 무서워. 하나도 위험한 거 없으니까 걱정 마."

"무서우니까 무섭다고 하지. 그게 마음대로 돼요?" 딸내미 말이다. 참 기운 빠지는 소리다. 아무리 아이들이지만 이런 곳이 무섭다는 게 말이 되는 소리냐구?

"여기 봐! 조금이라도 위험하다 싶은 곳은 이렇게 데크가 설치되어 있어서 아무 문제없어." 숲선생님이 응원하고 나섰다.

"여기까지 올라왔으니 멋있는 경치도 한번 보고, 사진 찍어서 엄마에게 자랑

세상이 내 발 아래

도 해야지." 그 말에 마음이 동하는지 움직이기 시작한다. 다행히 정우, 기현, 현준이가 앞에서 치고 나가니까 무서워하던 용민이, 연아도 살금살금 따라온다.

케이블카 탑승장에서 앞산 정상까지 1킬로미터 남짓 거리다. 최소한 그 정도는 다녀오자고 달랬다. 하지만 조금의 경사로가 나타나기만 해도 투덜투덜댄다.

"이리 가면 케이블카 타러 가는 곳이에요?"

"죽을 것 같아요. 그만 가면 안 돼요?" 이미 앞선 정우는 슬리퍼 끌고 날아갔는지 보이지도 않고 뒤처진 아이들은 끌려오다시피 한다. 제일 처진 사람은 바로 딸내미다. 오르막을 유난히 힘들어한다.

'애고, 저놈의 저질 체력…….' 화가 슬금슬금 차오르는 게 느껴진다. 내 나름이 프로그램을 운영하며 버럭 성질을 내지 않겠다고 다짐을 하였건만 조절이 되지 않는다.

'앞에 간 놈들은 좀 기다려 주면 좋을 텐데……. 쉬엄쉬엄 놀이라도 하고 가면

덜 힘들 텐데.' 저렇게 앞서가 버리니 중간에 제대로 쉬지도 못하겠다.

길옆으로 대구 시내가 한눈에 내려다보이는데 여유있게 한번 보지도 못하고 아이들 투덜거림을 들어주자니 마구 짜증이 솟구친다.

'저 멋진 경관을 함께 보며 감탄 좀 해주면 좀 좋아?' 다음에는 절대로 높은 곳에 데려오면 안 되겠구나 싶다. 그렇게 그렇게 앞산 정상에 도달했다.

더 이상은 못 참아

정상 기념사진 한 컷 남기기도 어렵다. 어찌어찌 다 같이 한 번 찍고 아이들에게 이야기했다.

"가다가 계단 아래에서 놀이 하나 하고 가자. 놀이에서 미션을 성공하면 맛있는 팥빙수 사 줄게."

내 꿈을 펼치며

내려갈 때는 쉬엄쉬엄 놀면서 가야겠다 생각하며 뒤처진 아이들을 앞세우고 맨 뒤에서 내려갔다. 앞서가는 아이들이 보이지 않아 불안했다.

"얘들아, 정우보고 계단 아래에서 기다리라고 말해." 큰 소리로 앞에 있는 아이들에게 전달했다. 전달 받은 아이들은 고함을 질렀다. 지나가던 아저씨가 말을 건넨다.

"이미 저만치 내려가서 소리 질러도 안 들릴걸요. 한참 앞에 내려가던데요."

'그럼 여기 와서 아무것도 안 하고 그냥 덜렁 내려간다구? 그건 아니지.' 정우에게 전화를 했다. 신호음만 갈 뿐 받을 기미가 없다.

"정우, 휴대전화 안 가져왔나?"

"가져왔는데요?" 결국 그렇게 아무것도 하지 못한 채 케이블카 탑승장이 보이는 곳까지 내려왔다.

"현아 누나 울어요." 이건 또 무슨 소린인가?

"현아야, 왜 그래? 힘들어서 그래? 그러니 중간에서 놀다가 쉬엄쉬엄 오면 좋았을 텐데 쉬지도 않고 내려오니까 힘들 거야. 여기서라도 앉아서 좀 쉬자."

이렇게 그냥 케이블카를 타고 내려가는 것은 아니다 싶다. 그만 참고 참았던 나의 성질이 폭발하고 말았다. 승강장에 내려가 있는 아이들도 불러올려서 등산로 한쪽 의자에 모두 앉혔다.

"난 아무리 생각해도 너희가 이렇게나 끙끙거릴 정도로 이곳이 힘든 코스는 아니라고 생각해. 지난번 갔던 금오산 거리와 비교해도 더 멀지도 더 오르막도 아니야. 너희 마음가짐에서 힘든 것은 하기 싫다 생각하니까 몸이 더 힘든 거야. 조금 힘들어도 모두 즐거운 마음으로 서로 격려하며 그렇게 가야지. 여기저기서 힘들다고 투덜거리니까 더 힘들게 느끼는 거야.

정우 너도 그래, 네가 체력이 좋으면 힘든 친구들 끌어주며 가야지. 혼자 휑하고 가 버리니까 다른 친구들은 쉬지도 못하고 따라가야 하잖아. 서로 도우면서 가면 좀 좋아?

너희 뭐 하러 여기 나오는데? 그저 간식 먹고 맛있는 점심 먹으러 따라다니는 거야? 지금이라도 싫으면 그만둬. 억지로 끌고 다닐 생각 없으니까."

마지막 말은 안 했으면 좋으련만 이미 나의 뇌는 조절 능력을 잃어버린 지 오래다.

그렇게 있는 성질 없는 성질 다 뱉어 내고는 내려오는 케이블카에 몸을 실었다. 밖의 경치가 눈에 들어오겠는가? 고개를 숙이고 화를 삭이고 있는데 기현이가 옆에서 안절부절못한다. 애써 못 본 척했지만 어떻게 내 화를 풀어 줄까 안달하는 기척이 느껴진다.

무슨 말이라도 붙일 양이면 꼭 청개구리처럼 행동하던 아이다. 그런 기현이가 강아지 뭣 마려운 것마냥 내 옆에서 안절부절못하는 모습을 보니 머리끝까지 차 있던 화가 어느새 눈 녹듯이 사라져 버렸다. 그래도 바로 헤헤거리면 체면이 말이 아닐 것 같아 최대한 말을 아끼며 무게를 잡았다.

경찰이 명재 잡으러 온대요

앞산공원에서 빠져나오는 길에는 무슨 행사가 있는지 신호등마다 차가 줄을 서 있었다. 여기저기 경찰들이 좌악 깔려서 수신호로 차량을 통제한다. 대구의 모든 시민들이 몰려나와 우리를 배웅하는 듯하다. 그것도 부족해 경찰 오토바이 두 대가 이상군 바로 뒤에 밀착하여 호위까지 하고 나서는 게 아닌가? 이건 마치 우리가 국빈 대접을 받고 있는 기분이 들 정도다. 현아와 연아는 오토바이 타고 따라오는 경찰들이 멋있다고 뒤로 돌아앉아 사진을 찍어 댄다.

그런데 명재는 상태가 심각하다. 경찰 오토바이 두 대가 우리 차에 붙어 서자, 그때까지 안전벨트를 하지 않은 게 생각이 났는지 부리나케 잡아매며 안절부절못하고 있다.

"아이 씨~~ 안전벨트 좀 안 했다고 사람을 이렇게 잡으러 오냐? 수석쌤, 안전벨트 안 하면 어떻게 돼요?"

"글쎄~~ 벌금을 내야 할걸."

"수석쌤이 안전벨트 하라고 했어야죠. 난 몰라요. 수석쌤이 책임져요."

"네가 안 맸는데 내가 왜 책임지냐? 난 이렇게 딱 매고 있는데?"

"그럼 저 경찰들을 따돌려요."

"명재 잡으러 저렇게 두 대나 붙었는데 내가 우찌 따돌리겠노?"

정말 잡으러 온 것처럼 한참 우리를 따라왔다. 연신 사이드미러를 내다보며 경찰들이 보이지 않을 때까지 명재는 그렇게 안전벨트 매지 않은 대가를 톡톡히 치러야 했다.

"휴우~~ 이제야 따돌렸네. 수석쌤 고마워요."

"그런데 명재야~~. 너 오후에 고모가 아들 낳았다고 할머니, 할아버지랑 다시 대구 병원에 온다고 하지 않았나? 그때 또 경찰이 잡으러 올 텐데 우짜지? 걱정이네."

"아이~ 그렇네요. 그러면 가지 말까?" 심각하게 고민하는 명재다. 그렇게 밀린 시내를 빠져나오며 명재 덕분에 웃을 수 있었다.

드디어 지체 구간을 탈출하여 이상군이 제 능력을 발휘하며 시원스럽게 달리자 뒤에 타고 있던 딸내미 셋은 누가 먼저랄 것도 없이 좌우로 고개를 떨군다. 곧이어 재잘대던 명재도 바람에 사시나뭇잎 흔들리듯 이리저리 흔들어댄다. 모르긴 해도 이제부터 명재는 차를 타면 안전벨트부터 챙겨 맬 것이다.

'얘들아, 오늘 수석쌤이 너희에게 성질내서 미안해. 난 너희가 높은 산에 올라 발 아래 도시를 내려다보며 성취감을 맛보았으면 싶었어. 그리고 그곳에서 각자 자신의 미래를 꿈꾸어 보길 바랐는데 그러지 못해 화가 났던 거야. 이해해 주렴.'

보조교사의 시선으로 바라보기

오늘은 일곱 남매가 모두 와서 참 복작복작했다. 지난여름에 해먹도 설치해 주고 물놀이 때에도 많은 도움을 주셨던 숲선생님께서 오늘도 동행을 해주셨다. 숲선생님의 도움이 꼭 필요한 이유가 있다. 노쇠한 몸으로 항상 우리 일곱 남매들과 나와 엄마를 태우고 다니던 이동군, 아니 이동옹께서는 이제 먼 거리를 가기에는 힘이 부치기 때문이다. 정확하게 말하면 우리가 불안해서다.

그래서 먼 곳은 새 차인 동생 이상군이 수고를 해줘야 했는데 안타깝게도 5인승이라 우리를 다 태울 수가 없다. 설령 다 탄다고 하더라도 상군이를 지극히 아끼는 아버지께서, "거따 얼라들 태우다가 기스라도 나거나 안이 엉망진창되뿌면 가만 안 있을 끼다." 이러시는 바람에 선생님 차에다 명재를 뺀 남자아이들을 태웠다.

명재는 상군이 앞자리에 태우고 현아, 연아랑 내가 뒷자리에 타게 되었다. 명재의 쉼 없는 조잘거림과 엄마의 맞장구까지 더해서 평소와 다를 바 없는 소음의 고통 속에 대구 앞산 케이블카 주차장까지 쭉 달려왔다.

우리 가족끼리 왔다면 거의 앞산 초입부터 걸어 올라왔을 것이다. 하지만 케이블카 타는 곳까지 차를 타고도 한참을 올라왔으니 아마 아이들을 데리고 걸어왔다면 이미 다들 파김치가 되었을 거다.

다행히 케이블카를 타는 것은 이미 예정되어 있었고, 남자아이들은 차에서 내리자마자 신이 나서 매표소로 달려갔다. 그런데 아직 매표 시간이 안 되어서 기다려야 했다.

마침 근처에 각종 헬스 기구를 모아 놓은 공터와 그 위쪽으로 벤치도 있어 시간이 될 때까지 놀면서 기다리기로 했다.

남자애들은 모두 운동기구로 몰려갔고 우리는 위쪽 공터로 올라가 보니 산의 흙바닥 그대로 벤치만 세워둔 곳이라 이곳저곳에서 다양한 버섯이 피어 있는 것을 볼 수 있었다. 이제 여름도 다 지나 날씨도 선선하고 비도 가끔씩 내려 주니 딱 버섯이 피어나기 좋은 조건인 것 같다.

남자아이들이 도통 이쪽으로 올라올 생각을 않아 데리러 갔다. 힘도 없는 녀석들이 운동기구의 무게 추를 직접 설정해야 하는 것도 모르고 한가득 얹혀 있는 걸 끌어올리려고 용을 쓰고 있었다.

한 기구에 다들 달라붙어서 끙끙거려도 움직일 생각도 않는다. 아이들이 다칠까 봐 그만하라고 해도 내 말은 씨알도 안 먹힌다. 마침 그곳에서 운동하고 있던 우람한 형님들께서 "그카다 다친다" 한마디 하니 그제야 슬슬 물러 나는게 아닌가?

매표 시간이 가까워져 매표소로 쫄랑쫄랑 내려갔다. 표는 끊었지만 탑승시간까지는 몇 분 남아서 대기실에서 조금 더 기다렸다. 그런데 아까부터 현준이가 뭔가를 가지고 꼼지락거리더니 완성품을 떡 하니 내밀었다. 김밥을 쌌던 은박지랑 나무젓가락으로 사람을 만든 것이다.

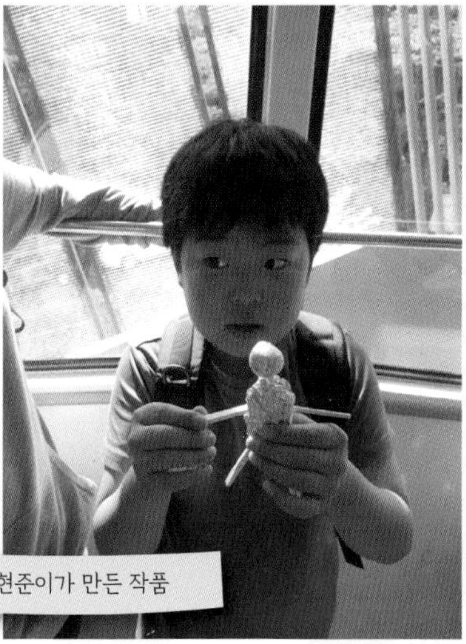

현준이가 만든 작품

드디어 케이블카에 탑승했다. 우리뿐만 아니라 다른 사람들도 꽤 많이 함께 탔다. 좀 비좁긴 했지만 정말 오랜만에 타는 케이블카라 한껏 들떴고 아마 처음 타 본 것일 수도 있는 아이들도 마찬가지였을 것이다.

하지만 들뜬 것도 잠시, 어쩐지 점점 더워지기 시작했는데 마침 안내하시는 분이 어깨 너머로 쓰윽 오더니 창문을 열어 주셨다. 들어오는 시원한 바람을 맞으면서 고공 행진을 즐기고 있는데 덜컹하고 멈춰 섰다. 출발한 지 10분도 채 안 된 것 같은데 벌써 끝났다.

아쉬움을 뒤로하고 밖으로 나와 위로 걸어서 올라갔는데 세상에나, 엄청난 계단에다가 오르막길이 눈앞에 떡 하니 펼쳐져 있었다. 보기만 해도 막막해지는 이 길은 나뿐만 아니라 아이들의 얼굴에도 싫은 기색이 역력하다.

이 이후는 정말로 뭐라고 써야 할지 모르겠다. 그만큼 계속 산을 오르고 또 오르기만 해서 체력이 땅거지인 나는 몇 번이고 앉아 쉴 곳만 찾았고, 아이들도 마찬가지로 너무나도 힘들어했다.

게다가 연아는 조금 탁 트여서 주변 모습이 보이는 곳이면 어김없이 "무서워!"를 연발했다. 아마도 고소 공포증이 살짝 있는 것 같았다. 하산할 때 보니 계단으로 잘 만들어진 내리막길이 아니면 많이 무서워하는 모습을 보니까 예전의 나를 보는 것 같아 엄청난 동질감이 느껴졌다.

무슨 말이냐 하면, 딱히 높은 것에는 공포감이 없는데 내리막길에서 발을 디딜 때 뭔가 안전하지 않을 것만 같은 곳은 굉장한 두려움이 느껴져 부모님과 등산하러 갈 때면 어김없이 나 때문에 시간이 지체되곤 했었다.

지금도 여전히 발이 푹 꺼질 것같이 생긴 흙바닥은 좀 무섭다. 그래도 그나마 많이 나아지긴 했다. 그런 곳만 아니면 이제는 내리막길은 펄펄 날아다닐 수준이다. 대신 반대로 오르막 오르는 게 굉장히 힘들어졌다. 하도 운동을 안 해서.

어쨌든 어떻게든 목적지까지 다 오긴 했다. 엄마는 그곳에서 다 같이 할 만한 게임을 몇 가지 준비해 오셨던 것 같다. 그런데 아이들 반응이 영 아니다.

남자애들은 빨리 내려가기나 하자고 하며 힘들어 죽겠다고 아예 대놓고 찡찡거렸다. 현아랑 연아도 말은 안 하지만 남자애들 하는 말에 작게 끄덕이며 그러고 싶다고 무언의 신호를 보내고 있었다.

엄마가 난감해하면서 "내려가서 팥빙수 사 줄게" 하며 설득해 보았다. 이미 내려가자는 의견으로 분위기가 모아진 상태에서 그 말이 먹힐 리가 없었다. 심지어 그렇게나 먹을 걸 좋아하는 기현이와 정우마저 거절할 정도였으니 말 다했지, 뭐…….

결국 어쩔 도리 없이 목적지에 온 지 10분도 되지 않아서 다시 온 길을 그대로 되돌아서 하산을 했다. 내려가는 길은 아까 말했던 연아가 무서워하는 그러한 길이 드문드문 있었다. 때문에 벌벌 떨면서 엄마의 손을 잡고 내려오는 연아를 보고 있자니 옛날의 나를 보는 듯하다.

딱히 연아뿐만 아니라 다들 아직 충분히 쉬지 못한 상태에서 하산하는 것이라 목조 계단 부분을 제외하면 내리막길도 쉽지 않았다. 넘어지지 않기 위해서 다리에 힘을 팍 주고 걸어야 했다.

그런데 정우 혼자 휑하니 내려가 버렸다. 우리가 같이 가자며 좀 멈추라고 위에서 아무리 외쳐도 계속 가더니 이내 시야에서 사라져 버렸다. 결국 우리는 정우를 찾으려고 내려오는 도중에 한 번도 쉬지 못하고 본인들 페이스보다 더 빨리 내려오다가 결국 일이 터져 버렸다. 사고가 났다거나 그런 건 아니다.

아까부터 내리막길이 무서워서 덜덜 떨던 연아보다 씩씩하게 잘 올라가고 잘 내려오던 현아가 갑자기 울음을 터뜨린 것이다. 왜 그러냐고, 무슨 일인지 물어 보니까 다리가 너무 아프고 힘들다고 한다. 아이고…… 나는 물론 아무도 예상치 못했던 일이었기에 현아가 진정될 때까지 옆에서 달래 주고 조금 기다리면서 우리도 쉬기로 했다.

사실 거기에서 조금만 더 내려가면 케이블카를 타는 곳이었는데 사정상 내려갈 수도 없다. 다른 남자애들이 정우를 불러 보았지만 여전히 대답이 없었다. 아무리 그래도 자기 혼자 케이블카를 타고 내려가지는 않았을 텐데. 조금 지나자 현아가 울음을 그쳤고 다시 내려와서 케이블카 탑승장까지 도착해서 드디어 정우를 찾았다.

그런데 엄마가 무서운 목소리로 우리들을 다 불러모았다. 다른 사람들도 깜짝 놀라 뒤돌아볼 그런 톤으로 일장 설교를 하기 시작했다.

"너희들 행동이 너무나 제멋대로 아니냐? 그렇게 힘든 코스도 아니구만. 참을성도 없고 다 함께 행복한 숲 체험 하자고 하는 건데 협동심이라고는 눈꼽만큼도 없고 투덜대기나 할 거면 다음부터 나오지 마."

솔직히 맞는 말이긴 한데, 얘네들이 조금만 힘들면 찡찡댄 것이 하루 이틀도 아니고 거의 내내 그래 왔는데 이제 와서 갑자기 이렇게 화낼 만한 일인가?

제일 잘못한 사람은 정우 하나뿐인데, 다들 싸잡아 그렇게 탁 트인 곳에서 선생님이랑 다른 사람들도 보고 있는데 이렇게나 심하게 혼나야 하나 싶었다. 게다가 현아랑 연아까지 같이 혼난다는 것도 조금 그렇다.

그러나 지금은 현아, 연아도 한두 번씩 불평불만을 내뱉은 상황이라 아주 억울하다고 말할 상황은 아니다. 그렇지만 생리적으로 너무 무서워서 자기 몸이 떨리는 거랑 울 만큼 힘들다고 하는 것을 단지 정신력 문제로만 치부하는 것은 좀 아닌 것 같다. 결국 일이 이 사태까지 왔으니 오늘 더 이상 활동하는 건 무리라서 다시 케이블카를 타고 내려왔다.

대구 어디에선가 축제가 있는지 차가 엄청 밀려서 기다리고 기다렸다. 남자애들을 태운 숲선생님 차는 잘 빠져나가 먼저 도착했다고 한다. 이상군에 따고 있던 우리는 신호 대기에 지쳐 그냥 깊은 잠에 빠져 버리고 말았다. 겨우 도착해서 비몽사몽으로 밥을 먹고 헤어졌다.

14회차

정정 당당 겨루어요

10월 9일 화요일

유치원에서는 숲 체험 프로그램이 활성화되어 있다. 아이들에게 숲 활동이 미치는 효과는 이미 많은 학자들의 연구 결과에서 입증되었다. 전국적으로 많은 유아숲체험원이 운영되고 있어 유아들에게 숲 활동을 할 수 있는 기회를 제공한다.

그런데 아직까지 초등학생들이 숲 체험을 할 수 있는 프로그램은 다양하지 않다. 간간이 있기는 한데 그 하나가 산림청 산하 청소년단체인 한국숲사랑청소년단이다. 칠곡군 농림정책과에서 산림청에 예산 지원을 받아 관내 한국숲사랑청소년단이 있는 학교에 '찾아가는 숲학교'라는 프로그램으로 산림복지전문가 세 분을 고정적으로 학교에 보내 주어 전교생이 숲 체험을 할 수 있게 하고 있다. 그 혜택을 우리 학교에서 톡톡히 누리고 있는 중이다.

또한 칠곡군에서는 지난해에 이어 한국숲사랑청소년단을 대상으로 지난 토요일에 '숲으로 가자' 행사를 추진하려고 계획했었다. 그런데 때아닌 10월에 태풍 콩레이가 들이닥치는 바람에 급하게 일정을 변경하여 실시했다.

우리 무지개 일곱 남매 중 정우만 빼고 모두 참가했다. 작년에는 11월에 진행해서 무척 추워 혼났는데 올해는 숲 활동하기 딱 좋은 날이다. 두 번째 진행이라 그런지 아이들의 수준과 흥미에 맞게 프로그램이 수정되어 아이들도 무척 즐거워했다. 다른 지역 자치단체에서도 학생들이 숲 체험을 할 수 있는 여건을 조성하는 데 관심을 가져 주면 좋겠다.

10월 13일 토요일

행복 빵 연구소

매 회차마다 간식을 무얼 먹일지 고민이다. 처음에는 아침 겸 간식으로 김밥을 준비했었다. 그것도 한두 번이지 자꾸 먹으니 질려하고 명재나 용민이는 거의 먹지 않아서 다른 간식으로 교체해야 했다.

간식을 고를 때는 여러 가지를 고려해야 한다. 예산 안에서 아이들의 건강에 해롭지 않고 적당한 요기가 되는 것이어야 한다. 또한 대부분의 아이들이 좋아하는 것이어야 한다.

이러한 기준으로 골라 보지만 결과는 번번이 실패한다. 한마디로 아이들의 취향에 빗나간다. 이럴 때는 세대 차이를 절감한다. 오늘 간식 선택도 쓴맛을 봐야 했다. 차 안에서 간식 꾸러미를 내밀며 "초코파이 2개, 생수 1통, 비피더스 요구르트 1통, 치즈스틱은 적당한 개수로 나누어 주렴" 했으나 받아든 현아의 첫 마디, "전 초코가 들어간 건 안 먹어요."

이어 연아도, 뭐든 잘 먹을 것 같은 정우조차 초코파이는 안 먹는다고 한다.

내가 초코파이를 고를 땐 최소한 싫어하는 아이는 없을 줄 알았다.

내 알람 전화를 받고 일어났다면 분명히 아침도 안 먹었을 아이들에게 초코파이를 외면당했으니 난감하기 이를 데 없다.

'이 일을 어쩐다.' 고민하며 오늘의 목적지로 이동군을 몰았다. 그런 내 눈에 번쩍 들어온 간판이 있었으니 바로 '행복 빵 연구소'이다. 시골 동네에 빵집이 있다는 것도 믿기지 않았지만 빵집 이름도 참으로 멋들어지다. 우리에게 딱 맞는 이름이 아닌가?

아이들을 내리게 하여 먹고 싶은 빵을 직접 고르게 했고, 오늘의 간식으로 선택된 초코파이는 팽을 당하고 말았다.

태정태세문단세 공자왈 맹자왈

오늘의 목적지는 세종대왕자 태실이다. 사적 제444호인 그곳은 세종대왕의 아들 중 문종을 제외한 모든 왕자의 태실과, 단종이 원손으로 있을 때 조성된 태실 등 19기가 모여 있는 곳이다. 우리나라에서 왕자 태실이 군집을 이룬 곳은 여기가 유일하다고 한다. 조선 초기 왕실은 국왕과 왕자들의 태를 전국 각지의 길지에 묻고 왕권 안정과 번영을 기원했는데 이를 태실이라 했다.

태실 자리는 주로 엄마 배 속에 아기가 있는 형상인 곳을 택한다고 들었다. 이곳도 그러한 태봉 형상인 곳이다. 선석산(서진산)이 병풍처럼 감싸고 그 가운데 봉긋 솟은 양지바른 곳이다.

가는 길에 아이들에게 목적지에 대한 설명을 해주려고 먼저 세종대왕님부터 모셨다.

"우리가 가는 곳은 세종대왕 아들들의 태를 묻은 곳이야."

"나 옛날에 그곳에 가 봤어요." 정우 말이다.

"너희들, 태가 뭐야?" 잘 모르는 눈치다.

"태는 아기가 엄마 배 속에 있을 때 아기를 보호해 주는 태반과 엄마에게서 영양분을 공급받는 탯줄을 일컫는 말이야. 너희 배꼽 있지? 그곳이 바로 엄마와 연결되어 있던 탯줄을 자른 자국이야. 아기가 태어나고 나서 조금 뒤에 그 탯줄에 달려서 태반이 나오거든. 왕자들의 태니까 얼마나 소중하게 다루었겠어? 그래서 전국에서 명당을 찾아 묻었대.

세종대왕이 조선 몇 대 임금이지?"

"하이고~~~ 저는 역사에 약해서. 3대인가?"

"2대?"

"그럼 모두 다 따라해 봐. 태정태세문단세."

"태종태래탤래래." 정우가 장난처럼 읊조린다.

"태. 정. 태. 세. 문. 단. 세." 천천히 몇 번을 반복하고서야 제대로 따라한다. 잠깐 동안 문종과 그의 아들 단종, 수양대군 이야기를 들려주었지만 차라리 소귀에 경을 읽어 주는 게 나을 지경이다.

성주 하면 참외가 떠오르듯이 가는 길은 온통 비닐하우스 천지다. 이미 올해 농사는 마무리하고 내년 농사를 위하여 준비 중이다. 여기저기 황토와 거름 무더기가 쌓여 있다. 지나는 곳곳에서 거름 냄새가 풍겨와 아이들의 원성이 메아리 되어 퍼져 나간다.

그렇게도 기세를 떨치던 여름은 어디로 갔을까? 하늘은 푸르고 구름은 친구들과 떼 지어 몰려다닌다. 은빛 비닐하우스 사이사이에서 황금 물결이 일렁인다. 가을은 어김없이 우리 곁으로 다가왔다.

태봉, 마음 치유 최고봉

드디어 태실이다. 난 이곳이 너무 좋다. 우선 주차장 한 모퉁이에서 어묵 파는 아주머니의 고상함이 좋다. 한쪽 다리가 불편한 분이지만 왠지 모를 편안함이 묻어 나오는 분이다. 오늘도 여전히 그 자리를 지키고 계셔서 마음으로 반갑다.

어느 겨울날 어묵 솥에선 김이 모락모락 피어오르고, 그 아래에 쪼로니 웅크리고 앉아 햇볕을 쬐고 있던 고양이 다섯 형제가 아른거린다. 그들은 보이지 않지만 그때의 평온함이 먼저 달려와 나를 맞이한다.

태실로 오르는 길은 한 발, 한 발 내딛는 것이 아깝게 느껴질 정도다. 비스듬히 굽은 돌계단은 언제와도 산뜻한 느낌이며 주변 솔숲의 운치는 나도 모르게 카메라 셔터를 누르게 한다. 아름드리 소나무들은 방문하는 손님 모두에게 아낌없이 신선한 피톤치드를 선물한다. 우리 무지개 일곱 남매에겐 덤으로 솔방울까지 내어 준다.

태봉에 오르면 앞줄 11기, 뒷줄 8기 모두 19기의 태 무덤이 비석과 함께 나란히 두 줄로 늘어서 있다. 수양대군이 단종의 왕위를 빼앗은 뒤 이를 반대한 안평대군, 금성대군, 한남군, 영풍군, 화의군의 태 무덤과 비석을 산 아래로 던져 버려 5기는 터만 남아 있다. 그러면서 본인의 태실은 다른 분 것과는 달리 가봉비까지 세워 놓았다. 예나 지금이나 참 얄궂은 일들이 어디 한두 가지일까마는 비

태실 가는 길에 행복한 일곱 남매

어 있는 자리를 보면 슬픈 생각이 드는 건 나이 때문일까?

똥꼬에 솔방울 끼워 달리기

일곱 남매들은 그런 것 따위에는 관심 없다. 태실의 자리가 엄마 배 속에 아기가 있는 형상인 태봉의 모습과 세종이 낳은 자녀 수가 18남 4녀라는 정도에 잠시 솔깃할 뿐이다. 그래도 비어 있는 자리가 어색한지 이유를 물어 온다. 설명은 듣는 둥 마는 둥 한다.

돌계단을 오르며 길 옆에서 주워 온 솔방울을 가지고 놀이를 시작했다. 첫 번째 놀이는 솔방울 구슬치기다. 일단 편을 갈랐다. 내 마음대로 편을 가르면 분명히 불만을 쏟아낼 것이므로 복불복으로 편을 나누었다. 솔잎을 뜯어 4개는 짧게, 4개는 길게 하여 뽑도록 했다. 내가 보기엔 딸내미 편이 운동 신경이 부족한 아이들이 많은 듯한데 길고 짧은 것은 대 봐야 할 일이다.

데크 위에서 해야 하는 관계로 금 긋기가 마땅치 않아 손수건을 깔고 그 위에 솔방울을 모두 모았다. 그중 커다란 솔방울 하나씩 들고 2미터 정도 떨어진 곳에서 던져 튕겨 내면 된다. 예상과 다르게 딸내미 팀이 이겼다. 정확하게 맞히는 것이 더 중요한데 정우 팀은 힘을 주어 많이 튕겨 내려고 하다 보니 결과가 좋지 못했다.

다음은 모자에 솔방울 던져 넣기를 했다. 이 놀이는 구슬치기보다 성공률이 높았다. 개인별로 5개를 던져 4개가 들어가면 성공이다. 상금 1천 원을 거니 아이들의 의지는 하늘을 찔렀다.

이번에는 솔방울을 똥꼬에 끼워서 떨어뜨리지 않고 태실 한 바퀴 돌아오기다. 어떻게 똥꼬에 끼우고 가냐며 차라리 머리 위에 올려놓고 가면 안 되냐는 의견이 나와 적극 수용했다. 둘 다 쉽지는 않다. 정우는 똥꼬가 낫겠다고 하고 기현이는 머리 위에 올리고 출발했다. 각자 원하는 방식으로 출발했지만 솔방

똥꼬에 솔방울 끼워 달리기

울이란 놈이 어디 만만한 물건이던가? 동글하고 뾰족하여 조금 가다가 떨어뜨려 제자리로 원상복귀하기를 몇 번이나 했다.

이것 역시 머리에 올리고 시도한 기현이가 가장 먼저 성공했다. 이어 정우, 현준 순으로 예상 외로 남학생들이 선전을 했다. 아이들이 서서히 지겨워할 즈음 재빨리 다른 놀이를 입에 물려 주었다. 그건 바로 태실을 지키고 서 있는 주변 소나무를 겨냥하여 맞히기이다. 앞 놀이에서 상금을 받지 못한 아이들은 이번에야말로 꼭 성공하겠다는 의지를 다졌다.

아래에서 연세 드신 어르신들이 많이 올라오는 바람에 소나무 맞히기는 시작도 하지 못하고 놀이를 마무리했다. 각자의 배낭을 메고 주변 정리를 한 다음 주차장으로 내려왔다. 할아버지, 할머니들 다음으로 성주군에서 주관하는 숲 체험 가족들이 이름표를 매달고 자연물을 주워 가며 올라오고 있었다. 그만하고 내려오길 잘했다.

태실 주변에서 시끄럽게 떠들어도 되겠냐는 딸내미의 걱정이 있었지만 돌아가신 분들의 무덤도 아니고 다른 관람객들도 없어 짧은 시간이지만 흥겹고 안전하게 놀이를 할 수 있었다.

몸 있는 동안 바람을 타기 마련

이 태봉을 둘러싸고 있는 선석산 아래 신라시대 의상대사가 창건한 선석사가 있다. 조선시대 태실이 들어선 뒤부터 그 절은 태실을 지키는 임무를 맡게 되었다고 한다.

가족과 처음 이곳에 왔을 때는 태실에서 그리 멀지 않은 곳이라 걸어서 그곳으로 가 보았었다. 그때도 늦은 가을이었던가 보다. 가는 길목 다 쓰러져 가는 담장 옆에서 내 발길을 붙들던 한 녀석이 있었다. 비비탄 총알보다도 더 쪼끄만 보라색 구슬이 조롱조롱 달려 있는 모습을 보며 그 앙증맞음과 산뜻한 보라 빛깔의 열매에 홀딱 반했었다. 지금도 그 모습이 눈에 선하다.

그 시절의 나는 식물에 관심만 있었을 뿐 거의 문외한 수준이었다. 처음 만난 그 녀석이 어떤 이름표를 달았을지 무척이나 궁금했다. 집에 오자마자 온 식물도감을 뒤적이며 찾아낸 것이 작살나무였다. 지금도 숲에서 작살나무 열매만 보면 감탄사가 절로 나온다.

마음 같아서는 이번에도 걸어서 가고 싶었지만 아이들의 원성이 지레 겁나서 이동군의 힘을 빌려 선석사로 갔다. 차를 대기가 무섭게 아이들은 일주문을 넘어갔고 난 잠시 근심을 풀어 볼까 주차장 옆에 있는 해우소로 향했다. 특별할 것도 없는 화장실 벽에 특별한 글귀가 눈에 띄었다.

화장실 벽에서 눈에 띈 글귀

절로 고개가 끄덕여지는 표현이지 않은가? 자연과 나, 자연 현상과 인간의 마음을 하나로 바라본 것이다. 현재 내 마음속에 일어나는 번민들이 결국 내가 존재함의 증거란다. 그 글귀가 어찌 그리 위안이 되던지 갑자기 마음이 평온해진다. 내 마음 저 깊은 곳에서부터 세로토닌이 잔잔하게 배어 나옴이 느껴졌다.

행복에 젖어 놓았던 넋을 수습하여 아이들이 간 쪽으로 종종걸음을 옮겼다. 나 없이도 지네들끼리 절 마당에 있는 우물을 가운데 두고 거북이가 뿜어주는 감로수를 주거니 받거니 하고 있었다. 마치 한 폭의 수채화 같다. 진짜 그 모습이 평화로워서인지, 아니면 내 마음 때문인지.

아이들이 권하는 물 한 바가지는 그야말로 달디단 감로수다. 우물가에는 물과 친한 버드나무가 한 그루 서 있다.

"애들아, 이 나무 모습을 자세히 봐. 무슨 느낌이 들어? 어떤 특징이 있어?"

"가지가 늘어져 있어요."

구멍 뚫린 나무에 들어가기

"그렇구나. 그리고 또?"

"꼬불꼬불해요."

"엄마가 파마한 것 같아요."

"그래, 맞아. 가지가 구불구불하여 마치 용이 하늘로 올라가는 모습처럼 보인다고 나무 이름이 용버들이야. 재미있지?"

"수석쌤, 여기 와 봐요. 나무에 구멍이 있어요." 저쪽으로 간 아이들이 부른다. 그곳에는 중심부가 뻥 뚫린 느티나무가 있고, 그 속으로 현준이가 머리부터 들이밀며 들어가고 있었다. 충분히 들어갔다가 나올 정도다. 작은 용민이도 쏘옥 들어갔다 나왔다. 배 나온 정우는 들어가다가 끼여서 빠져나오지 못하는 포즈를 취하며 우리를 웃겨 주었다.

깁스한 스님의 목탁 소리

그런 일에는 별로 관심이 없던 명재가 내게로 왔다.

"수석쌤, 목탁 소리가 나요. 저거 어디서 나는 소리예요? 스님이 진짜로 두드리는 거예요?"

"글쎄? 저쪽에서 나는 것 같은데 한번 가 볼까?"

아이들을 데리고 목탁을 치며 불경을 외는 소리가 들리는 건물로 가 보았다. 태실 법당이란다. 건물 앞에는 출입문이 보이지 않아 오른쪽으로 돌아가 보니 댓돌에 신발이 있다.

'엥? 이게 뭐야? 다리 다친 분이 불공 드리러 왔나?' 발에 깁스하면 신는 신발 한 짝하고 고무신 한 짝이 있다.

법당 문을 살그머니 잡아당겨 보았다. 뒤에 서 있는 아이들은 그래도 되나 싶은지 잔뜩 겁먹은 표정이다. 세게 당기고서야 문이 벌컥 열렸다. 깜짝 놀랐다. 아이들이 보고 있어 체면상 다시 닫을 수는 없고 빼꼼이 들여다보았다.

"들어와서 구경해도 됩니다." 염불자락 같은 리듬으로 스님이 말씀하셨다. 불공을 드리면서도 아이들이 마당에서 떠드는 소리를 다 들으셨나 보다. 조금 죄송스럽기는 해도 아이들에게 들어가 보라고 엉덩이를 들이밀었다. 쭈뼛거리며 뒤로 빼는 힘이 느껴졌지만 한 줄로 서서 조금씩 밀려 들어갔다.

스님이 목탁을 직접 두드리며 불공을 드리고 계셨고 그 뒤로 주욱 선 아이들은 별천지에 들어선 듯 어리둥절한 표정으로 법당을 두리번거리며 둘러보고 있었다. 마지막으로 들어간 나는 아이들에게 보란 듯이 삼배를 올렸다. 저 안쪽에서 정우가 따라하는 모습이 보였다.

잠시 동안 그렇게 소리를 죽이고 둘러본 후 밖으로 나와 문을 닫으려다가 다시 한번 스님을 보았다.

"얘들아, 스님이 다리를 다치셨나 봐. 한쪽 다리를 깁스하고 있네." 그 의문의 신발이 이해되는 순간이었다. 우리가 법당에 들어와 한참을 둘러보는 동안 꿋꿋하게 목탁을 두드리며 불공을 드리던 스님이 깁스를 한 채 한쪽 다리를 뻗고 있었다는 걸 법당 밖을 나와서야 알아챈 것이다.

밖으로 나온 우리들의 눈을 사로잡은 것은 아까 들어가 보았던 구멍 뚫린 느티나무 아래쪽에 그 나무보다 두 배는 굵어 보이는 나무였다. 아이들 다섯 명이 양 팔을 벌려 연결해야만 닿을 정도였다. 도대체 얼마나 오랜 세월을 이렇게 한 자리에 서서 불공 드리러 오는 사람을 지켜보고 있었을까? 그 세월에 절로 고개가 숙여진다.

하나하나가 모두 예쁜 꽃이야

차 타러 주차장으로 내려와 아까 그 심오한 글귀를 한 번 더 보고 싶어 다시 갔다. 화장실 옆 벽에도 글귀가 적혀 있었다. 왜 아까는 이 글이 안 보였지?

아까는 안 보였던 글귀

난 우리 딸내미와 일곱 남매들이 저 글귀를 읽고 자신이 누구 못지않은 예쁜 꽃이라는 사실을 알았으면 싶었다. 다 같이 큰 소리로 읽어 보게 하고 "너희가 바로 꽃이야"라고 설명해도 아이들은 그 의미에 대해 아무도 귀 기울이지 않는다.

'애들아~~ 너희는 하나하나 모두 귀하고 예쁜 꽃이란다.
딸내마~~ 네가 있어 엄마 아빠가 얼마나 큰 의지가 되는지 알았으면 좋겠어.
누구와 비교하지 않는 온전한 너를 스스로 먼저 사랑하기를.
무지개 일곱 남매 너희도 마음만 먹으면 뭐든 잘할 수 있어.
튼실한 열매를 맺을 수 있도록 열심히 살아 보자.'

너희 모두 예쁜 꽃, 귀한 나무야

보조교사의 시선으로 바라보기

10월 중순, 이제 일정도 얼마 남지 않아서인지 한 명도 빠지지 않고 모두 참석해 주었다. 이번에는 이동군을 몰고 갈 수 있을 정도로 그리 멀지 않은 곳이라 오랜만에 아홉 명 전원이 한차에 타고 같이 갈 수 있었다.

오늘 갈 곳은 경북 성주에 있는 '세종대왕자 태실'인데, 내 기억으로는 대학생일 때 가족이 드라이브 삼아 왔던 곳이다.

어쨌든 성주로 가는 길에 엄마가 우리랑 이야기하면서 운전하시느라 표지판을 못 보고 지나쳤더니 조수석에 앉은 명재가 엄마한테 면박을 주면서 이 정도면 자기가 운전하는 게 훨씬 낫겠다며 깐죽댄다.

엄마가 평소에는 아주 자비로운 보살 같아서 이러한 도발도 가볍게 넘어가 주시지만 지난번 진심으로 화를 내던 그 어마무시한 모습을 봤음에도 저런 깐죽거림을 시도할 수 있다니 역시 명재는 대단하다.

태실 주차장에 도착했다. 주차장에 있는 태실 관련 설명 표지판의 내용을 좀 읽고 길을 딱 봤는데 또 계단이라니, 지난 회차의 악몽이 떠올랐다.

그렇지만 비교적 띄엄띄엄 있었고 놀이에 쓸 솔방울을 주워 가며 올라가서 그리 힘들진 않았다. 그래도 150개가 넘는 계단이 있었단다. 남자아이들이 올라가면서 계단 수를 셌다고 한다. 참 대단하다.

사실 우리도 올라가면서 한 칸씩 세긴 했는데 중간에 멈춰서 사진 찍고 솔방울도 줍느라 까먹어 버렸다. 걔네들도 다 하면서 올라갔는데 어찌 그걸 다 세었을까?

각자 솔방울 열 개씩 주워야 해서 두 손에 들기엔 많은 양이라 어떻게 하나 했는데 내 눈에 해결책이 딱 보였다. 그것은 바로, 명재가 쓰고 온 한국숲사랑청소년단 모자!

거기다 담자고 하니 처음엔 고개를 잘래잘래 흔들더니 자기도 그 쪼끄만 손에 담기가 어려우니까 벗어서 직접 다른 아이들 것까지 수거하러 다녔다. 산처럼 쌓인 솔방울과 함께 태실로 올라갔다.

직사각형으로 태실을 빙 둘러싼 대리석 울타리를 따라 한 바퀴 쭉 걸었다. 돌면서 어느 태실에 어느 왕자, 원손의 태가 묻혔는지를 살펴보았다. 잠시 간식 시간을 가진 뒤에 주워 온 솔방울을 이용한 경기를 시작했다.

첫 번째 경기는 각자 가진 솔방울 두 개로 손수건 위에 쌓아 놓은 다른 솔방울들을 쳐내는 것이다. 최대한 많은 솔방울을 손수건 밖으로 쳐내야 한다.

일단 팀을 정하기 위해 엄마가 솔잎으로 제비뽑기를 하여 긴 팀, 짧은 팀으로 나누었다. 난 짧은 팀이다. 먼저 연습 시간을 가졌는데 처음에는 다들 던져서 맞히기는커녕 근처에 닿지도 못하거나 아예 저 멀리 날려 버리기도 했다.

사실상 거의 태실에서 보낸 시간의 반을 차지할 정도로 오래도록 연습하고 나서야 비로소 본 경기를 시작했다. 그래도 그만큼 시간을 들인 성과가 나타났고 2회에 걸쳐 팀의 점수를 합산했다.

결과는 짧은 팀 승리! 확실히 남자아이들은 힘을 실어 던지는 것이 나보다 더 낫다. 난 달랑 두 개만 성공했는데 우리 팀 남자아이들이 잘해 주어서 우승할 수 있었다.

다음 경기는 아까와는 정반대로 특정 물체에 솔방울을 던져서 최대한 많이 집어넣어야 하는 것이다. 아까 솔방울을 주워 담는 그릇으로 사용했던 명재의 모자가 골대로 활약하게 되었다.

사방으로 오픈되어 있던 손수건과 달리 모자는 거의 원통형이고, 비스듬하게 세워

모자에 솔방울 넣기

놓다 보니까 단순히 던진다고 하기보다는 한 번 바닥에 튕겼다가 톡 들어가게끔 하든지, 마지막에 굴러가게 해서 들어가는 여러 가지 기술도 쓸 수가 있었다.

이번에도 연습 경기부터 진행했는데 어째 아까보다는 그래도 처음부터 속속 잘 넣는다. 아마 골대의 모양은 달라도 이제 거리 감각은 어느 정도 길러져서 그런 것 같다. 나는 이번 연습경기 때는 딱 한 번만 해보고 아예 손을 놓고 있었는데 그래도 두 개 넣기를 성공했다. 챙에 걸친 것도 있고 아깝게 튕겨나간 것도 있었다.

이제 세 번째 경기다. 숲 체험을 시작할 당시 엄마가 주신 계획표를 쭉 읽어 봤는데 중간 즈음에 무언가 이상한 글이 있었다.

'똥꼬에 솔방울 끼우고 걷기.'

그냥 장난삼아 써 보신 거려니 하며 여쭤 봤더니 진짜로 할 거란다. 예전에도 아이들 데리고 해봤는데 다들 재미있어하더라고 했다. 정말로 하면 어쩌나 불안해하다가 한동안 까먹고 있었다.

그런데 오늘 급습으로 이렇게 하게 될 줄은 몰랐다. 아이들도 처음에는 당황해했지만 곧 적응하고 열심히 똥꼬에 솔방울을 끼워 걸어 보았다. 영 걷기가 불편하다고 해서 몇몇 아이들은 머리에 올려놓고 걷는 걸로 합의를 보았다.

그렇게 먼 거리를 걷는 것도 아니었다. 그냥 태실을 둘러싼 돌 울타리 길을 따라서 한 바퀴 돌면 되는 것이다. 현아랑 이야기를 하면서 걸어가고 있는데 거의 한 바퀴를 다 돌 무렵 울타리에 붙어 있는 무언가가 눈에 띄었다.

요즘 같은 가을날 하늘을 뒤덮고 있어야 하지만 올해 여름의 지독한 폭염 때문에 알 낳을 물이 죄다 증발해 버려 보기가 힘들어졌다는 바로 그분, 잠자리님이시다.

그것도 시골에서도 보기 힘든 고추잠자리. 왕년에 잠자리 좀 잡아 본 나는 당연히 보자마자 흥분했고 경악하는 현아를 뒤로하고 슬금슬금 다가가 재빨리 날개를 잡았다.

그대로 엄마한테 달려가서 잡았다고 자랑 좀 하고 남자애들한테도 자랑하려고 했는데 '잉……? 너네 잠자리 무서워하니……? 음~~~.' 예상외의 반응에 흥미를 잃고 다시 날려 보내 주었다. 어차피 놔 줄 생각이었지만.

마지막 게임을 하나 더 하고 이곳에서의 활동을 마치기로 했다. 그것은 이리저리 후려쳐지고, 엉덩이 사이에 빠지직 끼워져 이제 완전히 너덜너덜해져 제 형체를 잃어버린 솔방울을 승천시켜 주는 것이었다.

그냥 간단히 말해서 솔방울을 던져 일정 거리에 떨어져 있는 소나무 맞히기다. 게임을 진행하려고 바닥에 굴러다니던 솔방울을 주워 모아서 슬슬 멀리 던지기를 위한 근육 조절을 하고 있는데, 그때부터 갑자기 사람들이 올라오기 시작했다. 하필 사람들이 올라오는 쪽에 있던 나무가 목표이고 아이들이 솔방울을 막 던지다가 사람들이 맞으면 안 되니 마지막 게임은 제대로 해보지도 못하고 흐지부지되고 말았다.

다시 주차장으로 내려와 보니 대형 버스가 주차되어 있다. 아까 우르르 몰려왔던 사람들이 아마 역사 탐방 뭐 이런 단체 테마 여행으로 온 것 아닐까 짐작된다.

다음에 간 곳은 태실을 지킨다고 하는 선석사이다. 도착하자마자 엄마가 화장실에 가며 나보고 아이들을 데리고 절 안을 둘러보고 있으라고 하셨다. 현아랑 연아가 절 입구에서 우물쭈물거리고만 있다. 절 특유의 조용한 분위기나 염불 소리가 무섭다고 한다.

아니, 절에서 염불 외는 거야 당연한 거지! 교회에서 찬송가 부르는 거랑 똑같은데, 하나도 겁먹을 것 없다고 어르고 달래서 안으로 데리고 들어갔다.

그런데 정말로 무서웠던 게 맞나 싶을 정도로 오늘따라 유난히 큰 소리로 떠들었다. 게다가 평소에도 고막 파괴 수준의 샤우팅 목소리를 지닌 남자애들도 장소에 구애받지 않고 여전히 실력 발휘를 한다. 조용하라고 타일러도 소용이 없다. 슬슬 머리에 빠직 마크가 뜨기 일보직전이었는데 그때 구세주처럼 엄마가 나타나셨다.

아, 이제 엄마가 딱 휘어잡아서 조용히 시키겠지 했는데, 아니다. 엄마 목소리가 더 크다. 그래, 포기하자. 내려놓으면 편하다는 부처님의 말씀이 내 귓속에 울리면서 그냥 해탈하여 한숨을 내쉬었다.

그러는 중에 눈에 띈 특이한 나무가 있었는데 한쪽이 뚫려 있고 그 안쪽은 전부 뻥 뚫려 있는 나무이다. 그 모습 때문에 마치 죽은 것처럼 느껴지지만 나무는 겉부분에 물관과 체관이 있어 물과 양분을 빨아올릴 수 있기 때문에 이런 식으로 안쪽이 전부 없어져도 살아갈 수 있다고 엄마가 말씀해 주셨다.

아까부터 들리던 스님의 염불 외는 소리가 끊기지 않아서 그 앞을 기웃거렸다. 엄마가 갑자기 문을 벌컥 열고 안을 들여다보며 스님과 뭔가 대화를 나누셨다. 그러더니 스님이 안으로 들어와도 된다고 했다며 우리를 밀어넣었다. 엉거주춤 들어가서 정말로 몇 분간 그저 뻘쭘하게 스님 뒤에 서 있기만 했다.

현아랑 연아가 천장에 달려 있는 수많은 연등에 적혀 있는 이름들은 뭐냐고 물어 나는 절에 기부해 주신 분들 성함이라고 대답했다. 그렇게 억만겁처럼 느껴지는 시간을 보낸 뒤 후다닥 다시 밖으로 나왔다. 어색한 거야 우리만이고 엄마는 절까지 드리고 나오셨다.

그곳에서 해방되어 나오니 절 마당 앞쪽에 엄청나게 큰 나무가 보였다. 몇 아름이나 되나 하고 애들을 모아 팔을 이어서 나무를 둘러싸 보았다. 오오…… 무려 다섯 아름이나 되는 엄청난 거목이다. 물론 아이들마다 팔 길이가 다르기 때문에 정확한 측정법은 아니지만 그래도 그냥 눈으로만 봐도 절로 감탄이 나왔다.

그래서 한 500년 정도쯤 산 나무인가? 하고 나무 앞에 있는 석판을 읽어 봤는데, 엥? 겨우 200년? 물론 200년이 짧은 시간은 아니지만 그 웅장한 규모에 비해 너무 짧은 기간이 아닌가 갸우뚱했다. 그랬더니 엄마가 느티나무라서 그렇단다. 느타나무는 빨리 자란다고 한다.

이제 절 밖으로 나왔다. 절 계단 밑 옆쪽으로 웬 고여 있는 물이 있었다. 거기에 개구리밥이나 해캄 같은 수생 식물들이 있었다. 아까 차를 주차하고 절 안으로 들어갈 때는 몰랐는데 반대편에 작은 연못이 있고 그 연못에서 물길을 내어 길고 얕은 물줄기가 그곳까지 이어졌던 것이다.

연못 크기는 작아도 깊이가 꽤 있어 물고기도 사나 살펴보았지만 아쉽게도 물고기는 볼 수 없었다. 비단잉어 다섯 마리 정도 있으면 금상첨화일 텐데……. 대신에 연못 바로 앞에 피어 있는 꽃에서 무언가를 발견했다.

일단 꽃은 엄마 말에 의하면 정식 이름은 '만수국아재비.' 별칭이 따로 있는데 '쓰레기풀'이란다. 나쁜 의미가 있어서 그런 건 아니고 쓰레기장에서도 잘 자란다고 해서 그런 이름을 붙였다고 한다. 그런데 좀 더 예쁘고 좋은 이름으로 붙여 줘도 되잖아……. 왜 하필 꽃에게 쓰레기?

어쨌든 꽃에 붙어 있다는 무언가는 바로 곤충인데, 내 새끼손톱 길이보다도 더 작았다. 그 크기 때문에 파리라고 생각하기 쉽지만 아마 기생벌일 것이다. 나비 애벌레나 번데기에 알을 낳아서 그 속을 파먹고 살아간다는 그 벌. 유튜브 자연 다큐멘터리 채널에서 그 모습을 보고 충격을 받아 뇌리에 박혀 있어서 딱 보고도 기억해낼 수 있었다.

드디어 점심을 먹으러 간다, 와아! 빵빵한 배를 안고 아이들 집에 데려다주는 도중에 난 또 꿈나라로 탈출해 버렸다. 끄읕.

쓰레기풀이라고 부르지 말아 주세요

함께라면 뭐든지 할 수 있어요

10월 26일 금요일

18일 밤에 오른쪽 엄지발가락에 부상을 입었다. 퇴근 후 집에 가니 아들내미가 자취 짐을 싼다고 부산을 떨고 있었다. 작은 책상을 가져갈 거라고 분해 작업하는 것을 돕다가 그만 상판에 내리찍혔다. 24년 전 아들 낳은 이후, 최고의 고통을 맛보았다.

이 나이가 되고 보니 웬만한 통증은 참겠는데 이건 견디기가 힘들었다. 오른발을 부여잡고 한동안 침대에 엎드려 식은땀을 흘려도 통증은 도무지 잦아들지 않았다. 더군다나 엄지발가락 윗부분에서 몽글몽글 솟아오르는 피는 다친 부위를 세 시간 동안 심장보다 높여서 누르고 있어도 멈출 기미가 없었다.

결국 자정을 넘겨서야 인근 종합병원 응급실을 찾았다. 엑스레이로 확인이 안 되어 CT 촬영까지 해보고서야 금이 갔다고 발가락 깁스를 하고 목발을 짚고 나오는 신세가 되었다.

깁스를 하고 보니 다가오는 무지개 일곱 남매 숲 체험을 어찌해야 할지 고민이 되었다. 최소한 한 달은 깁스를 해야 한다니 마냥 연기하는 것도 곤란한 일이 아닌가? 계획대로 밀고 나가기로 했다. 이번 회차는 날씨도 선선하니 봄에 만들어 두었던 무지개 일곱 남매 아지트를 가 볼까 했는데 이 발로는 무리겠다. 운전 거리가 너무 멀어도 곤란하니 가까운 칠곡보로 변경했다.

10월 27일 토요일

거미는 왜 거미줄에 안 걸릴까?

오늘 체험은 거미가 되어 나무와 나무 사이에 거미줄을 쳐 볼 예정이다. 그래서 아이들이 아침 겸 간식을 먹을 동안 잠시 거미줄 치는 방법을 설명했다.

"얘들아, 거미는 자기가 쳐 놓은 거미줄에 왜 안 걸릴까?"

"자기가 친 줄에 자기가 걸리도록 했겠어요?"

"거미 발바닥에 줄이 안 붙도록 하는 무슨 장치가 되어 있을 것 같아요." 정우 답이다.

"그렇기도 하겠네. 또 다른 생각? 없나? 그럼 현지쌤이 말해 볼래?"

"세로줄과 가로줄이 있는데 그중 붙는 줄은 가로줄이고 거미 자신은 붙지 않는 세로줄로만 다닌대요."

"그래, 맞아. 이렇게 원형에서 밖으로 뻗는 세로줄은 끈끈하지 않고, 원형 모양으로 친 가로 거미줄은 끈끈하게 되어 있대. 그래서 자신은 세로줄로만 다니면서 걸린 먹이를 잡아먹는대.

오늘 우리도 거미가 되어서 거미줄을 만들어 곤충을 한번 잡아 보자. 그러면 어떻게 가로줄을 끈끈하게 만들까?"

"가로줄에다가 풀칠을 하면 어때요?"

"그것도 괜찮겠네. 내 생각엔 가로줄에 양면테이프를 붙이면 될 것 같아. 그렇게 한번 만들어 보자. 어때 재미있겠지?"

하지만 결국 바람이 우리가 거미줄을 만들 수 있도록 가만두지 않아서 시도조차 하지 못했다. 집에 와서 다시 그 이유를 찾아보니 정우가 말한 것도 맞았다는 것을 알게 되었다.

거미줄 관찰하기

거미는 완성된 거미줄에서는 끈끈하지 않은 줄을 따라다니지만 새로 거미줄을 치거나 먹이를 잡을 때는 끈끈이를 피할 수 없다. 거미줄을 하나 칠 때 거미는 끈끈한 줄을 1,000에서 1,500번이나 딛는다고 한다. 그러면서도 거미줄에 들러붙지 않는 비결은 가늘고 빳빳한 털인데, 끈끈한 줄의 점액과 마찰 면적을 최소한으로 줄여 다리에 묻는 것을 막아 준다. 희한하게도 털 중간에 가지가 나 있어 점액이 흘러내리는 것을 방지한단다. 이런 장치 이외에도 거미는 털에 붙은 끈끈이가 떨어지도록 거미줄에서 발을 조심스럽게 빼는 조심성을 보이거니와 몸 표면에는 점착을 막는 화학물질층까지 지니고 있다고 한다. 이처럼 거미가 자신의 줄에 붙지 않는 장치를 이중삼중으로 한다는 사실을 알게 되었다.

하지만 자신의 줄에는 걸리지 않지만 다른 거미줄에는 걸린다고 한다. 아이들에게도 보충 설명을 하고 다음 회차 때에는 꼭 거미줄을 만들어 보리라.

명재는 내비게이션!

거미줄 만들 재료를 챙겨 학교를 나섰다. 이동군 내비게이션이 고장 나서 떼어 버려 어디로 갈지 잠시 헷갈렸다.

"칠곡보를 어디로 가야 되지?" 혼잣말로 중얼거렸다.

"우리집 쪽으로 가면 돼요. 그리고 새 다리를 건너가면 돼요." 제일 뒤칸에 있던 명재가 얼른 받아챘다.

"그~뤠에? 맞네. 그리로 가면 되겠네. 역쉬 우리 명재는 길 천재라니까." 추켜올려 주니까 신이 났다. 완전 내비 아가씨 저리 가라다.

"여기서 굴다리로 직진하세요."

"네에~~. 그리고 또 어디로 갈까요?" 나도 이제 어디로 가야 할지 감을 잡았지만 명재에게 계속 물어 주었다.

"농업기술센터 쪽으로 직진해서 저기에서 우회전하세요." 아무리 봐도 명재는 차와 길에 대해선 보통 아이들보다 뛰어나다. 담임선생님 말씀으론 학업 성취는 거의 특수학급에 들어가야 할 수준이라는데……. 자신이 관심있는 분야로 진로를 잡는다면 어엿한 직업인으로서 한몫해낼 수 있을 것이라는 기대를 가져본다.

"아이쿠, 우리 명재 덕에 수석쌤이 길을 헤매지 않고 쉽게 잘 왔네. 고마워, 명재야~~."

강바람은 싫어!

이동군을 타고 가면서 바라본 강변은 한껏 가을로 치장하고 어서 오라 우리를 유혹한다. 주변 풍경에는 좀처럼 관심을 보이지 않는 일곱 남매들마저도 차창 밖으로 시선을 돌리며 감탄을 뱉어 낸다. 걷는 일을 진짜 싫어하는 아이들도 강변을 따라 난 산책로를 걷고 싶어 안달을 낸다. 마음 같아서는 이동군을 아무

데나 주차하고 뛰어가고 싶은 마음이 들 정도다.

차에서 내리자, 우리의 감탄은 한탄으로 바뀌었다. 좀 전에 우릴 흥분시켰던 칠곡보의 가을은 어디론가 숨어 버리고 없다. 매서운 강바람만이 마중 나와 과격하게 손님맞이를 한다. 우린 그래도 낫다. 7부 여름 바지와 반팔 티셔츠에 얇은 바람막이만 입고 온 정우에겐 도저히 감당하기 어려운 바람이다.

조금 있으면 잦아지겠거니 생각하며 가을을 찾아 나섰다. 자꾸만 웅크리는 정우에게 내 겉옷을 벗어 입으라 하니 벌벌 떨면서도 안 입는단다. 보다 못한 현아가 롱패딩을 벗어 입으라고 내민다. 자신은 기모 티셔츠를 입어서 괜찮다고 하면서. 내 옷은 받지도 않더니 현아 옷은 슬그머니 받아 입는다.

우리가 찾으려고 한 가을은 여기저기에서 모습을 보여 주었다. 산책로 옆에서 하얀 웃음으로 우릴 맞이하는 미국쑥부쟁이, 단체로 무슨 잘못을 했는지, 아니면 부끄럼이 많은 녀석들인지 모두 한쪽 방향으로 고개를 숙이고 있는 물억새가 그들이다.

그렇게 가을을 즐기기에는 너무 춥다. 완벽하게 겨울 차림을 해도 춥다. 애초 나의 계획은 그곳에서 거미줄을 쳐 볼 생각이었는데 포기할 수 밖에 없었다.

그냥 가기에는 아쉬움이 없는 건 아니지만 결국은 포기하고 학교 가까이에 있는 신유 장군 유적지로 자리를 옮기기로 했다.

바람부는 칠곡보에서

가을에 풍덩 빠지다

신유 장군 유적지 주변의 가을은 푸욱 익어 맛이 잘 들어 있었다. 길에 떨어져 있는 벚나무 잎은 그 하나하나마다 빨강, 주홍, 주황,

노랑 양념을 잘 버무려 아이들의 입맛에 맞추어 놓았다.

가을은 숲에다가 온갖 색을 다 펼쳐 두고 우리에게 색깔 공부를 해보라고 한다. 아이들에게 빨주노연녹청파남보자 10색상환을 만들어 보자고 했다. 신유 장군 유적지 입구에 앉아 먼저 빨강 벚나무 잎을 찾아 놓았다.

다음은 주변의 자연물 중에서 주황색을 찾아오라고 했다. 모두가 들고 온 것 중에서 가장 주황색에 가까운 것을 골라 빨강 옆에 놓았다. 다음은 노랑이다. 아이들은 노랑을 찾아 여기저기 흩어졌다. 뭐니 뭐니 해도 노랑의 대표 주자는 은행잎이다. 연두는 박주가리 잎, 초록은 영산홍 잎이 선택되었다.

다음부터가 문제다. 청록, 파랑, 남색, 보라, 자주가 남았다. 아이들도 슬슬 걱정이 되는지 그만 포기하자는 말이 나왔다. 숲으로 난 길로 조금 더 올라가 보자고 꼬드겼다. 가는 길 옆에 있던 거미가 "거미줄은 이렇게 만드는 거야"라며 말을 걸어왔다. 딸내미가 무당거미란다. 이곳에도 바람이 불기는 매한가지이고 거미줄 만들기는 이미 포기한 상태라 시큰둥했다.

우리가 찾아 만든 10색상환표

아이들은 남은 색깔을 찾아 눈알을 굴렸다. 청록은 서리 맞은 인동덩굴 잎이, 파랑과 남색은 길바닥에 있던 자갈이, 보라는 망초 잎, 마지막 자주는 사위질빵 잎으로 결정되었다. 청미래덩굴 열매가 벚나무 잎을 제치고 빨강 자리를 차지했다. 드디어 10색상환이 완성되었다.

정우가 잎 하나를 들고 무어냐고 물어왔다. 칡 이파리다. 그렇게 숲을 많이 찾

칡 잎으로 나비 만들기

은 나도 너무나 신기한 모습이었다. 잎 끝 부분은 서리를 맞아 갈색으로 변했는데 잎맥이 있는 부분은 두꺼워서 그런지 노랑과 초록이 도드라진 멋진 모습으로 바뀌어 있었다.

아이들은 그 모습에서 나비 날개가 연상이 되었는지 어디선가 하나를 더 구해 와서 나비 모양으로 꾸몄다.

어마무시한 장수말벌

난 조금 더 올라가 보았으면 싶은데 아이들은 오르막길 경사에 지레 겁먹고 그만 가자고 뒷걸음질을 친다. 앞서가던 기현이가 길바닥에 쭈그리고 앉아 무언가를 쳐다보고 있더니 외쳤다.

"이것 좀 봐요."

"어머나 예뻐라, 이게 뭐지?"

염라대왕 번호 딸 뻔한 장수말벌

이거야말로 꽁무니를 빼는 아이들을 잡을 거리가 되겠구나 싶어 한 옥타브 높여 감탄사를 뱉어 냈다. 나의 오버액션에 다른 아이들도 우르르 몰려왔다.

벌 같기는 한데 4센티미터 정도로 메뚜기만큼 크다. 머리 부분은 완전한 주황색으로 눈은 마주보는 쉼표 모양이고 코 부분에 점 세 개가 붙어 있는 모양새이다. 작은 점 두 개가 위에 배치되어 있고 아래 가운데에 그보다 조금 더 큰 점이 붙어 있다. 더듬이도 마치 게의 집게발가락이 연상될 정도로 강인함이 묻어나온다.

꼬리 부분도 환상적이다. 주황, 검정, 노랑 페인트로 줄무늬를 그려 놓은 듯 선명하다. 어찌 보면 모형 장난감인가 싶을 정도로 전체적인 색이 너무나 선명해서 눈을 뗄 수가 없다.

벌이라면 위험한데 꼬리 부분을 자세히 보니 침이 없어 안심이 되었다. 자매들은 쏘일까 봐 또다시 뒷걸음질치고 제일 먼저 발견한 기현이가 관찰경을 꺼내더니 그놈의 진행 방향에다 들이대고 잡아넣었다. 확대경을 통해 보이는 놈은 더 환상적이다.

아이들도 나도 궁금해서 곤충 전문가인 지인에게 사진을 찍어 보내며 그놈의 정체를 물었다. 숲 체험을 마치고 모두 집으로 돌아간 뒤에야 답장이 왔다.

말벌입니다.

크기가 손가락 두 마디나 되던데요?

장수말벌이라서 큽니다.

아~~ 이게 장수말벌이군요. 감사합니다. 눈과 줄무늬 색이 얼마나 또렷하던지 참 예뻤어요.

쏘이면 큰일납니다. 멀리서……

아이들과 관찰경에 잡아서 관찰하고 날려 주기까지 했는걸요.

국내는 물론이고 아마도 아시아에서 제일 큰 녀석일 거예요. 장수말벌에게 쏘여 재수 없으면 신경계에는 한 방만 맞아도 큰일나는 수가 있어요. 특히 노약자와 어린이는……

내가 참 위험한 짓을 했네요. 그런데 꽁지에 침이 안 보이던데요?

들어갔다가 나왔다가 합니다.

그렇군요. 염라대왕 전화번호 딸 뻔했네요.

생각만 해도 아찔한 짓을 하지 않았는가? 아마도 늦가을이라 그놈이 힘을 못 쓸 시기라 그렇지, 왕성하게 활동하는 계절이었으면 무슨 일이 일어났을지 간담이 서늘해졌다. 다시 한번 아이들을 데리고 위험한 짓을 하지 않아야겠다고 다짐한 순간이었다.

'애들아, 오늘 모두가 힘을 모아 거미줄을 만들어 보려고 했는데 결국 못 하고 말았네. 이다음에 다시 도전해 보자.'

주황색에 제일 가까운 것은?

보조교사의 시선으로 바라보기

오늘의 활동은 많은 문제를 안고 시작되었다. 엄마 엄지발가락이 골절되어 깁스를 한 것이다. 무리하게 활동하면 곤란하니 산이 아닌 김천 직지사로 가야겠다고 하시더니 다시 차를 오래 몰고 가는 것도 무리라고 판단하여 더 가까운 칠곡보로 장소를 변경했다.

이번에도 아이들 전원이 참여했다. 활동 장소로 바로 가지 않고 오랜만에 수석교사실에 모였다. 오늘 할 일에 대한 설명을 하는 김에 준비물도 챙기고 특별 간식도 먹이기 위해서다.

지난번 간식으로 준비했던 초코파이가 예상 외로 차가운 반응을 얻자, 이번에는 그 누구도 거절하지 못할 엄청난 간식을 준비해 온 것이다!

그것은 바로, **닭. 강. 정**! 오오, 치느님의 은총을 받아 예수 그리스도께서 강림하듯이 땅에 내려온 신성한 그 자태를 누가 거부할 수 있단 말인가!

'엥? 있네? 용민이는 이것도 싫어?'

용민이를 제외하고는 역시나 아주 좋은 반응을 보였다. 심지어 입 짧은 명재까지도 아주 맛나게 먹었다.

그렇게 특별 간식을 먹으면서 칠곡보에서 할 활동에 대해 설명을 들었다. 지난번 호이유아숲체험원에서 만들어 봤던 거미줄을 나무와 나무 사이에 실물 크기로 만들어 보는 것이다. 엄마가 교실 모니터로 실제 거미가 줄을 치는 동영상을 보여 주면서 퀴즈를 하나 내셨다.

"거미는 자신이 만든 거미줄에 걸리지 않고 자유자재로 다닐 수 있는 비결이 무엇일까?" 기현이가 맨 먼저 손을 들었다.

"자기가 친 줄이니까 당연히 안 걸리죠!"

'아니, 그러니까 그 이유를 묻는 거잖아.'

기다려 봐도 다들 거미 다리에 기름 같은 성분이 있다든지 하는, 비슷한 대답을 할 것 같아 내가 손을 들고 말했다.

거미줄의 세로줄은 끈적거리는 성분이 없어서 거미는 세로줄만 타고 다닌다는 것! 한마디로 자기가 친 줄이라고 해도 가로줄에 닫으면 달라붙는다는 것이다. 결국 자세히 안 봐서 잘 모르지만 거미도 자유자재로 줄을 타고 다니는 것은 아니라는 것이다.

이제 밤 기온은 겨울이라고 해도 될 정도여서 곤충들도 슬슬 명을 다하거나 동면에 들어갈 테니 그 전에 곤충 관찰 좀 해보자는 의미에서 엄마가 아이들에게 돋보기가 달린 곤충 관찰경을 하나씩 주셨다.

칠곡보가 자기네 집 근처라고 명재의 안내로 길을 찾아 도착했다. 그런데 주차장에서 내리기 전부터 바깥 낌새가 심상치 않더니 차에서 내리자마자 엄청난 바람이 우리를 격하게 맞아 주었다. 엄마가 따뜻한 겨울옷을 꼭꼭 챙겨 오라고 해서 대부분은 그리 했는데 정우는 오늘도 청개구리 역할을 자청했다.

그래도 챙길 자존심은 있는지 아무렇지도 않은 듯 버티고 있다가 좀 더 강 쪽으로 내려가니 더는 못 참겠는지 덜덜거리기 시작했다. 옷을 두둑히 입고 온 엄마와 현아가 번갈아 가며 겉옷을 벗어 주겠다고 한다. 입으라면 얼른 받아 입을 것이지 또 왜 그렇게 튕기는지, 결국 입을 거면서…….

확실히 가볍게 걸을 수 있는 산책길이긴 한데, 발가락 부상의 엄마에게는 딱히 그렇지도 않을뿐더러 더 문제는 날씨가 너무 춥다. 아무리 옷을 껴입었어도 바람이 자꾸만 따귀를 때렸다.

얼마 걷지도 못하고 되돌아오는데 공터 중앙에 놓여 있는 멋진 조형물과 그 근처 바닥에 조각으로 글자가 적혀 있었다. 대리석 바닥에 발원지인 태백 황지연못부터 끝인 남해까지 중간중간 거쳐 가는 주요 지역을 그림으로 쭉 보여 주는 낙동강 지도였다. 난 그림보다도 딱딱한 돌에 정갈하게 새겨진 글씨체가 더 맘에 들었고 감탄스러웠다.

구경도 잠시, 칼바람을 피해서 건물 안으로 들어갔다. 바람이 잦아들까 기다려 보았지만 그럴 기미가 없다.

어찌 되었건 여기에서 활동을 이어가기는 어려울 것 같아서 장소를 옮기기로 했다. 다시 차를 타고 신유 장군 유적지에 도착하고 보니 그곳도 바람이 꽤나 불고 있었다. 아무래도 오늘 대형 거미줄 치기는 무리인 것 같아 활동 내용을 바꾸었다.

이 근처에서 찾을 수 있는 자연물로 10가지 색상환표 만들기다. 빨강, 주황, 노랑, 연두, 녹색은 단풍도 줍고 나뭇잎을 따기만 해도 아주 쉽게 구할 수 있을 것 같다.

하지만 문제는 청록, 파랑, 남색, 보라, 자주색이다. 이 다섯 가지 색깔을 찾기란 너무 어려운 일이다. 물론 찬찬히 생각해 보면 그 색을 가진 자연물이 없는 것은 아니다.

파란색은 수국이나 닭의장풀 같은 꽃이 있고, 보라색은 나팔꽃 또는 도라지꽃 정도가 생각나긴 하는데 문제는 그런 꽃들을 지금 계절에 찾을 수가 없다는 것이다. 남색은 아예 감도 잡히지 않는다.

빨강, 주황, 노랑, 세 가지 색을 먼저 찾기로 했는데 너무 쉬운 관계로 가장 원색에 가까운 것을 찾아오는 사람에게 상을 주기로 했다. 각자 나뭇잎을 주워 왔지만 빨간색과 주황색 둘 다 명재가 승리하자, 기현이가 자기 것이 안 뽑혀서 심통이 났는지 불만을 제기하고 나섰다.

하지만 엄마의 단독 결정이 아니라 우리 모두가 참여하여 다수결로 결정한 것인데 심통을 부린들 어쩔 것인가? 그래도 기분을 풀어 주기 위해서 다음 초록색 잎 찾기에서는 기현이 것을 뽑아 주었다. 웃기는 건 딱히 다른 애들과 말을 맞추지도 않았는데 다들 기현이 것을 뽑아 주었다는 것이다. 아이들도 생각이 있구나 싶었다.

이제 따뜻한 계열의 색을 모았으니 나머지 난이도가 있는 차가운 색들을 찾으러 신유 장군 유적지 옆으로 나 있는 숲길로 올라가 보기로 했다. 그런데 생각보다 경사가 좀 있어 보인다. 엄마께 발 아프신데 이런 데 올라가도 괜찮겠냐고 물었다. 아, 괜찮다고! 문제없다고! 아, 네, 그래요?

난 올라가도 딱히 수확이 없을 것이라고 생각했다. 낙엽이 화려하게 깔려 있던 아래쪽에 비해서 마른 풀 무더기가 길 양쪽으로 즐비하게 늘어서 있고 황토색 흙을 밟으면 그대로 바스러지는 모래만 보였기 때문이다.

그렇게 기대 없이 터덜터덜 올라가고 있는데 앞에서 먼저 가고 있던 아이들이 갑자기 소리를 질렀는데 느낌이 환호성 반, 비명 반으로 들렸다.

대체 뭐니? 하고 다가가 보았더니 엄청나게 커다란 사마귀가 마른 풀숲에 위풍당당하게 자리를 잡고 있었다. 시골 할머니 댁에서도 이만큼 큰 사마귀는 본 적이 없었다. 감탄도 잠시, 그 사마귀를 둘러싼 아이들 사이에서 흐르는 묘한 기류를 느꼈다.

현아랑 연아는 힐끔힐끔 쳐다보면서 뒷걸음치고 있었다. 나 어릴 때도 그리 생각했지만 남자아이들은 곤충에게 악마와 같은 존재라고 생각한다.

철없음이라는 이름의 잔혹함을 방치해 둔다면 그 폭력성은 언젠가 반드시 사람에게도 돌아갈 것인데, 먹고살기 위한 공부보다도 그런 인성 면을 먼저 교육시켜야 하는 것 아닌가 싶다.

우려했던 일이 역시나 벌어졌다. 아침에 받았던 곤충 관찰통에 집어넣으려고 들이대는데 사마귀가 그곳에 들어갈 정도였으면 아무 말도 하지 않는다.

그 좁은 통에 그렇게 큰 사마귀를 구겨 넣으면 어떻게 해도 몸통이 짜부라져서 죽어버릴 것이 명백한데도 쑤셔 넣으려고 한다. 부리나케 말렸다.

안도의 한숨을 몰아쉬려는 찰나, 또 뭔가가 발견되었는데 길 한복판에 엄청나게 커다란 벌이 떡하니 앉아 있는 게 아닌가?

어마어마하게 큰 사마귀

이거, 얼굴 생김새로 보나 몸 형태로 보나 크기로 보나 완벽한 말벌 같은데? 아무리 말벌이 크다고는 해도 진짜 이 정도로 큰가? 애초에 벌이 맞긴 맞는 건가? 싶은 생각이 들 정도로 어마어마한 크기였다.

그래도 아까 사마귀에 비해서는 훨씬 작은 크기이지만 잘못해서 쏘이기라도 하면 큰일날까 봐 다들 가까이 다가가지 못했는데 또 이 겁 없는 기현이가 방심하는 사이에 관찰통에 벌을 잡아서 넣어 버렸다.

그래, 그러면 관찰만 하고 말 것이지 왜 굳이 무서워하는 여자애들한테 그걸 들이미냐고요? 그냥 꿀벌도 아니고 말벌이라 위험하구만. 자리를 피하는 것이 상책이라 아이들을 데리고 더 위로 올라와 버렸더니 흥미가 떨어졌는지 통을 열고 날아가게 해주더라.

나중에 엄마가 곤충 전문가에게 사진을 보냈더니 말벌이 맞고, 심지어 가장 위험하다는 바로 그 장수말벌이라고 한다. 우리가 봤을 때는 꽁지에 독침이 보이지 않아서 그것도 여쭤 보았는데 엉덩이에 숨겼다가 위협을 느끼면 불쑥 내밀어 찌른다고 한다.

캬하~~ 진짜. 어쩐지 자꾸만 엉덩이를 꿈틀꿈틀 움직이고 있더라니. 까닥 잘못해서 누구 하나 쏘이기라도 했으면 그날로 바로 얼마 남지도 않은 무지개 일곱 남매가 해체될 뻔했잖아. 진짜 경각심 좀 가지자, 꼬맹이들아!

그렇게 알게 모르게 위기를 넘기고 조금 더 올라가다가 더 이상 가도 뭐가 없을 것 같아서 내려오는 도중에 잎 색이 묘한 작은 풀이 길가에 자라나 있었는데 엄마가 그걸 따서 보라색 찾았다! 하시는데, 내가 보기엔 글쎄다.

조금 애매하긴 하지만 그러려니 하고 파란색과 남색도 찾아서 내려왔는데 현준이가 찾아온 파란색은 진짜로 좀 웃기긴 했다. 왜냐하면 그냥 평범한 돌멩이에 파란 페인트가 칠해진 것을 가지고 왔기 때문이다.

돌멩이도 자연물 맞긴 한데, 정작 파란색은 색칠한 것이라……. 하지만 남색과 보라색처럼 색이 애매하다 해도 대충 끼워 맞출 수 있는 이파리와 달리 도저히 파란색을 찾을 수가 없어서 그냥 은근슬쩍 넘어갔다.

이렇게 모든 색을 다 찾아 예쁘게 10색상환을 만들어 사진 한 방 찍어 주고 슬슬 정리하여 다시 산을 내려왔다. 얘들아, 이제 맛있는 점심 먹으러 가자.

자연물로 내 모습 꾸미기

가을을 노래해요 ♬

11월 15일 목요일

일곱 남매와 숲 체험에 드는 경비를 충당하기 위하여 환경부 산하 환경보전 협회에서 진행하는 환경동아리에 응모하여 200만 원을 지원받았었다. 얼마 전 활동보고서를 제출했는데 100여 개 동아리 중 15개 우수동아리에 선정되어 21일 서울 코엑스로 발표하러 오라고 한다.

무척 반가운 일이긴 하나 준비를 하려면 보통 일이 아니다. 게다가 발표도 학생이 해야 한다니 더 난감하다. 믿을 데라곤 현아, 연아밖에 없다. 자매에게 의사를 물어 보니 다행스럽게도 해보겠다고 한다. 현아 담임에게 도움을 요청했다. 무지개 일곱 남매 활동사진을 주며 영상을 만들어 줄 수 있냐고 했는데 다음 날 아침에 수석교사실로 내려왔다. 사진만 가지고는 만족스러운 작품이 나오지 않는다며 다음 숲 체험에 따라와서 동영상을 찍어 삽입해도 되겠냐고 한다.

멋진 영상을 만들기 위해 저리 적극적으로 나서는데 어찌 마다할 수 있겠는가? 물론 그런 수고까지 안 해도 된다고 극구 만류를 했다. 자기의 수고 때문이라면 아무 상관없단다. 참 고마운 일이다.

하지만 마음에 걸리는 게 있다. 동년배 처녀 선생님이 와서 그러고 찍어 대면 딸내미가 어떻게 받아들일지 망설여졌다. 며칠을 끙끙거리며 고민하다가 저녁에 넌지시 말을 꺼냈다. 의외로 흔쾌히 받아들인다. 혼자 쓸데없는 일로 끙끙 앓은 내가 바보 같다.

11월 17일 토요일

여섯 색깔 무지개

지난해 담임을 했으니 시험 삼아 용민이부터 인터뷰를 해보자고 해서 어제 잠시 불러 숲 체험 한 소감에 대해서 물었다. 자기는 아무것도 모르니 인터뷰 안 한다고 발뺌을 한다. 난감했다. 할 수 없이 숲 체험 하면서 자연스럽게 다시 시도하기로 하고 오늘로 미루었다.

그런데 이게 무슨 일인가? 아침에 용민 엄마가 문자를 보내왔다. 친정에 김장하러 가서 용민이가 참석할 수 없단다. 사정을 말씀드렸더니 이미 대구에 가 있어 올 수가 없다고 한다. 무지개 색이 하나 싸악 사라지고 있는 순간이다. 어쩌겠는가? 할 수 없지. 여섯 색깔이라도 예쁘게 칠할 수밖에.

아침 간식으로 떡을 먹이며 오늘 할 일에 대해 안내를 하고 준비물을 나누어 주었다. 아이들도 자신들의 활동을 영상으로 담아 주실 선생님이 와 계시니 기분이 좋은가 보다. 명재는 신이 나서 더 정신없이 종알댄다.

여섯+1 색깔 무지개

단풍버즘나무 잎으로 인디언 머리띠 만들기

운동장에는 햇살이 먼저 나와 새벽에 내린 서리를 몰아내고 있었다. 우리가 나가니 잠시만 여유를 더 주면 물기를 완전히 말려 주겠노라고 장담한다. 햇살의 마음은 고맙지만 우리가 기다릴 여유가 없다. 조금 축축하긴 해도 활동하는 데 별 무리 없어 보인다.

운동장 여기저기에 몰려다니며 놀고 있는 단풍버즘나무 잎들을 불러 모았다. 그중 깔끔한 놈으로 다섯 개씩 주워 인디언 머리띠를 만들 것이다. 운동장 한가운데 자리를 잡고 앉았다. 인조 잔디가 깔려 있어 앉아서 놀기에는 더없이 좋다. 뒹굴어도 아무 문제없다.

단풍버즘나무 잎으로 인디언 머리띠 만들기

단풍버즘나무 잎은 워낙 넓어 세 잎만으로도 간단하게 머리띠가 완성되었다. 현아 선생님은 아이들을 데리고 온갖 포즈를 취하게 하여 영상을 찍느라 분주하다. 운동장 가운데 모두 머리를 맞대고 둥글게 누워 손을 흔들게도 하고, 만든 머리띠와 가지고 온 색안경을 쓰고 포즈를 취하게도 한다. 그 정도면 짜증이 날 만도 한데 잘도 응해 준다. 드디어 OK 사인이 떨어지고 아이들은 잠시나마 자유의 몸이 되었다.

가을과 함께 놀아요

학교를 나서니 햇살은 더욱 따스하게 우릴 맞이한다. 뭉기적거리고 있던 가을은 길가 벚나무의 잎 뒤에 숨어 빠알간 얼굴을 내밀며 같이 놀자고 손짓한다. 가을이 남아서 놀자고 매달릴 때 우리 일곱 남매는 배려심있게 놀아 주면 된다.

오늘은 가을과 함께 힘을 모아 멋진 동영상 작품을 만들기로 했다. 사실 가을이 도와주지 않으면 할 수 없는 일이다. 지난번에 함께 놀았던 곳으로 가 보았다. 신유 장군 유적지 옆에 있던 가을은 빨간 단풍잎, 노란 은행잎, 초록 댓잎을 준비해 두고 우리를 기다리고 있었다.

아이들과 숲길로 들어서는 순간 그곳에도 멋진 세트장을 미리 마련해 두고 있었다. 그곳에 들어선 우리는 영화 주인공이나 다름없다. 연출가 선생님의 주문에 따라 온갖 포즈를 취하며 숲과 하나가 되어 갔다. 그러면서 틈틈이 가을에게 손 벌려 색색의 잎을 한 보따리 마련했다.

인디언 옷 만들기

다음 작품을 위해 우리가 가지고 간 도구는 김장할 때 쓰는 대형 비닐봉투와 풀이다. 학교에서 인디언 추장이 쓰는 머리띠를 만들었으니 이번엔 인디언 옷을 만들기로 했다.

신유 장군님께 양해를 구하고 집 앞 잔디밭에 자리를 잡고 앉았다. 미리 조끼 모양으로 잘라온 김장 비닐을 펼쳐 놓고 어떤 디자인으로 꾸밀 것인지 물어 보았다.

"모아온 잎을 비닐 조끼에 붙여 멋지게 꾸며 보자. 각자 어떤 모양으로 꾸밀지 생각해서 말해 볼래?"

"난 하트 모양을 만들어 볼래요."

현아가 이야기하자 연아는 별 모양으로, 기현이는 축구공 모양으로 꾸미겠단다. 정우는 작은 잎은 하나하나 붙이기 힘드니까 최대한 커다란 이파리를 이용해서 빈틈없이 붙이겠다고 한다. 어떻게 꾸밀지 모르겠다는 명재는 내가, 현준이는 딸내미가 도와주기로 했다.

"명재야, 우리는 어떻게 붙일까?"

"저는 풀을 바를 테니 수석쌤이 붙여 주세요."

"그러면 초록 대나무 이파리를 이렇게 사선으로 주욱 붙이고 여기 위는 노란색 이파리만, 오른쪽 아래는 빨간색을 붙이자. 어때?"

"좋아요. 자, 제가 풀 바를게요."

명재는 목공풀을 비닐 조끼 위에다 짜서 바르기 시작했고 난 댓잎을 사선으로 붙이기 시작했다.

"명재야, 대나무 이파리가 부족하다. 네가 가서 더 따올래?"

"네~~~~~."

명재가 잎을 따러 간 사이 다른 아이들을 보니 모두 작품에 몰입하여 색색의 나뭇잎을 붙이느라 조용하다.

명배우의 인터뷰

그때 연출가 선생님은 주인공들에게 한 명씩 인터뷰를 하겠다고 선포했다. 사실 대본은 내가 담당했다. 어제 시험 삼아 해본 용민이 인터뷰에서 실패를 맛본 뒤라 아이들에게 대본을 미리 건네주며 인터뷰에 응하라고 했었다.

먼저 정우를 데리고 숲으로 들어갔다. 댓잎을 따오던 명재는 벌써부터 꽁무니를 빼기 시작한다.

"인터뷰 안 하면 안 돼요?"

"명재야, 학교에서 친구들에게 수석쌤 조카라고 자랑하고 다녔잖아? 그걸 이야기하면 돼."

"싫어요. 수석쌤 조카 안 할래요."

"와아~~, 명재가 인터뷰 안 할라고 수석쌤한테 배신 땡기네. 너 그러면 수석쌤 섭하지." 옆에서 현아가 거들고 나섰다.

"그냥 수석쌤이 친구들에게 조카라고 해서 기분이 좋았어요. 진짜로 수석쌤 조카하고 싶어요, 이렇게만 하면 돼."

"나 이제 수석쌤 조카 안 할래요."

"그래? 으~앙 너무한다. 그깟 인터뷰 안 하려고 이제 내가 싫단 말이지? 알았어. 그럼 이제부터 조카하지 마."

"와~~~, 난 이제 수석쌤 조카 아니다. 인터뷰 안 해도 된다." 계속 반복하며 인터뷰 안 하겠다는 의지를 그렇게 표현하고 다녔다.

가을에 빠지다

다음은 기현이가 숲으로 끌려갔다. 예쁜 선생님과 함께 가는데도 인터뷰에 대한 걱정으로 소가 코뚜레에 꿰어 끌려가는 듯하다. 찍어 온 기현이 인터뷰를 보니 대본과 전혀 다른 내용이다.

"기현아, 네가 이렇게 하려고 다시 바꾼 거야?"

"네? 그럼 뭐 해요?"

"어제 내가 인터뷰할 내용 주니까 싫다며 네가 새로 바꾸었잖아. 그 내용이 아니네?"

"아~~, 그거 하는 거예요? 그러면 다시 할게요."

이번에는 자신 있는지 연출가 선생님보다 앞서가더니 이내 다시 나왔다. 이제 명재 차례다.

"명재야, 나랑 데이트 가자."

언제는 예쁜 선생님이라고 옆에서 알짱거리며 홍홍대던 놈이 싫다고 뻗댄다.

"명재는 인터뷰 안 할 거야. 그냥 산책 가자, 나랑 팔짱 끼고."

그 말에 혹해서 따라간다. 얼마 뒤 자랑스러운 표정으로 내게 와서 부비부비하는 걸 보니 인터뷰 잘하고 왔나 보다. 현준이도 말없이 졸래졸래 따라가서 무사히 끝내고 나왔다.

가을을 노래해요.

그러는 사이 이쪽에선 어느덧 각자의 작품 형태가 드러나기 시작했다. 먼저 완성한 기현이가 입어 보았다. 아직 목공풀이 마르지 않아 붙여 놓은 잎 몇 장이 우두두 떨어져 나갔다. 연아도 입어 보았다.

"으아악, 풀이 옷에 다 묻었어. 아이 우짜노?"

볼멘소리에 내가 괜히 미안해진다.

"딱풀로 붙일 걸 그랬나?"

가을의 아이들

붙이는 도구를 잘못 선택했나 보다. 바로 붙여서 그 자리에서 입을 요량이면 오히려 딱풀이 더 나을 뻔했나 싶다.

잎이 좀 떨어진들 어떠랴? 그래도 최대한 떨어지지 않게 만세 자세를 취하게 한 후, 조심조심 입혀 주었다.

제법 인디언 같다. 거기다가 학교에서 만들어 온 추장 머리띠까지 씌워주니 아이들 엉덩이가 절로 씰룩인다.

그 틈을 놓칠쏜가? 연출가 선생님은 음악을 틀어 주며 엉덩이춤을 추게 한 후 영상 촬영에 들어갔다. 돌계단에 올라서 뒤돌아 엉덩이를 흔들다가 뱅그

낙엽으로 인디언 옷 만들기

르르 돌아보며 계속 춤을 추라는 요구가 떨어졌다.

내친김에 돌계단에 퍼질러 앉아 〈숲속을 걸어요〉 노래도 함께 부르게 했다. 어색해하면서도 연출가 선생님의 요구에 잘 따라주고 OK 사인이 떨어질 때까지 참고 하는 아이들이 신통방통하다.

아침부터 웬 쪼끄마한 놈들이 와서 대문 앞에 전을 펴고 앉아 어지럽히고 시끄럽게 한 죄가 크지만 심심치 않게 재롱을 떨어 주니 신유 장군님도 너그러이 용서해 주실 것이다.

이렇게 일곱 남매들은 숲에 빠져 신나게 놀고 가을을 미련 없이 보낼 수 있었다. 하지만 난 아쉽다. 이 찬란한 가을에 발가락 깁스 때문에 산다운 산을 한번 못 가고 보내야 하다니……. 어느 TV 프로그램에서 나온 멘트가 내 마음에 와닿는다.

"서둘러 떠나는 가을이 벌써 그립습니다."

이제 우리의 활동도 오늘을 포함해서 2회밖에 남지 않았다. 지난 활동에서 3주가 지나 벌써 11월의 반을 넘어 오랜만에 모인 자리에 특별한 손님도 함께 했다. 현아, 연아 담임선생님인데 함께 가서 활동 동영상도 찍고 아이들에게 소감을 묻는 인터뷰도 할 거라 했다.

그래서 엄마가 사정 이야기와 개별로 인터뷰를 찍을 예정이니 모두 참여를 바란다는 전체 문자를 날렸으나 용민이가 또 불참했다.

먼저 수석교사실에 모여서 현아 선생님께서 오늘 함께하게 되었다고 설명했다. 슬슬 학교 운동장으로 나가 첫 번째로 한 일은 최대한 커다랗고 예쁜 낙엽을 주워서 인디언 머리띠를 만들어 보는 것이다. 재료는 학교 놀이터 근처 나무 밑에 한가득 있어서 어렵지 않게 구할 수 있었다. 최대한 예쁘고 깨끗한 잎을 골라 운동장 중간으로 가지고 가서 한곳에 모았다.

인디언 머리띠를 만드는 데는 전부 자연물 재료가 들어갔는데 우리가 모은 낙엽과 짧고 얇은 나뭇가지면 충분했다. 잎을 딱 한 번 접어 그걸 고정시키기 위해서 가지를 그 가운데에 끼우면 티아라 같은 모양이 되는데 그것을 세 개 겹쳐 꽂으면 완성된다.

그리 많이 만들지도 않을 거라서 내가 잎에 꽂을 나뭇가지를 잘라서 넘겨 주자 엄마랑 아이들이 금방금방 만들어 냈다. 그렇게 완성된 머리띠를 모두 쓰고 온갖 포즈로 사진과 동영상을 찍었다. 이번에는 선생님이 아이들에게 운동장 바닥에 원 모양으로 쭉 누워 보라고 했다. 불참한 용민이를 대신해서 나도 함께 누워서 사진을 찍었다. 모두 머리를 맞대고 누워서 사진을 찍으려는데 얼마나 눈이 부시던지……. 오우, 하마터면 실명할 뻔했네. 눈을 거의 감다시피 하여 사진 찍기를 마쳤다.

이제 학교 운동장에서의 활동은 접고 숲으로 가서 본 활동을 하기로 했다. 이미 몇 번이나 왔던 신유 장군 유적지이다. 바로 얼마 전에도 왔던 곳이다. 사실 그때는 칠곡보의 어마어마한 강바람 때문에 피난처로 온 것이긴 했다. 이번에는 아예 돗자리를 깔고 앉아 더 제대로 된 일을 할 것이었다.

엄마가 어제까지 직접 수제작으로 만들어 온 투명 비닐 조끼에다가 우리가 모은 형형색색의 나뭇잎들을 붙여서 인디언 조끼를 만들어 보는 것이었다.

비닐이지만 꽤나 튼튼한 것이 웬만한 우의보다 더 질겨서 자연물을 붙일 때 잘못해도 찢어질 걱정은 없다. 그보다는 아이들이 비닐에 뭘 붙여 본 경험이 거의 없을 것 같아 촘촘하게 잘 붙일지 걱정했다. 이것 역시 그다지 쓸모없는 걱정이었던 것 같다.

현아는 하트 모양, 연아는 별 모양으로 자기만의 모양을 확실하게 잡아서 잎을 이리저리 찢어서, 또는 모양이 딱 들어맞는 잎을 찾아내서 퍼즐 맞추듯이 딱딱 붙여 나갔다.

그리고 예상외의 다크호스는 명재였는데 어쩌면 현아와 연아보다 콘셉트를 확실하게 잡아서 더 화려하게 꾸몄다고 해도 과언이 아닌 것 같다. 거의 우리 머릿속에 박혀 있는 인디언 부족의 옷 느낌을 아주 잘 살렸다. 한 층 한 층마다 같은 색 잎만 써서 통일감을 주었다. 그것도 수직이나 수평이 아닌 사선으로 붙여 내려가서 더욱더 인디언 옷 느낌이 났다. 완성된 옷을 처음 봤을 때 감탄사가 절로 나왔다. 나중에 알고 봤더니 엄마가 도와준 것이라 한다. 어쩐지 명재 작품치고는 너무 잘 만들었다 싶더라니…….

모두가 그렇게 예쁘고 화려하게 만든 것은 아닌데 현준이 작품이 그러하다. 내가 풀 바르는 것을 도와줬음에도 다 붙이고 나니 뭔가 힘이 없는 작품이 나오고 말았다. 이건 순전히 내 잘못이 크다. 애초에 그런 콘셉트를 잡아야 한다는 것을 이해하지 못하고 아무렇게나 풀을 짜 주고 잎도 대충 붙이라고 했으니 그렇게 될 수밖에 없었던 것이다.

'현준아, 미안해. 엄마가 날더러 도와주라고 해서 최대한 애썼는데 결과적으로 가장 허름한 옷이 되어 버렸네.'

그동안에 현아 선생님은 무엇을 했냐 하면 아까 말했듯이 개별 인터뷰를 영상으로 담았다. 열심히 옷을 만들고 있는 아이들을 한 명씩 불러 지난번에 우리가 염라대왕 번호를 딸 뻔한 그 언덕길로 데리고 가서 인터뷰를 했다. 그렇게 순조롭게 진행되었다.

"아, 인터뷰 안 해요~~~. 부끄러워서 하기 싫다고요~~~~~."

자기 차례가 가까워진 명재가 떼를 쓰기 시작했다.

'그래, 어쩐지 오늘은 잘한다 했지. 옷도 가장 멋들어지게 만들었으면서.'

언제나 그랬듯 꼬시기 작전을 펼쳐 결국 찍게 만들었다. 어차피 할 거면서 튕기긴. 현아랑 연아는 발표할 당사자들이니까 인터뷰가 필요 없어 편안하게 건너뛰고 남자아이들 인터뷰도 오늘 오지 못한 용민이만 빼고 다 완료했다.

인터뷰도 다 끝내고 인디언 옷을 만들었으면 그걸 입고 이젠 축제를 벌여야겠지? 그런데 옷을 입으려고 하니 그렇게나 촘촘하게 붙여 놨던 잎들이 우수수 떨어지는 것이 아닌가! 조심조심 입혀 주어도 몇 장 더 떨어지는 것을 막을 수가 없었다. 대충 다시 주워서 아직 목공풀이 제대로 마르지 않아 잎이 떨어졌던 곳에 다시 처덕처덕 붙였다.

드디어 카메라가 돌아간다. 아이들은 계단 위에서 가로로 나란히 뒤돌아서 있고 선생님이 계단 밑에서 영상을 찍다가 신호를 주면 아이들이 엉덩이를 씰룩씰룩 흔든다. 다음 신호가 떨어지면 뒤돌아서 다시 씰룩씰룩 거리며 춤을 추는 것이다.

그걸로 씬1은 무사히 넘어가고 다음 씬2를 찍는 데에는 내 폰의 도움이 필요했는데 동요 〈숲속을 걸어요〉를 틀어 주는 것이었다. 왜냐하면 아이들이 따라 불러야 하기 때문이다. 가사를 제대로 알지 못해서 잠깐 영상 자막을 보여 주고 다시 재생을 눌러서 반주를 깔아 주는 동시에 영상을 찍기 시작했다. 뭐, 조금 기운들이 없어 보인 목소리

모처럼 엄마와 함께

였지만 아이들의 영상은 그걸로 마무리했다.

키가 작지만 색이 너무나 고운 단풍나무 아래에서 엄마와 나도 사진을 찍었다. 나중에 영상으로 만든 것을 보니 머리를 풀고 찍을 걸, 하는 후회가 밀려왔다. 이걸로 영상 촬영을 모두 마치고 점심을 먹으러 갔다.

이제 무지개 일곱 남매 활동도 딱 한 번밖에 남지 않았다. 바로 다음 주에 일정이 잡혔는데 형편이 어려운 가정에 땔감 나르기를 한다고 하는데 우리뿐만이 아니라 중고등학생도 함께 참여한다고 한다. 기대된다. 끝!

17회차

이웃을 생각해요

11월 21일 수요일

현아, 연아 쌍둥이 자매와 딸내미랑 같이 김천구미역에서 8시 33분발 SRT에 몸을 실었다. 처음 타 보는 고속열차의 기대감도 두 자매의 걱정을 잠재울 수가 없나 보다. 만나서부터 줄곧 걱정이 늘어졌다. 아무리 신경 쓰지 않고 아무렇게나 발표해도 된다고 한들 부담스럽지 않겠는가?

아마도 두 자매에게는 교실 수업시간에 하는 것 외에 누구 앞에서 발표라고는 해본 경험이 없을 테니 그럴 만도 하다. 자매가 부담스러워할 걸 대비해서 발표 형식을 둘이 평소 대화하는 식으로 꾸몄다. 그래도 얼마나 다행인가? 혼자 하지 않아도 되니 말이다.

서울 코엑스에 도착한 뒤 아직 시간 여유가 있어 아이들을 데리고 근처 쇼핑

센터로 갔다. 발표에 대한 걱정을 잠시나마 잊어 버리도록 하기 위함이다. 시골 촌놈이 어디가 어딘지 모르고 발길 가는 대로 걸었다. 별마당도서관이 나왔다. 우리가 상상하는 조용하고 정숙한 도서관과는 차원이 달랐다. 쇼핑센터와 사방 팔방으로 연결되어 있고 서가도 마치 무슨 건축물을 보는 듯 휘황찬란하다.

난 도서관에 남고 셋이 쇼핑 다녀오라고 했다. 난 체질적으로 쇼핑이 싫다. 숲에서는 얼마를 걸어도 피곤한 줄을 모르겠는데 건물 안에서는 30분만 걸어 다녀도 지친다. 얼마 후 아이들을 불러 점심을 먹고 발표장으로 다시 들어갔다.

우리 발표 순서는 14팀 중 10번째이다. 발표 7분, 질의응답 3분이다. 첫 번째 팀이 발표하고 심사위원 세 분이 번갈아 질문을 하자, 현아와 연아 얼굴이 사색이 되었다. 주어진 대본대로 발표는 어찌 해보겠는데 질문에 답은 못 하겠단다.

차례가 되어 앞으로 나갔다. 마이크를 잡은 자매는 생각보다 차분한 목소리로 잘 해나간다. 옆에 앉아서 PPT 장면을 넘겨 주고 있는데 왠지 모를 감정이 복받쳐 오른다. 아이들의 활동 장면을 담은 영상과 함께 자매들의 대화를 들으며 주책없이 자꾸 눈물이 난다.

발표가 무사히 끝나고 심사위원 한 분이 마치 한 편의 드라마를 보는 것같이 가슴이 찡하셨다고 했다. 질문에 적절한 답을 하지 못했지만 그게 무슨 상관인가? 아이들의 얼굴은 그때부터 화색이 돌고 목소리도 살아나기 시작했다.

우리 무지개 일곱 남매는 우수상을 받아 환경보전협회장상과 상금 10만 원을 덤으로 챙겼다.

난 이 대회를 준비하며 이미 더 큰 성과를 이루었기 때문에 무슨 상을 받건 그다지 중요하지 않았다.

마지막 회차가 가까워지면서 일곱 남매에게 이 활동이 어떤 의미로 남을까,

환경동아리 우수상 받았어요

어떻게 마무리를 해야 할까, 고민이 됐었다. 그런데 이 대회를 준비하면서 자연스럽게 해결되었다. 아이들에게 대본을 미리 주고 한 인터뷰이고 발표였지만 그 과정을 통하여 우리가 일 년 동안 했던 숲 체험에서 이런 배움을 얻어야 하는 것이라는 걸 깨닫기를 바랐다.

인터뷰 내용은 이러했다.

기현: 지난번에 숲에 올라가는 것이 힘들고 귀찮아서 안 한다고 한 적이 있었어요. 그런데 지금은 귀찮지가 않아요. 그리고 무지개 형제들과도 친해지고 있어요. 예전에 별로 좋지 않던 친구들도 점점 좋아지고 있어요.

정우: 예전에는 내 기분만 생각했어요. 그런데 지금은 할머니나 친구 마음이 어떨

까도 생각해 봐요. 그리고 사마귀를 봐도 걔 입장을 생각해서 함부로 잡지 못하겠어요.

명재: 난 진짜 수석쌤 조카이고 싶어요. 수석쌤 사랑해요.

현준: 나는 내가 나무에 잘 오르는지 몰랐어요. 내가 다른 아이보다 잘하는 것이 있다는 게 무지 기분 좋아요.

용민이는 그날 오지 않아 결국 인터뷰를 하지 못하고 말았다. 현아, 연아에게 해주고 싶었던 말은 발표할 때 둘의 대화 내용에 삽입했다.

연아: 언니, 지난번에 명재가 자꾸 부비적거려서 싫다고 했지? 지금은 어때?

현아: 지금도 명재가 치대면 당근 싫지. 그래도 요즘은 안 그래. 명재는 엄마가 없잖아. 엄마 정이 그리워서 그렇다고 생각하니까 엄청 안됐다는 생각이 들어. 연아야, 곧 활동이 끝날 텐데 무슨 생각이 들어?

연아: 난 1년 동안 많이 변한 것 같아. 무슨 일이 생기면 다른 사람 입장을 한번 생각하게 돼.
우리가 이다음에 크면 무지개 일곱 남매와 수석쌤, 현지쌤과 함께 숲으로 다녔던 생각이 엄청 많이 날 것 같아.

현아: 그래, 연아야. 나도 그래. 우리 진짜 가족이 된 거 같지 않니? 우리 무지개 남동생들에게 더 잘해 주자. 알았지?

1월 24일 토요일

오늘은 마지막 날

원래 계획은 솔방울로 크리스마스 트리를 만들고 종강 파티를 하며 이제까지의 활동을 되돌아보며 소감 나누기를 하려고 했었다. 그런데 한국숲사랑청소년단에서 사랑의 땔감 나누기를 진행한다고 해서 그 행사에 참여하는 것이 더 의미 있는 일이라 판단했다.

대략 삼사십 분의 시간 여유가 있어 솔방울로 트리 만드는 방법을 간단히 소개하고 각자 집에서 만들어 보라고 재료를 나누어 주었다. 그리고 우리의 활동을 되돌아보며 소감 나누기를 대신하여 지난번 발표대회에 준비한 동영상과 자신들의 인터뷰한 내용을 보여 주었다. 활동한 동영상은 재미있게 보는데 자기들이 한 인터뷰가 나오면 어디론가 사라졌다가 오곤 했다. 자신의 모습을 영상으로 보는 건 진짜 부끄러운 일이긴 하다.

서울에는 첫눈이 온대요

약속 시간에 맞추려면 서둘러야 한다. 하늘이 잔뜩 웅크리고 있는 게 무언가를 감추어 두고 있는 듯하다. 무엇을 보여 주려고 하는지 궁금하다. 아이들은 나름 봉사활동을 하러 가는 길이 기대되는 모양이다. 첫 번째로 땔감 나누기를 할 가정은 우리 학교 5학년에 다니고 있는 친구 집이다. 가는 차 안에서 학교에 가서 그 친구가 부끄럽지 않게 아무에게도 말하지 말라고 당부했다.

마을 입구에 들어서니 이미 중고등학교 언니들을 태운 버스가 와 있었다. 먼저 내려서 땔감을 기다리다가 날씨가 너무 추워서 다시 버스에 타고 있는 중이라고 한다. 우리 일곱 남매는 몇 번의 추운 맛을 봐 온 터라 단단히 챙겨 입고 왔는데 중고등학생들은 멋을 부리려고 그랬는지 춥게도 입고 왔다.

사랑의 땔감 나누기

명재는 도착하기가 무섭게 그 특유의 친화력을 발동하여 밖에서 사진 찍고 있는 몇몇 누나들에게 가서 온갖 아양을 떨고 있었다. 용민이도 슬금슬금 다가가서 같이 어울리는데, 부끄러움을 많이 타는 기현, 현준 형제는 멀찌감치 구경만 하고 있다. 딸과 자매들은 아예 내리지도 않고 차에서 대기모드를 유지한다.

본부에서 오시는 분들은 중부지방에 눈이 많이 와서 속력을 낼 수 없어 늦어진다는 연락이 왔다. 무슨 이유인지 땔감도 오지 않는다. 한참을 더 기다리는 동안 아이들의 기대감은 서서히 날씨와 함께 가라앉고 지루함이 입 밖으로 쏟아져 나오기 시작한다.

"아이 참, 장작은 언제 와요?"

"글쎄나 말이다. 왜 이렇게 안 오지? 빨리 와야 신나게 나를 텐데……." 대답이 궁색하다.

"서울에는 지금 눈이 많이 와서 본부에서 오시는 분들이 늦어지고 있대. 여기도 눈이 올 것 같지 않니?" 한 알, 두 알 싸락눈이 떨어지는 듯도 하다.

드디어 멀리서 온 손님들이 도착했다. 그분들을 싣고 온 차량은 눈이 얼어붙은 얼음을 달고 와서는 서울에서 온 걸 자랑하듯 으스댄다. 마침 한껏 지루해하던 형제들에게 더없이 신기하고 신선한 일거리를 제공해 주었다. 차에 달라붙어 얼음 떼어 내느라 정신이 없다.

곧 식전 행사로 소개와 인사, 사진 찍기를 끝내고 장갑과 토시를 나누어 장착하고 나서야 땔감 실은 트럭이 도착했다.

사랑의 땔감 나누기

땔감은 참나무 종류의 장작으로 사용하기 좋도록 50센티미터 정도로 잘라 도끼로 몇 조각씩 토막을 낸 것들이다. 트럭과 집 마당 땔감을 쌓아 둘 곳까지 형, 누나들과 함께 두 줄로 주욱 늘어섰다. 고등학교 형아들이 시작과 끝 부분에 서서 힘든 역할을 맡아 주었다. 초등학생은 우리밖에 참여하지 않아서 제일 좋은 자리에 끼어서 트럭에서 내리는 땔감을 넘겨 주기 시작했다. 힘이 센 형들이야 누워서 떡 먹기 정도이지만 명재나 용민이에게는 꽤 큰 장작인데도 낑낑거리면서 모두 신나게 나른다. 아마 우리끼리 하면 재미가 덜할 텐데 형과 누나들과 같

사랑의 땔감을 날라요

이 힘을 모아 장작을 나르니까 더 신나는 모양이다.

장작이 늦게 오는 바람에 일정이 지체된 관계로 속력을 높이기 위하여 우리 일곱 남매들은 그만하고 쉬라고 한다. 일을 그만하라고 하면 좋아라 해야 하는데 왠지 얼굴엔 아쉬움이 역력하다.

1톤의 땔감을 옮기는 데 20분도 걸리지 않을 것 같다. 우리는 따로 차를 타고 왔기 때문에 먼저 두 번째 집으로 이동했다. 이동군이야 그 집 근처까지 갈 수 있지만 대형 버스가 들어가기에는 길이 좁아서 면사무소 근처에 하차를 하고 걸어와야 할 것이다.

중간에서 기다리는 동안 문구점에 들러서 뭐라도 사 먹으면 안 되냐는 명재 요구에 그러기로 했다. 또 기다리는 것은 너무 지루할 것 같기도 하고 사실 나도 별로 한 일도 없이 배가 고프긴 했다. 아이들과 간단한 간식을 골라 나오는 동안 버스는 우리를 지나쳐 저만치서 모두 하차하여 이미 들길을 걸어가고 있었다. 우리는 이동군 덕에 끝까지 타고 갔다. 먼저 도착해 있던 본부 사람들이 준비한 신나는 음악에 흥이 절로 났다.

두 번째 전달할 가정은 지난해 우리 학교를 졸업한 학생과 할머니, 할아버지가 사는 집이다. 땔감을 옮겨야 하는 곳은 길에서 경사진 언덕이고 좁아서 두 줄로 늘어설 수 없어 전체 인원의 반은 쉬고 반만 먼저 나르기 시작했다. 우리는 먼저 자리를 잡고 섰다. 앞에서 전달해 오는 장작을 받아 넘겨주는 아이들의 표정은 여전히 힘든 내색보다 신나한다.

첫눈이 내립니다

그 모습이 예뻐 보인 건 나뿐이 아니었나 보다. 위에서 내려다보고 있던 하늘도 기특하기 그지없는 아이들에게 선물을 보내 주었다. 처음에는 보일 듯 말 듯 보내 주더니 아이들이 신나게 장작을 나르자, 송이송이 마구마구 뿌려 주기 시작했다. 선물을 받은 아이들은 더욱 신이 나서 장작을 받고 넘겨주는 손놀림이 리듬을 타기 시작했다. 내리는 눈송이도 음악에 맞추어 나풀나풀 춤을 추었다. 눈송이는 명재 머리 위에, 연아 어깨 위에 내려앉아서 신나게 일하는 아이들을 응원했다.

손발이 딱 맞게 열심히 나르는데 그만하라는 사인이 떨어졌다. 쉬고 있던 고등학교 언니들에게 자리를 넘겨주라고 한다. 더 하고 싶은 눈치지만 어쩌겠는가? 자리를 양보하는 수밖에. 잠깐 동안이지만 형편이 어려운 어르신들을 위하여 땔감을 날랐다고 생각하니 절로 기분이 좋은지 차로 돌아가는 발걸음이 모두 가볍다. 딸내미와 아이들이 받는 기쁨보다 남에게 무엇을 베푸는 즐거움이 얼마나 좋은지 마음에 담아 두었으면 좋겠다.

우리보고 먼저 식당으로 가 있으라고 하는데 아이들의 행복한 기분을 연장시켜 주고 싶어 두만지로 둘러 가려고 이동군을 몰았다. 아이들은 기분이 좋으면 싸우지도 않는다.

"정우도 같이 왔으면 더 재미있을 텐데."

"맞아, 정우는 힘이 세서 땔감도 잘 날랐을 낀데."

"그래도 엄마하고 같이 있으니까 정우도 기분 좋을 거야."

오늘 오지 않은 정우 생각도 나는가 보다. 함께 못 해 아쉽지만 정우가 엄마랑 같이 시간을 보내는 게 더 좋을 거라는 걸 아이들도 안다. 서로를 생각하는 마음이 싹트기 시작하는 순간이다.

'애들아, 뾰족이 돋아난 그 예쁜 새싹을 잘 가꾸어 가려무나. 너희끼리는 물론이거니와 주변에 어려운 이의 처지를 살펴 마음이나마 작은 도움을 준다면 그분들보다 오히려 너희가 더 행복해진다는 것을 느꼈을 거야. 이웃과 더불어 살아가는 따뜻한 사람이 되려무나.'

보조교사의 시선으로 바라보기

드디어 오늘, 무지개 일곱 남매 마지막 체험일이다. 정규 활동으로는 마지막이지만 다다음 주에 한 번 더 모일 예정이다. 지난번 서울 환경동아리 발표대회에서 우수상을 수상하여 상금 10만 원을 받아 그것으로 영화 보기로 했다.

오늘은 주변 어려운 가정에 땔감을 전달하기로 했다. 구미지역 중고등학생들도 함께한다고 한다. 초등학생은 우리 무지개 일곱 남매뿐이다.

다들 집합 장소로 모인 지도 꽤 되었는데 뭘 시작하려는 낌새 같은 것은 전혀 없다. 궁금해서 무슨 일이냐고 여쭈었더니 주문해 놓은 장작이 오질 않는다는 것이다.

뭔가 이상하다. 주변에 무언가 흩날리는 듯한 기분이 든다. 기분 탓이 아니다. 첫눈이 내리고 있었던 것이다! 처음에는 아주 조그만 먼지와도 같은 눈이었지만 시간이 지나니 점점 눈송이가 굵어져서 제법 분위기를 낼 수 있을 만큼이 되었다.

그때를 기점으로 아직 장작은 도착하지 않았지만 드디어 따로따로 놀던 학생들을 집합시키고 봉사활동 단체 유니폼 조끼와 목장갑을 하나씩 나눠 주었다. 바로 안쪽으로 보이는 골목 맨 첫 번째 집이 오늘 우리가 땔감을 전달해 줄 두 가구 중 하나여서 그쪽으로 들어갔다.

그러자마자 타이밍 좋게 장작을 실은 트럭이 도착해서 각자 위치를 딱 잡고 두 줄로 서서 장작 나를 준비를 완료했다. 드디어 장작 나르기가 시작되었고 앞쪽 학생들을 거쳐 오는 첫 장작을 받아들자마자 눈송이가 더 굵어져서 이제 완전히 펄펄 내리기 시작했다.

함께하니 즐거워요

덕분에 겨울 분위기를 한껏 느끼며 들뜬 마음으로 일을 할 수 있었다. 하지만 생각보다 빠르게 몰려오는 장작으로 정신을 차릴 수가 없었다. 게다가 무게가 엄청나다. 이건 장작이 아니라 거의 방금 막 베어 온 통나무 같았다.

이렇게 무거운 것을 우리 연약한 무지개 일곱 남매보고 옮기라고 하다니……. 그렇게 생각한 것도 잠시, "약목초 나와라!"는 대표 선생님의 외침이 들려왔다.

'네? 아직 옮길 장작 남았는데요?'

우리 먼저 다음 집으로 이동해 있으란다. 일의 속도를 높이기 위해서란다. 단체 버스를 타고 이동해야 하는 중고학생들을 뒤로하고 우리는 이동군을 타고 먼저 두 번째 집으로 향했다. 가던 도중에 엄마가 화장실이 급해서 가는 길에 있는 면사무소에 잠시 차를 대고 다녀오셨다.

'아이고 명재야, 기현아……. 이제 얼마 안 있어서 점심 먹을 거구만 왜 굳이 제 돈 써 가면서까지 문구점엘 가서 군것질을 하려고 그러니. 하여간 요즘 아이들은 돈도 많다니까.'

나 어릴 때는 용돈 아껴 쓰느라 하나에 백 원짜리 만두 하나 사 먹는 데도 부들부들거렸었다. 어쩌다 큰맘 먹고 문구점 앞의 일명 돈 넣고 돈 먹기 게임기에서 운이 좋아

백 원이 20배 뻥튀기 되는 기적이 일어나면 그걸로 학원 친구들에게 만두 하나씩 쏘고 그러면 거의 영웅 대접을 받았었다.

그러다 보니 어느새 시간이 꽤 흘러서 먼저 출발했던 우리가 추월을 당해서 부랴부랴 쫓아갔다. 목적지에 가까이 가니 삼삼오오 걷고 있는 중고학생들이 보인다. 들판길이 좁아서 버스가 들어갈 수 없어서라고 한다.

그 사이를 우리는 유유히 차를 타고 갔다. 명재가 저도 내려서 누나들과 같이 걸어갈 거란다. 주책없이 누나들에게 치대는 게 아닐까 염려스러웠지만 어쨌든 제 스스로 나가서 걷겠다고 하니 내려 주었다. 우리는 좀 더 안쪽으로 타고 들어갔다.

두 번째 집에는 먼저 도착한 트럭이 싣고 온 장작들을 도로에 다 쏟아 놓고 갔는데 그것도 길 한가운데다. 지나가는 차량도 드문드문한 골목이긴 하지만 오래 놔 두기가 곤란해서 신속하게 줄을 맞춰 서서 장작을 나르기 시작했다. 그때까지 조금씩 내리고 있던 눈은 클라이맥스에 도달해서 이게 첫눈이 맞나 싶을 정도로 펑펑 내렸다.

내리는 함박눈에 힘입어 열심히 나르고 있는데 또 우리는 나오란다. 그 눈을 제대로 즐기지도 못했는데 끝을 내야 하다니. 이걸로 우리의 오늘 일정이자 마지막 일정이 끝

첫눈이 내려요

난 셈이다. 무언가 허무한 기분이지만 긍정적으로 생각하자. 일은 적게 하고 고기를 얻어먹잖아?

자, 밥 먹으러 가자, 밥! 또 우리 먼저 식당에 가서 기다리고 있겠습니다! 뿅~ 하고 도착한 고기 전문 식당, 고기는 언제나 옳다. 그런데 남자아이들의 표정이 묘한 것이 어째 좀 실망한 느낌이다.

나 혼자의 추측이지만 자기들이 기대한 '고기'에 대한 비주얼과 지금 눈앞에 준비되어 있는 전골의 이미지가 영 딴판이라 그런 것이 아닐까 싶다.

비유를 하자면 좀 오래된 영화이긴 하지만 영화 〈집으로〉에서 꼬마 주인공 유승호가 할머니한테 켄터키 치킨을 달라고 졸랐는데 백숙을 만들어 주셔서 이게 뭐냐고 따진 것과 같은 상황이랄까.

이제 식사도 다 끝나고 오늘 일정을 총괄해 주신 선생님께서 모두에게 짤막한 인사를 한 뒤 선물로 미니 가습기를 하나씩 주셨다.

아이들을 데려다주는 마지막 길, 이제 정말로 정식 활동이 끝났다. 다른 날들에 비해서 오늘 활동을 한마디로 말하자면 '굵고 짧았다'라고 말할 수 있겠다.

3월부터 지금까지 무지개 일곱 남매, 이 아이들과 함께 활동해 온 시간들. 되돌아보니 참 의미 있고 멋진 시간들이었다. 사람 성격이 어디 숲 체험 10개월 남짓 했다고 그렇게 변하겠냐만 확실히 처음 수석교사실에서 만났을 때의 아이들도 그리고 나도 조금, 아니 많이 변해 있었다.

언젠가 다시 만나자 얘들아, 너희 덕에 즐거웠어. 끝!

3. 이렇게 해봐요!

: 행복한 숲 체험을 위한 놀이와 준비물

1회차 봄나물 튀김하기

봄나물 캐기

■ **시기**: 3월

■ **장소**: 들판이나 양지바른 언덕

■ **대상**: 초등학생 이상

■ **역량 요소**: 자신감, 정교성

■ **준비물**: 칼과 나물 담을 바구니, 편한 복장

■ **활동 방법**:

- 먹을 수 있는 봄나물: 쑥, 냉이, 소리쟁이, 수영, 민들레, 질경이, 꽃다지, 벼룩나물, 벼룩이자리, 점나도나물, 광대나물, 별꽃 등 이른 봄에 들에 자라는 대부분의 나물(독성이 강한 애기똥풀, 현호색, 미나리아재비 등은 피함)
- 냉이는 뿌리째 캐고 쑥은 낱잎으로 뜯지 말고 어린순을 뿌리 위쪽에서 통째로 뜯어야 한다.
- 소리쟁이, 수영, 민들레, 질경이 등은 뿌리에서 바로 자라 나온 것 중에서 연한 줄기만 뜯는다.

나물 캘 도구

봄나물로 튀김하기

- ■ **시기**: 3월
- ■ **장소**: 교실이나 가정
- ■ **대상**: 초등학교 고학년 이상
- ■ **인성요소**: 성취감, 독창성
- ■ **준비물**: 봄나물, 튀김가루, 깊이가 있는 둥근 프라이팬, 식용유, 긴 대나무 젓가락, 큰 그릇 2~3개, 물기 뺄 바구니, 튀김해서 담을 큰 접시 등
- ■ **활동 방법**:

- 캐 온 나물을 다듬는다. 냉이는 굵은 뿌리를 남기고 잔뿌리만 제거하고 다른 나물들은 시든 잎과 뿌리 부분을 제거한다.
- 나물이 짓무르지 않게 흙이 떨어져 나가도록 살랑살랑 흔들어 여러 번 씻는다.
- 바구니에 받쳐 물기를 최대한 제거한다.
- 튀김가루를 너무 묽지 않게 물에 갠다.
- 튀김가루를 골고루 묻힌 후 물에 갠 튀김옷을 입힌다.
- 적당한 기름 온도를 알아보기 위해서 소량을 떨어뜨려 동동 떠오르기 시작하면 불의 세기를 최대한 낮춘 후 튀겨낸다.

※ 봄나물 튀길 때 주의할 점

- 튀김하다가 기름이 튀어 화상을 입을 염려가 있으므로 반드시 긴팔 옷을 입도록 한다.
- 사전에 튀기는 순서와 방법, 주의사항을 안내하여 침착하게 할 수 있는 분위기를 조성한다.

2회차 나무 심장소리 듣기

■ **시기**: 4~6월

■ **장소**: 숲이나 공원

■ **대상**: 전 연령

■ **역량 요소**: 생명 존중, 정서적 안정감

■ **준비물**: 청진기

■ **활동 방법**:

- 두 명씩 짝지어 청진기를 하나씩 나눠 준 다음, 청진기 사용법을 설명한다.
- 서로 상대방의 심장 소리를 들어 보며 청진기 사용법을 익힌다.
- 짝끼리 나무 한 그루를 정하고, 조용히 다가가 나무줄기에 청진기를 대고 소리를 들어 본다.
- 청진기를 사용하지 않는 사람이 청진기를 나무에 대 주면 다른 사람은 눈을 감고 집중하여 소리를 듣는다.
- 사람마다 청각 기능이 다르지만 약 10초 간 집중하다 보면 물이 이동하는 소리를 들을 수 있다.
- 역할을 바꿔 소리를 들어 보고, 각자 무슨 소리를 들었는지 이야기한다.
- 자리를 옮겨 가며 다양한 나무의 소리를 들어 본다.

※ 주의할 점

친구가 청진기를 귀에 대었을 때 고함을 지르는 경우가 있는데 절대로 그런 장난을 하지 않도록 미리 이야기한다.

나무에 물 오르는 소리 듣기

도움말

소리가 잘 들리는 나무: 지름이 15센티미터 이상 큰 나무 중 나무껍질이 얇은 나무가 좋다. 물푸레나무, 쪽동백나무, 서어나무, 단풍나무 등이 적당하다.
비 온 뒤에 하면 나무에 물 오르는 소리를 더 잘 들을 수 있다.

3회차 꽃전 만들기

■ **시기**: 4월

■ **장소**: 교실이나 가정

■ **대상**: 초등학교 고학년 이상

■ **역량 요소**: 성취감, 독창성, 정교성, 의미 있고 행복한 삶의 추구와 향유

■ **준비물**: 진달래, 제비꽃 등 다양한 꽃잎과 새순, 찹쌀가루, 소금, 식용유, 올리고당(꿀), 프라이팬 등

■ **활동 방법**:

- 꽃전에 올릴 다양한 꽃과 잎을 따 온다.
- 뭉그러지지 않도록 살살 씻어 물기가 빠지도록 바구니에 담는다.
- 찹쌀가루에 뜨거운 물을 조금씩 부으며 저어 준다.
- 반죽할 때 손에 붙지 않고 말랑말랑한 느낌이 들도록 한다.

꽃전 재료

- 비닐봉지에 반죽한 것을 넣어서 2시간 정도 숙성시킨다.
- 탁구공 크기로 떼어 동그랗고 납작하게 빚는다.
- 프라이팬에 식용유를 두르고 뜨거워지면 불의 세기를 아주

약하게 하고 빚은 반죽을 올려 뒤집어 가며 굽는다.

• 꽃과 잎을 올려 뒤집어 굽고 바로 다시 뒤집는다. 그 위에 꿀이나 올리고당을 살짝 뿌린다.

• 아이들이 다양한 재료를 활용하여 스스로 꾸미도록 하여 창의적인 작품을 만들도록 한다.

아이들이 만든 꽃선

도움말

1. 시중에서 파는 찹쌀가루는 찰기가 적어 아이들과 반죽하기는 적당하나 맛은 덜하다. 번거롭기는 하나 찹쌀가루를 빻아서 사용하되 찰기가 너무 많아 손에 붙을 수 있으니 멥쌀가루를 조금 섞는 방법이 좋다.

2. 아이들과 함께 할 때는 꽃을 올리고 뒤집어 구우면 색이 금방 바래져서 예쁘게 나오지 않을 수 있으므로 찹쌀 반죽만 구워내서 뜨거울 때 올리고당을 뿌리고 그 위에 꽃잎으로 예쁘게 장식해도 된다.

4회차 솔방울 꽃 만들기

- **시기**: 4월 말~5월 초
- **장소**: 교실이나 가정
- **대상**: 초등학교 중학년 이상
- **역량 요소**: 감정 조절, 감사, 배려, 문화적 소양과 감수성
- **준비물**: 빨간색 아크릴 물감, 붓, 바니시, 반짝이풀, 리본, 글루건, 스테이플러, 원형핀
- **활동 방법**

솔방울로 꽃 꾸미기

- 형태가 찌그러지지 않은 적당한 크기(지름 3~4센티미터)의 솔방울을 주워서 소금물에 끓여 소독하여 말린다.
- 솔방울이 다 마르면 밑바닥만 빼고 빨강 아크릴 물감을 빠짐없이 바른다.

(포스터 물감이나 일반 물감도 가능하나 되도록 물을 섞지 않아야 색이 선명하다.)

- 물감이 완전히 마르면 코팅 역할을 하는 바니시로 덧칠하여 반짝반짝

윤을 낸다.

- 바니시가 마르면 2~3가지 색의 반짝이풀로 포인트를 주어 꾸민다.

리본 만들기

- 초록색 리본 테이프를 25센티미터 정도 잘라 삼각뿔 모양으로 네 귀퉁이를 만든다. 이때 귀퉁이마다 스테이플러로 찍으면서 만들어 나가야 형태가 흐트러지지 않는다.
- 위와 같이 완성된 리본 두 개를 어긋나게 겹친 다음 스테이플러로 고정시키면 여덟 귀퉁이의 리본이 된다.
- 리본 아래에 꼬리 2개를 기다랗게 만들어 단다. 이때 하트 모양이 그려진 좁은 흰색 리본 테이프를 꼬리 앞부분에 덧댄다.

솔방울로 꽃과 리본 붙이기

- 만들어진 리본 가운데 부분에 녹인 글루건을 듬뿍 짜서 색칠한 솔방울을 붙이고, 리본 뒤쪽에는 원형핀을 붙인다.

솔방울 꽃들

5회차 풀피리 만들기

■ **역량 요소**: 성취감, 과제 집중력, 문화적 소양과 감수성

버들피리 만들기

■ **시기**: 3월(싹을 틔우기 위해 가지에 물이 오르기 시작하는 시기)

■ **장소**: 냇가나 계곡

■ **대상**: 초등학교 중학년 이상

■ **준비물**: 전지가위, 칼

■ **활동 방법**

- 지름 1센티미터 정도의 버드나무 가지를 10~20센티미터 정도 자른다.
- 두 손으로 잡고 한쪽에서부터 지그시 비틀어 나가면 속과 분리된 것이 느껴진다.
- 굵은 쪽 껍질은 조금 벗겨내어 속심을 입에 물고 껍질을 두 손으로 감싸 안고 조심스럽게 가는 쪽으로 빼낸다.
- 한쪽 끝을 납작하게 눌러 1센티미터 정도 속껍질을 남기고 겉껍질을 벗겨내면 완성된다.

민들레피리 만들기

■ **시기**: 3~4월(겨울을 난 로제트 잎 사이로 꽃대가 쭉 자라 올라올 때)

■ **장소**: 들판이나 마을 주변

■ **대상**: 초등학생 이상

■ **준비물**: 없음

■ **활동 방법**

- 꽃대가 굵고 연한 것을 골라 적당한 길이로 갈라 한쪽 끝을 납작하게 누른다.
- 뽀리뱅이처럼 속이 빈 꽃대는 모두 좋은 재료가 된다.
- 찢어지지 않게 조심해서 리코더처럼 구멍을 내어 불어도 된다.

나뭇잎피리 만들기

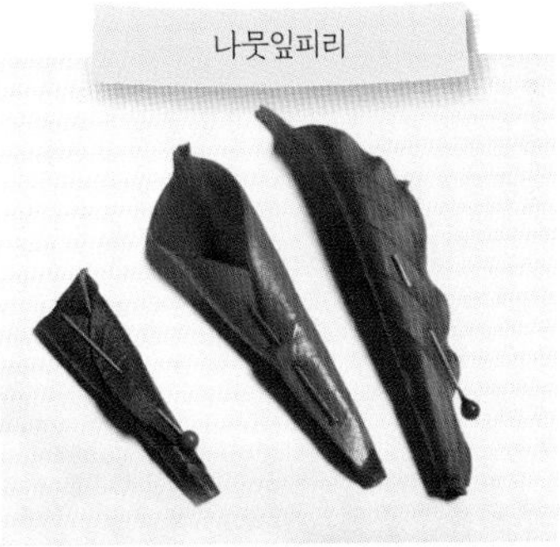

■ **시기**: 언제든지

■ **장소**: 학교 주변이나 숲 등 어디서나

■ **대상**: 초등학생 이상

■ **준비물**: 주변에 있는 또르르 말리는 잎

■ **활동 방법**

- 자연에 나는 어떤 잎이라도 비스듬히 말아 골뱅이 모양이 되도록 한다.
- 말아 놓은 채로 취구 부분만 가위로 일직선이 되게 잘라 이로 잘근잘근 물어서 납작하게 만들어 불면 된다.
- 양쪽 구멍의 크기가 너무 차이가 나면 잘 안 불어질 수 있다.

6회차 토끼풀 꽃으로 화관 만들기

- **시기**: 5월
- **장소**: 들판이나 공원
- **대상**: 초등학생 이상
- **역량 요소**: 자아존중감, 성취감, 독창성, 정교성, 정서적 안정감
- **준비물**: 토끼풀과 주변에 있는 꽃이나 잎

열십자 모양으로 엮기

- 꽃이 핀 토끼풀의 꽃대를 길게 뜯는다.
- 중심 꽃대를 놓고 다른 꽃대를 열십자 모양으로 놓아 감은 다음 두 줄기를 합친다.
- 반복해서 다른 꽃대를 열십자 모양으로 놓아 감은 다음 줄기를 합친다.
- 이런 방법으로 계속 반복하여 엮어 머리 둘레에 맞춰 가며 길이를 조절한다.
- 처음과 끝을 연결하여 마무리한다.

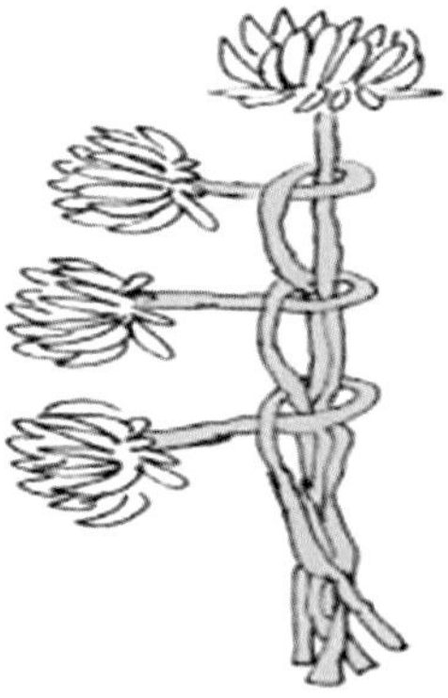
토끼풀 꽃대로 열십자 엮기

세 가닥으로 땋기

세 가닥으로 땋기

- 토끼풀 3개를 머리 땋듯이 땋으면 된다. 한 번 땋을 때마다 새로 하나씩 추가해 가며 땋는다.
- 토끼풀 꽃이 많아 화관을 두툼하게 만들고 싶다면 6, 9, 12개를 들고 삼등분하여 땋아 나가면 된다. 이때 추가하는 것도 같은 개수로 추가한다.

다발로 묶기

다발로 묶기

- 열십자로 엮기나 세 가닥으로 땋기가 어렵다면 그냥 토끼풀을 10개 정도씩 다발로 묶는다.
- 그것들을 한 줄로 이어 붙인다.
- 주변에 붉은토끼풀이나 보라색 벳지(털갈퀴덩굴)를 구할 수 있으면 부분부분 넣어 포인트를 주어도 좋다.

토끼풀 꽃 화관 예뻐요

7회차 숲속 오감 체험하기

■ **시기**: 언제든지

■ **장소**: 숲속

■ **대상**: 누구든지

■ **역량 요소**: 자기조절과 통제, 정서적 안정감, 생명 존중, 다양한 가치에 대한 존중

■ **준비물**: 생태거울, 안대, 부직포 액자, 밧줄

시각 체험

- **뱀눈 보기**: 편평한 길에서 오른손으로 거울을 들고 눈 아래쪽에 가져다 댄 후, 왼손은 앞 친구의 어깨에 올리고 천천히 걸으며 거울을 통하여 숲의 모습을 관찰한다. 목적지에 도착하여 뱀눈으로 바라본 숲의 모습과 느낌을 이야기한다.
- **자연이 만든 예술 작품 찾기**: 펠트지나 부직포로 만든 액자를 들고 다니다가 숲에서 신기하거나 멋진 장면을 찾으면 액자 속에 담아 사진을 찍는다. 장면에 알맞은 이름도 붙인다.
- **누워서 하늘 바라보기**: 숲속에 누워서 바람에 흔들리는 나뭇잎도 보고 그 위로 흘러가는 구름을 보며 마음의 안정을 가지도록 한다.

청각 체험

숲 소리에 귀 기울이기

- 커다란 나무를 끌어안아 귀를 대고 가만히 나무 내부에서 들려오는 소리에 집중해 본다.
- 앉거나 누워서 눈을 감고 주변 소리에 집중해 본다. 나뭇가지가 바람에 흔들리는 소리, 새소리, 벌레소리, 물 흐르는 소리 등 몇 가지 소리를 들었는지 이야기 나눈다.
- 앉거나 누울 상황이 안 되면, 안대를 하고 서서 소리를 들은 후 그 소리의 흉내를 내어 보게 한다.

미각 체험

- 봄에 찔레순을 꺾어 껍질을 벗기고 먹었을 때와 벗기지 않았을 때의 맛을 비교해 본다.
- 여름에는 오디, 버찌, 산딸기 등 주변 숲에 있는 열매를 맛보고 비교해 본다.
- 가을에는 다래, 머루, 오미자, 정금나무의 열매를 따서 맛본 다음 무슨 맛인지 말해 본다.

찔레순 맛보기

후각 체험

- 생강나무, 비목나무, 감태

나무의 작은 가지나 잎을 따 비벼서 향을 맡아 본다.

- 산초나무, 초피나무의 잎을 따서 냄새를 맡아 본 후 언제, 어디에서 맡은 냄새인지 이야기한다.
- 배초향, 꽃향유, 마타리 등의 풀에서 나는 향을 비교해 본다.

촉각 체험

- **눈 가리고 나무 찾기**: 두 명이 짝을 지어 가위바위보를 하여 진 사람은 눈을 가린다. 이긴 사람은 친구를 안내하여 나무의 껍질을 만질 수 있도록 한다. 다시 돌아와서 안대를 풀고 그 나무를 찾아 본다.

눈 가리고 나무 찾기

- **밧줄 따라 가기**: 아이들을 숲으로 데려가기 전에 미리 다양한 자연물에 밧줄을 감아 연결한다. 안대를 하게 한 후 한 사람씩 밧줄을 따라 천천히 이동하며 손에 닿는 자연물들을 만져 본다. 느낌이 어떠했는지 이야기를 나누어 본다.

8회차

조약돌을 활용한 놀이

- **시기**: 언제든지
- **장소**: 개울가, 냇가, 숲 계곡
- **대상**: 누구든지
- **역량 요소**: 자아존중감, 타인 이해와 존중, 협력, 다양성
- **준비물**: 조약돌, 나뭇잎, 네임펜이나 사인펜

나만의 조약돌 찾기

- 제일 동그란 것, 세모, 네모, 별 모양이나 얼굴 모습, 동물 모습 등 조약돌의 다양한 모양 찾기를 한다.
- 특정한 색깔에 가장 가까운 색이나 조약돌에 그려진 무늬를 찾아보게 할 수도 있다.
- 자신이나 친구를 닮은 조약돌을 찾게 하여 어떤 부분이 닮았는지 그 이유를 말하게 하는 것도 좋다. 모습뿐 아니라 성격이나 느낌 등 다양한 부분에서 닮은 모습을 찾도록 한다. 단, 좋은 점을 말할 수 있도록 유도한다.

조약돌 탑 쌓기

- 돌멩이를 모아 놓고 누가 더 여러 층을 쌓는지 겨루기를 할 수 있다. 한 층씩 번갈아 가며 차례차례 쌓다가 먼저 무너지는 쪽이 진다.
- 여러 명이 있을 때 협동심을 기르는 놀이로 편을 나누어서 진행할 수도 있다. 먼저 무너지는 모둠이 진다.

조약돌 탑 무너뜨리기

- 쌓기 놀이를 한 돌탑으로 일정 거리에서 맞히기 놀이를 진행한다.
- 아래쪽 큰 돌을 맞히면 낮은 점수를 주고 위의 작은 돌을 맞히면 높은 점수를 주어 모둠별로 점수를 합산하도록 한다.

조약돌에서 나뭇잎 뽑기

- 조약돌 2개를 포개 놓은 사이에 나뭇잎을 끼운다.
- 위에 있는 돌을 떨어뜨리지 않고 나뭇잎을 빼내면 된다.
- 익숙해지면 난이도를 높여 위의 돌을 더 동그란 것으로 하거나 아랫돌을 더 작은 것으로 할 수 있다. 나뭇잎과 돌 위치를 다르게 하여 난이도를 조절할 수 있다.

조약돌에서 나뭇잎 뽑기

조약돌에 내 얼굴 그리기

- 납작한 조약돌에 자신의 모습을 그린다. 작은 거울을 보며 자신의 모습 중에서 특징적인 부분이 잘 드러나도록 그려 본다.

조약돌에 그린 내 얼굴

- 마음에 들지 않는 부분을 그리기보다 자신 있는 부분을 중심으로 그린다.
- 그림이 완성되면 자신의 모습 중에서 어떤 특징을 위주로 그렸는지 이야기 한다. 잘 표현된 곳을 중심으로 발표한다.
- 다른 친구들의 그림과 설명을 듣고 잘 표현한 친구를 칭찬하도록 하여 아이들의 자존감을 높일 수 있도록 한다.

9회차 거미줄 만들기

■ **시기**: 언제든지

■ **장소**: 교실이나 가정, 숲속 또는 공원

■ **대상**: 초등학생 이상

■ **역량 요소**: 도전, 끈기, 타인 이해와 존중, 협력, 융합적 사고

■ **준비물**: 나뭇가지, 종이끈, 마끈, 색깔별 노끈, 아이클레이

나뭇가지와 종이끈으로 만들기

- 밖으로 나가 나무 그늘에 둘러앉아서 하거나 교실 또는 가정에서 할 수 있다.
- 나무젓가락이나 그 정도 굵기의 20센티미터 되는 작은 나뭇가지 3개와 색이 고운 종이끈을 준비한다.
- 중간 지점을 기준으로 3개의 나뭇가지를 겹쳐 비슷한 간격으로 벌려 종이끈을 이용하여 움직이지 않게 고정시킨다.
- 고정시킨 가운데부터 한 가지를 한 바퀴 돌려 다음 가지로 넘어간다.
- 가지 끝부분이 2센티미터 정도 남을 때까지 바깥으로 반복해 엮어 마무리한다.

교실의 물건을 이용하여 만들기

- 교실에서 거미가 줄을 치는 모습의 동영상을 먼저 시청하도록 한다.
- 짝끼리, 모둠끼리 협동하여 만들 수 있도록 한다.
- 먼저 어떻게 만들 것인지 구상할 시간을 가진다.

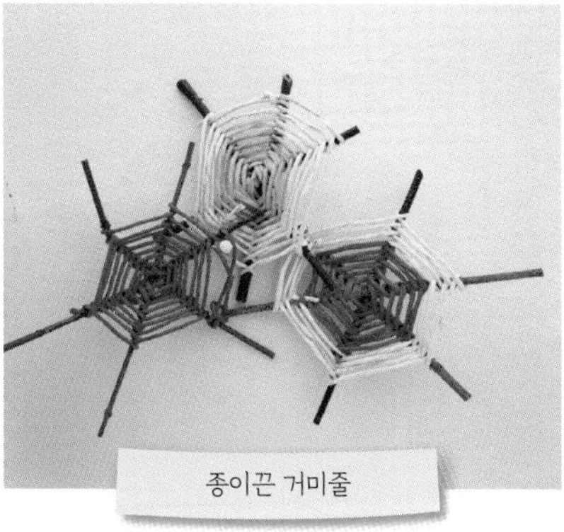

- 교실에 있는 책상이나 의자 다리를 이용하여 만들 수 있다.

숲속에서 나무 사이에 만들기

- 숲에서 거미줄을 찾아 그 모습을 자세하게 관찰한다.
- 모둠별로 거미줄 설계도를 구상하여 먼저 도화지에 그려 보도록 한다.
- 거미줄을 칠 수 있는 적당한 나무 두 그루를 고른다.
- 설계도를 바탕으로 나무 사이에 노끈을 연결하여 거미줄을 만든다. 이때 가로줄과 세로줄을 다른 색으로 하면 좋다.
- 끈적이는 가로줄을 표현하기 위해 양면테이프를 감아 흰 종이를 제거한다.
- 아이클레이로 거미를 만들어서 거미줄에 붙인다.

도움말

거미줄은 혼자 만드는 것보다 여럿이 함께 만들도록 하면 만드는 과정에서 협동심을 기를 수 있다. 모둠별로 거미줄이 완성되면 모두 연결하여 커다란 거미줄을 만들어 숲의 생태계가 연결되어 있음을 이야기해도 좋다.

10회차 나뭇잎을 이용한 놀이

■ **시기:** 언제든지

■ **장소:** 숲속 또는 공원, 교실이나 가정,

■ **대상:** 누구든지

■ **역량 요소:** 자아존중감, 개성, 다양성, 협력, 질서의식, 공정성

■ **준비물:** 흰 천이나 4절 종이, 가위

나뭇잎 가위바위보

- 모둠별로 다양한 모습의 나뭇잎이나 풀잎을 모은 후 넓은 종이 위에 펼친다.
- 주변의 두 나무 사이에 줄을 매고 나무집게를 걸어둔다.
- 모둠에서 모은 잎 중에서 교사의 주문에 가장 적합한 것을 골라 뒤춤에 숨기고 나온다. (가장 큰 잎, 작은 잎의 개수가 가장 많은 것, 잎자루 길이가 가장 긴 것, 구멍이 가장 많은 것 등.)
- 교사가 가위바위보 하면 숨기고 있던 잎을 앞으로 내민다.
- 교사 주문에 가장 적합한 잎을 내민 모둠이 승리한다.(그 기준은 교사가 정하기보다 모둠 대표들이 합의하도록 한다.)
- 우승한 잎을 나무집게로 집어 매어 둔 줄에 걸고 다시 진행한다.
- 선정된 나뭇잎처럼 각자 자신만의 개성이 가장 경쟁력 있음을 인식하여 자

나뭇잎 가위바위보

아존중감을 높인다.

다양한 나뭇잎 찾기

- 숲에서 활동 할 수 있는 평평한 곳을 골라 두 나무 사이에 줄을 매고 나무집게를 걸어둔다.
- 아이들은 주변에서 나뭇잎을 주워서 집게로 줄에 매단다.
- 단, 먼저 달려 있는 나뭇잎을 보고 같은 것이 있으면 달지 말고 다른 나뭇잎만 매단다.
- 더 이상 다른 나뭇잎을 찾을 수 없으면 그만하고 매단 나뭇잎을 함께 관찰한다.
- 관찰한 내용과 소감을 나눈다.
- 이 활동을 통하여 관찰력을 기르고 숲 다양성이 중요한 이유를 들려 주며,

나아가 아이들 각자의 개성도 존중해야 함을 이야기한다.

나뭇잎 조각 맞추기

- 숲에서 다양한 나뭇잎을 모아 흰 천이나 넓은 종이에 모은다. 위에서 활동한 나뭇잎을 이용해도 된다.
- 각 나뭇잎을 5~10 조각으로 자른다. 이때 대상자 나이에 따라 조각의 수를 조절한다.
- 바구니에 모둠원이 자른 나뭇잎을 모은다.
- 바구니를 바꾸어 다른 모둠이 자른 나뭇잎 조각을 맞추어 완성한다.
- 모둠별로 나뭇잎 조각을 완성하는 시간을 재어 제일 빠른 모둠에게 상품을 준다.
- 나뭇잎의 모양, 크기 등을 보고 숲에 어떤 나무가 살고 있는지 이야기를 해주어도 좋다.

11회차 자연물로 배 만들기

■ **시기**: 언제든지

■ **장소**: 숲속 또는 공원, 운동장이나 교실

■ **대상**: 초등학생 이상

■ **역량 요소**: 독창성, 과제 집중력, 성취감

■ **준비물**: 가위, 칼, 이쑤시개

나뭇잎 배

- 잎이 넓고 얇지만 질긴 신갈나무 잎이 배 만들기에 적당하다.
- 잎을 최대한 넓은 정사각형이나 직사각형으로 오린다.
- 종이배 접기 방법으로 나뭇잎 배를 만든다.

도움말 종이배 접기

① 긴 쪽을 중심으로 반으로 접고 펴서 양쪽을 또다시 반씩 접는다.
② 다음 그림의 점선처럼 네 귀퉁이를 안으로 접는다.
③ 한 번 더 점선처럼 네 귀를 안으로 접는다.
④ 배 양옆 부분의 귀를 다시 반으로 접는다.
⑤ 이 상태에서 안과 밖을 뒤집으면 완성이다.

종이배 만들기

댓잎배 만들기

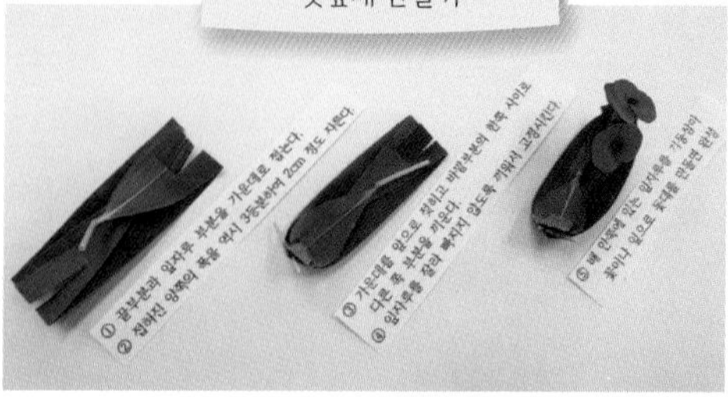

댓잎 배

- 잎을 3등분하여 잎 끝부분과 잎자루 부분을 가운데로 접는다.
- 접힌 양쪽 부분의 폭을 역시 3등분하여 2~3센티미터 정도 두 줄로 찢는다.
- 중심 맥이 있는 가운데 부분을 앞으로 젖히고 바깥 부분의 한쪽 사이로 다른 쪽 부분을 끼운다.
- 잎자루를 잘라 빠지지 않도록 끼워서 고정시킨다.
- 배 안쪽에 있는 잎자루를 기둥 삼아 꽃이나 잎으로 돛대를 만들면 완성이다.

도움말

밤나무, 굴참나무 등 잎이 길쭉한 것은 댓잎 배 만드는 방법으로 배 만들기가 가능하다. 단, 잎맥이 나란하지 않으므로 조심해서 찢거나 가위로 자르면 된다.

소나무 나무껍질 배

- 나이가 많아 켜켜이 쌓인 채로 벗겨진 소나무의 나무껍질을 줍는다.
- 소나무 나무껍질 앞부분은 뾰족하게, 뒷부분은 평평하게 배 모양으로 깎는다.
- 물속으로 들어가는 부분은 좁게, 윗부분은 넓게 만든다.
- 이쑤시개나 나뭇가지에 나뭇잎으로 돛대를 만들어 배 가운데 꽂으면 완성이다.

소나무 나무껍질 배

12회차 칡덩굴을 이용한 놀이

- **시기**: 여름~가을
- **장소**: 숲속
- **대상**: 초등학생 이상
- **역량 요소**: 타인 이해와 존중, 갈등 조정 능력, 협동과 협업 능력, 성취감
- **준비물**: 전지가위

칡과 소나무 놀이

- 두 사람이 짝이 되어 가위바위보 한다.
- 진 사람은 소나무가 되어 제자리에 서 있고 이긴 사람은 칡이 되어 소나무 등에 탄다.
- 업힌 상태에서 소나무의 눈, 코, 입을 막는다.
- 소나무는 버티다가 참지 못할 정도가 되면 쓰러진다.
- 입장을 바꾸어서 해본다.
- 소나무와 칡이 되어 본 소감을 이야기한다.

칡과 소나무 편 되어 토론하기

- 이야기 주제 "소나무를 위해서 칡덩굴을 잘라야 할까?"
- 소나무, 칡의 입장이 되어 주제에 대한 이야기를 나눈다.
- 입장을 바꿔서 다른 나무에게 사과의 말을 한다.

칡덩굴과 줄다리기

- 칡덩굴을 함께 끌어내리는 자체가 하나의 놀이가 될 수 있다. 아이들에게 협동심을 기르게 하는 놀이로 이만한 것이 없다. 먼저 전지가위로 밑동을 잘라 주고 모두가 함께 힘을 합쳐 잡아당겨 칡덩굴을 끌어내리게 한다.

칡덩굴과 줄다리기

칡덩굴(밧줄)을 이용한 몸 풀기

- 칡덩굴이나 밧줄 양끝을 묶어 원을 만든다.
- 모두 팽팽하게 잡고 앉았다가 일어나기를 한다.
- 머리와 허리를 뒤로 젖혀 꽃이 활짝 핀 모습을 만들 수도 있다.

칡덩굴 리스 만들어 솔방울 통과시키기

- 칡덩굴을 둘둘 감아 지름 30센티미터 정도의 리스를 만든다.
- 나무와 나무 사이 가슴 높이에 묶어 리스 부분이 중앙에 오도록 한다.
- 주변에 있는 솔방울을 주워 리스를 통과시키는 놀이를 한다.

칡덩굴로 줄넘기

칡덩굴로 줄넘기

- 함께 끌어내린 칡덩굴을 이용하여 개인 줄넘기를 하거나 긴 줄넘기를 할 수 있다. 숲에서 칡덩굴로 하는 줄넘기는 시중에서 구매한 것으로 하는 줄넘기와는 또 다른 즐거움을 준다.

도움말

그 밖에도 편을 나누어 줄다리기, 림보놀이, 빨랫줄을 활용하여 자연물로 만든 작품을 전시하는 데 활용할 수 있다.

13회차 나뭇가지를 이용한 놀이

- **시기**: 언제든지
- **장소**: 숲속
- **대상**: 유치원생 이상
- **역량 요소**: 문제해결 방안의 탐색, 정교성, 협동과 협업 능력, 성취감
- **준비물**: 없음

나뭇가지 세우기

- 각자 자신의 허리 정도 오는 나뭇가지 하나씩 주워 온다.
- 가장 굵고 긴 막대를 고른다.
- 고른 막대를 중심에 두고 다른 나뭇가지들을 기대어 세운다.
- 나뭇가지 하나는 세우기 어렵지만 여러 나뭇가지들을 서로 기대면 세울 수 있듯이 상생의 중요성에 대해 이야기 나눈다.

나뭇가지 세우기

나뭇가지로 균형 잡기

- 각자 자신의 허리 정도 오는 굵은 나뭇가지 하나씩 주워 온다.
- 나뭇가지 하나를 세우고 나머지 가지는 그 위에 눕혀 올려서 균형을 맞추어 쓰러지지 않도록 한다.
- 모둠별로 진행하여 서로 협력하여 균형을 잡을 수 있도록 한다.
- 먼저 세운 모둠이 승리할 수도 있으나 다양한 기준을 정해서 할 수도 있다.
- 나뭇가지로 균형 잡기가 끝나면 쓰러진 나무 둥치 위에 올라가 한 다리 들고 균형잡기를 진행해도 좋다.

나뭇가지 균형잡기

통나무 위에서 함께 버티기

- 숲에서 아이들이 다 오를 수 있는 쓰러진 통나무를 찾는다.
- 함께 힘을 모아 평평한 곳으로 끌고 온다. 이때 칡덩굴을 이용할 수 있다.
- 모두 통나무 위에 올라가서 오래 버티기를 한다. 주어진 시간을 함께 버티게 할 수도 있다.
- 주어진 시간을 함께 버티기를 해냈다면 특별한 과제를 주어 수행하도록 한다. 예를 들면 키, 이름 가나다, 생년월일 등의 순서로 떨어지지 않고 자리 바꾸기를 한다.
- 과제 수행을 위해 자리를 바꾸는 과정에서 서로 협력해야만 성공할 수 있음을 느끼도록 한다.
- 주어진 과제를 성공하면 적절한 보상을 준다.

통나무 위에서 함께 버티기

나뭇가지로 새둥지 만들기

- 손이 닿을 정도 높이에 가지가 여러 갈래로 뻗은 나무를 고른다. 사정이 여의치 않으면 바닥에서 해도 상관없다.
- 모둠별로 작은 나뭇가지를 주워 와서 나무에 얼기설기 엮어 둥지를 만든다.
- 나뭇잎이나 덩굴식물 줄기 등을 함께 이용하여 안락하게 꾸민다.

14회차 솔방울을 이용한 놀이

■ **시기**: 언제든지

■ **장소**: 어디서나

■ **대상**: 유치원생 이상

■ **역량 요소**: 건강 관리, 정교성, 질서의식, 공정성, 성취감, 협동과 협업 능력

■ **준비물**: 모자, 종이컵, 끈, 글루건 등

솔방울 던져 넣기

- 숲에서 개인별로 솔방울을 5개씩 주워 온다.
- 일정한 거리에 모자를 놓고 한 사람씩 솔방울을 던져 넣는다.
- 모자와 같은 마땅한 도구가 없으면 땅을 조금 파서 해도 된다. 아이들에게 어떤 도구를 활용하면 좋을지 의견을 구하면 다양한 방법이 나온다.

솔방울 구슬치기

- 주변에 있는 솔방울을 되도록 많이 모은다.
- 그중 손에 들고 던질 수 있는 크고 튼튼한 솔방울을 하나씩 고른다.
- 바닥에 30센티미터 정도 지름의 원을 그려서 나머지 솔방울들을 그 안에 쌓는다.

솔방울 구슬치기

• 일정한 거리에 선을 긋고 서서 가지고 있는 솔방울로 원 안의 솔방울들을 맞혀 튕겨 낸다.
• 개인별로 하거나 모둠별로 튕겨 낸 솔방울 수를 합해 승패를 가른다.
• 경기 규칙은 아이들과 함께 정한다.

솔방울 옮기기

• 주변에서 젓가락 굵기의 나뭇가지를 두 개 구해 온다.
• 나무젓가락으로 솔방울을 집어 빨리 옮기기를 한다.
• 협동심을 기르도록 하려면 짝과 함께 나뭇가지 하나씩 들고 함께 솔방울을 집어 옮기기를 할 수도 있다.

솔방울을 떨어뜨리지 않고 빨리 이동하기

• 솔방울을 머리, 가슴, 어깨 위에 올려놓고 목적지까지 빨리 이동한다.
• 솔방울을 발목, 무릎, 엉덩이 사이에 끼워서 진행할 수도 있다.

표적물 맞히기

• 가지고 놀았던 솔방울을 자연스

짝과 함께 솔방울 옮기기

럽게 숲으로 돌려보내기 위한 방법으로 제일 마지막에 하는 것이 좋다.

- 솔방울을 인원 수대로 똑같이 나누어 갖는다.
- 주변 숲속에 있는 큰 나무 한 그루를 정한다.
- 일정한 거리에서 나무 맞히기를 한다.
- 아이들에게 성취감을 맛볼 수 있도록 알맞은 거리를 조절하는 것이 중요하다.

솔방울 농구하기

- 종이컵 옆 아랫부분에 송곳으로 양쪽에 구멍을 뚫어 나무젓가락을 꽂는다.
- 한쪽에 나무젓가락이 2센티미터 정도 나오게 하여 그곳에 끈을 묶어 글루건으로 고정한다. 끈의 다른 한쪽에는 솔방울 아랫부분 사이로 끼워서 돌려 묶는다. 이때 끈의 길이는 50~60센티미터이면 적당하나 아이들 스스로 정하게 할 수도 있다.
- 종이컵 안으로 솔방울 던져 넣기 놀이를 한다.

솔방울 농구 도구

15회차

열매를 이용한 놀이

- **시기**: 언제든지
- **장소**: 교실이나 가정
- **대상**: 유치원생 이상
- **역량 요소**: 문제 해결 방안의 탐색, 과제 집중력, 성취감, 갈등 조정 능력
- **준비물**: 이쑤시개, 전지가위, 극세사 수건, 유성펜 등

도토리 팽이 만들기

- 도토리는 종류에 따라 열매 모양이나 크기가 다양하다.
- 도토리에 이쑤시개나 성냥개비를 꽂기만 하면 간단히 팽이를 만들 수 있다.
- 도토리가 너무 단단하여 이쑤시개가 잘 안 들어가면 송곳으로 구멍을 뚫고 꼬챙이를 끼운다.

부들로 투호 놀이하기

- 굵고 튼튼한 부들 열매를 50~60센티미터 길이가 되도록 자른다.
- 쓰레기통 등을 활용하여 투호 항아리로 사용한다.
- 아이들에게 성공의 경험을 줄 수 있는 적당한 거리에서 던져 넣도록 한다.

강아지풀 경주하기

강아지풀 경주하기

- 들로 나가 강아지풀 이삭을 구한다.
- 전지나 달력, 신문지를 깔고 출발선과 결승선을 정한다.
- 강아지풀 이삭을 놓고 끝부분을 손끝으로 살살 두드려서 앞으로 나아가도록 한다.
- 결승선에 먼저 도착한 강아지풀이 우승한다.

도꼬마리 다트 놀이

- 여러 가지 색의 부직포로 다트판을 만든다. 만들기가 번거로우면 극세사 수건에 유성펜으로 원을 그려 만든다.
- 원 안으로 갈수록 높은 점수를 적고 흥미를 높이려면 함정을 만들 수도 있다.
- 도꼬마리 열매를 던져서 다트에 맞힌 점수를 합한다.

도꼬마리 술래잡기

- 가위바위보를 해서 진 사람이 술래가 된다.
- 술래는 2~3미터 떨어진 곳에 선다.
- 다른 아이들은 도꼬마리 열매를 5개 정도 들고 하나씩 던진다.
- 가장 적게 붙인 아이는 다음 술래가 된다.
- 사람이 많아 차례를 기다리기 지루하면 한꺼번에 서로 던지고 피하기를 한다.
- 정해진 시간 동안 하다가 끝나면 많이 붙은 사람이 진다.

16회차

단풍잎으로 꾸미기

■ **시기**: 늦가을

■ **장소**: 숲속이나 공원, 운동장

■ **대상**: 유치원생 이상

■ **역량 요소**: 자아존중감, 집중력, 성취감, 다양한 가치에 대한 존중

■ **준비물**: 골판지, 고무줄, 목공풀, 딱풀, 스카치테이프, 비닐봉투, 종이 가방 등

단풍잎 왕관 만들기 1

- 넓은 나뭇잎을 15장 이상 준비한다.
- 양버즘나무 잎은 3장으로도 가능하다.
- 잎을 나란히 2장 겹쳐서 나뭇가지나 단단한 잎자루로 찔러서 고정시킨다.
- 계속 잎을 이어가며 자신의 머리 둘레에 맞게 하여 왕관을 만든다.
- 완성되면 머리에 쓰고 서로의 왕관을 감상한다.

단풍잎 왕관 만들기 2

- 아이들이 잎과 잎을 나뭇가지로 연결하기 힘들면 종이 상자를 준비한다.
- 골판지나 종이 상자를 5센티미터 정도 너비로 머리띠를 만들어 양쪽 끝에 고무줄을 연결한다.

낙엽으로 왕관 만들기

- 한 종류 또는 다양한 종류의 나뭇잎을 모은다.
- 자른 종이 상자의 빈 구멍에 적당한 간격으로 주운 나뭇잎을 꽂으면 된다.
- 나뭇잎 대신 새의 깃털을 주워서 꽂아도 된다.

단풍잎으로 옷 만들기 1

- 아이들이 들어갈 만한 넓은 종이 가방을 구하여 손잡이는 제거한다.
- 종이 가방의 바닥 부분을 목이 들어갈 만큼 둥글게 잘라낸다.
- 양옆에도 팔이 들어갈 만큼 잘라낸다.
- 가지각색의 단풍잎을 많이 모아 온다.
- 어떤 디자인으로 꾸밀지 미리 구상하게 한다.
- 딱풀을 이용하여 구상한 대로 단풍잎을 붙인다.
- 완성한 옷을 입고 패션쇼를 한다.
- 친구의 작품을 보고 잘된 부분을 이야기하고 활동 소감을 나눈다.

단풍잎으로 옷 만들기 2

- 종이 가방은 찢어질 염려가 있으니 김장용 비닐봉투를 준비하여 같은 방법으로 해도 된다.
- 붙일 도구는 딱풀, 목공풀, 테이프로 할 수 있고 주변에서 구할 수 있는 잎줄기나 가시, 가지 등으로 꿰는 방법으로도 할 수 있다.

17회차 열매를 이용한 만들기

■ **시기**: 언제든지

■ **장소**: 교실이나 가정

■ **대상**: 유치원생 이상

■ **역량 요소**: 자아존중감, 집중력, 성취감, 독창성, 정교성

솔방울로 작은 트리 만들기

■ **준비물**: 솔방울(리기테다), 아크릴 물감 초록(또는 흰색), 붓, 모루, 반짝이뽕뽕이 10밀리미터, 반짝이풀, 병뚜껑, 글루건, 마끈, 가는 철사, 노란색 아이클레이 등

- 솔방울은 크고 튼튼하며 모양이 일그러지지 않은 것을 고른다.
- 먼저 솔방울에 초록이나 흰색을 꼼꼼하게 칠한다.
- 마르기를 기다리는 동안 플라스틱 병뚜껑 옆면을 무늬가 예쁜 리본이나 마끈을 감아 꾸민다.
- 병뚜껑을 받침으로 하여 색칠한 솔방울을 위에 올려 글루건으로 붙인다.

솔방울 트리

• 모루나 다른 예쁜 끈을 트리의 전선처럼 사선으로 감아 두른다.

• 솔방울 사이사이에 뽕뽕이를 끼워 장식한다. 빠지면 글루건을 살짝 붙여도 된다.

• 반짝이풀로 포인트를 주어도 좋으나 너무 많은 장식을 올리면 오히려 지저분할 수도 있다.

• 노란색 아이클레이로 별 모양을 만들어 가는 철사를 U자로 끼워 솔방울 꼭대기에 글루건으로 붙인다.

마로니에 열매로 고슴도치 만들기

■ **준비물**: 마로니에(가시칠엽수) 열매껍질, 아이클레이, 매직펜

• 가시칠엽수 열매를 주워 세 쪽으로 된 껍질을 분리해서 말린다. 이때 가시가 손에 찔리지 않도록 조심한다.

• 가시칠엽수 열매껍질을 고슴도치의 등으로 삼고 적당량의 아이클레이를 떼어 몸통을 만들어 붙인다.

• 얼굴과 팔다리도 만들어 붙인다.

• 매직펜으로 눈, 코, 입을 그려 넣고 발톱도 그린다.

• 아이들에게 준비물만 챙겨 주고 각자 만들고 싶은 것을 표현해 보라고 하면 더욱 다양한 작품이 나온다.

마로니에 열매껍질 고슴도치

은행알 브로치 만들기

■ **준비물**: 은행알, 나무집게, 네임펜 세트, 글루건

- 은행알에 자신의 얼굴이나 나무, 꽃 등 표현하고 싶은 것을 네임펜으로 그린다.
- 그림을 그린 은행알을 나무집게의 손잡는 반대편 등에 글루건으로 붙이면 된다.

은행알 브로치

다른 열매로 장신구 만들기

- 무환자나무 씨앗은 매우 단단하여 열쇠고리나 귀고리를 만들면 거의 영구적이다.
- 개잎갈나무, 일본잎갈나무, 모란 열매껍질로 브로치를 만들어도 예쁘다.

모란 열매 브로치

4. 알고 나면 더 신비한 식물 이야기

겨울을 이기는 풀 이야기

제자리에서 한 발짝도 움직일 수 없는 풀들은 도대체 어떻게 그 혹독하고 추운 겨울을 버틸까요? 이동할 수 없는 풀들도 나름의 방법으로 겨울을 이겨낸다고 합니다.

한해살이풀 - 씨앗으로 겨울나기

대부분의 한해살이풀은 겨울이 오기 전에 씨앗을 만들어 퍼뜨린 뒤 말라 죽습니다. 땅속에서 겨울을 지낸 씨앗은 따뜻한 봄에 새싹을 틔우고 다시 1년을 살아갑니다. 그 씨앗을 보호하기 위해 두꺼운 껍질로 싸거나 추위에 견딜 수 있는 화학물질을 스스로 만들어 겨울을 난다고 합니다. 미국가막사리, 차풀, 자귀풀, 강아지풀, 돌콩, 바랭이, 명아주 등이 있습니다.

한해살이가 아니라 하더라도 대부분의 식물들은 씨앗으로 가장 견디기 힘든 시기를 지혜롭게 넘기고 있습니다. 한해살이풀이 약한 존재라고 생각하면 오산입니다. 순간의 기회를 놓치지 않고 짧은 시간에 자기의 할 일을 마치고 여유를 즐기며 살아가는 재바른 녀석들이랍니다.

두해살이풀 – 로제트 형태로 겨울나기

대부분의 두해살이풀은 봄에 일찍 꽃을 피우고 씨앗을 퍼뜨린 후 잠시의 휴면기를 거쳐 여름이 끝날 무렵 미리 싹을 틔웁니다. 이 새싹들은 추운 겨울이 오기 전에 땅속 깊이 뿌리를 내리고 방사상으로 잎을 내면서 자랍니다. 겨울이 끝날 때까지 뿌리잎을 서로 어긋나게 펼치고 동심원을 이루면서 땅바닥에 납작 엎드리고 있습니다. 그 모습이 장미꽃을 펼쳐 놓은 것 같다 하여 로제트 모양이라고 합니다. 이 형태는 햇빛을 잘 받을 수 있고 지면에 밀착함으로써 지열도 얻을 수 있습니다. 또한 겨울의 매서운 바람을 최대한 피해 수분 증발을 막을 수도 있다고 합니다.

모든 잎은 광합성을 하여 당분의 함량을 높여서 동상을 막는 부동액 장치를 만듭니다. 이른 봄에 우리가 봄나물로 먹을 수 있는 것들은 대체로 이 방법으로 겨울을 납니다. 냉이, 지칭개, 소리쟁이, 수영, 달맞이꽃, 개망초, 뽀리뱅이가 이들입니다. 곡식으로 먹는 밀과 보리, 그리고 제주도와 남쪽에서 아름다운 봄을 만드는 유채 등도 있지요.

냉이

지칭개

달맞이꽃

꽃다지

민들레

꽃마리

여러해살이풀 - 땅속줄기와 뿌리 겨울나기

여러해살이풀은 주로 땅속에서 땅속줄기와 뿌리로 추운 겨울을 이겨냅니다. 아무리 추워도 땅속은 바깥보다 견딜 만합니다. 그래서 쑥이나 도라지, 더덕, 인삼 같은 풀들은 뿌리만 땅속에 남긴 채 긴 겨울을 납니다. 6년근 인삼도 여섯 번의 추운 겨울을 뿌리만 남긴 채 버텨 내며 몸에 좋은 약재로 다시 태어납니다. 또 토란이나 연, 뚱딴지 같은 풀들은 뿌리 대신 줄기를 땅속에 묻은 채 겨울을 납니다. 땅속에 있는 줄기들은 비늘 모양, 덩어리 모양 등 여러 가지인데 양분이 가득 담겨 있어 이듬해 봄에 튼튼한 새싹을 틔울 수 있게 해줍니다. 참나리, 꽃창포, 부들, 산국, 구절초, 제비꽃 등이 있습니다.

2회차

봄의 전령,
생강나무 이야기

회색빛으로 잠들어 있는 겨울 숲을 깨우는 나무가 있습니다. 온도 감지 센스를 꽃눈에 달고 있어 제일 먼저 꽃망울을 터뜨리는 생강나무입니다. 위로는 키 큰 나무, 아래로는 떨기나무와 풀 사이에서 숲의 중간층을 책임지는 나무 중의 하나랍니다. 우리나라 어느 산에서나 잘 자라므로 아이들과 어느 숲에 가더라도 우리를 맞이하여 풍성한 이야깃거리를 주는 고마운 나무입니다.

먼저, 꽃으로 이야깃거리를 줍니다. 이른 봄, 산에 가면 잎보다 먼저 노란 꽃망울을 터뜨립니다. 똑같은 시기에 사람들이 사는 주변에서 색과 모습이 너무나 비슷한 꽃을 피우는 산수유가 있습니다. 꽃이 가지에 다닥다닥 붙어 있는 것은 생강나무이고, 꽃자루가 있어 좀 엉성하게 달려 있는 것이 산수유입니다.

다음은 향기입니다. 작은 가지를 조금 꺾어 맡아 보거나 꽃과 잎을 따서 손으로 비벼 향을 맡아 보세요. 아이들의 코에 가져다 대고 무슨 향이 나는지 물어 보세요. 향긋하고도 알싸한 생강 향을 지니고 있어 오감 중 후각 체험을 할 수 있고

생강나무 꽃

산수유 꽃

그 향과 관련지어 이름을 맞혀 보게 할 수도 있습니다. 옛사람들은 음식물을 저장할 때 개미나 파리가 모여드는 것을 막기 위하여 생강나무 어린가지의 껍질을 벗겨서 걸어 놓았다고 합니다. 향을 맡을 수 있는 이런 녹나무과 친구들 중에는 감태나무와 비목나무도 있습니다.

또 다른 이야기를 만들어 주는 것은 잎입니다. 잎의 모양이 상형문자 '뫼 산(山)' 자를 닮았습니다. 그 특징적인 잎 모양은 식물에 별로 흥미를 갖지 않는 아이들도 山과 연결하여 들려주면 잘 잊어 버리지 않습니다. 이른 봄에 돋아난 새잎은 진달래꽃과 함께 꽃전을 만들 때 올려도 좋습니다. 가을에는 노랗게 단풍이 들어 한껏 멋을 내고 장렬하게 생을 마감합니다.

남은 이야기는 열매입니다. 콩알 크기의 새까만 열매를 달아 옛날 사람들은 그것으로 기름을 짜 어둠을 밝히는 등잔불에 사용했다고 합니다. 동백기름을 쓸 수 없었던 가난한 여인네들은 머릿기름 대용으로 바르기도 했답니다. 그래서 강원도 지방에서는 동백나무라고 불렀고, 춘천에서 난 소설가 김유정의 단편 〈동백꽃〉에도 배경으로 나와 숲길에서 이야깃거리를 더욱 풍성하게 해줍니다.

우리의 고향, 진달래 이야기

예부터 우리나라는 아빠와 엄마가 역할 분담을 하며 행복한 가정을 꾸렸습니다. 이처럼 우리나라 숲을 굳건하게 지키는 아빠 역할을 소나무, 참나무 종류가 한다면 그 큰 나무 아래에 숲을 아기자기하게 꾸며서 아늑한 공간으로 만든 엄마는 진달래와 철쭉이라 할 수 있습니다.

3월, 봄이라고 하기에는 너무나 삭막한 숲을 노랗게 분위기를 띄우는 건 생강나무라고 했지요. 이어 4월이 되면 진달래가 겨우내 노르스름한 작은 가지 끝에 달고 있던 꽃눈을 터뜨려 분홍색으로 봄 숲을 칠하기 시작합니다.

이때를 놓치지 않고 우리는 산으로 달려가 진달래꽃을 따다가 아이들과 함께 꽃전을 만들지요. 하지만 자칫 바쁜 일정으로 때를 놓쳐 버리면 우리를 맞이하는 것은 진달래가 아니라 철쭉과 산철쭉입니다. 그 모습이 비슷하니 진달래가 없으면 철쭉이라도 따서 꽃전을 만들면 되지 않겠냐고 하겠지만 안 될 말입니다. 모두 알다시피 철쭉에는 안드로메도톡신이라는 독성이 있어 먹으면 탈이 납니다.

진달래 꽃전을 만들어 본 아이들은 학교나 공원 화단에 피어 있는 산철쭉과 영산홍도 따서 입에 넣으려 할 수 있습니다. 단단히 주의를 주어야겠지요. 언뜻 보기에 닮은꼴인 진달래와 철쭉, 산철쭉을 구별하게 하여 아이들을 위험에 빠뜨리는 일이 없도록 해야겠습니다.

진달래

철쭉

산철쭉

진달래, 철쭉, 산철쭉 어떻게 구별하나요?

기관	진달래	철쭉	산철쭉
꽃	• 4월경, 꽃이 먼저 피고 지고 난 다음 잎이 남 • 철쭉에 비해 꽃잎이 진함	• 5월경, 잎과 꽃이 동시에 피거나 잎이 먼저 남 • 진달래에 비해 연하며, 꽃부리에 적갈색 반점이 있음	• 5월경, 잎이 꽃보다 먼저 핌 • 진달래보다 크고 진하며 철쭉처럼 자주색 반점이 있음
잎	• 잎이 줄기에 어긋나게 달리며 잎 모양은 타원형으로 뒷면에 털이 없음 • 잎 앞면에는 성긴 긴 털이 있음	• 어긋나게 피지만 모여 있는 것처럼 보임 • 잎 모양이 거꿀달걀형으로 모여 있는 모습이 꽃 같고, 가장자리는 밋밋함	• 진달래와 잎 모양이 비슷하나 잎 뒷면과 잎자루에 갈색 털이 빽빽이 있음 • 어린 가지와 꽃대, 잎에 점액 성분이 많아 끈적거림
열매	• 윗부분이 많이 벌어지고 길쭉함 • 꽃받침이 남아 있지 않음	• 열매가 많이 벌어지지 않고 통통한 원통형을 유지함	• 열매 표면에 잔털이 많아 구별이 잘됨
기타	• 먹을 수 있어 꽃전을 만들어 먹기도 하고, 진달래주를 담그기도 함	• 독성이 있어 먹으면 안 됨 • 진달래가 지고 연이어 핀다고 연달래고도 함	• 역시 먹으면 안 됨 • 경북 청송 주왕산에서는 물가에서 핀다고 수달래라고도 함

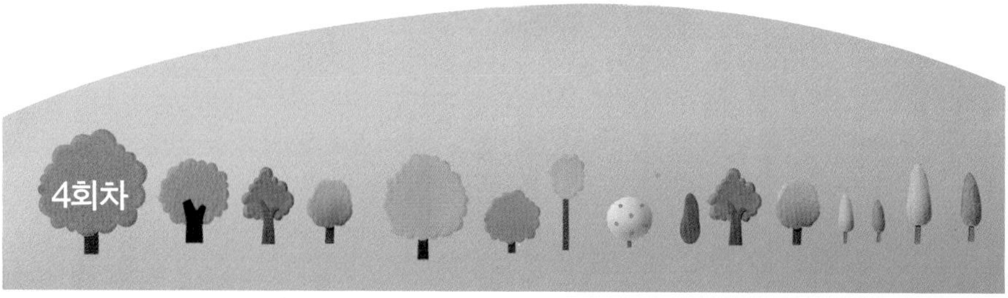

한민족의 표상,
소나무 이야기

사시사철 푸르름을 자랑하는 소나무, 남산 위에 저 소나무는 철갑을 두르고 우리 민족과 함께 살아온 나무입니다. 〈애국가〉에 나오는 남산은 서울에 있는 남산을 의미하기보다 남쪽, 즉 대부분 집이 남향을 바라보고 있으니 우리집 앞에 있는 산이라는 뜻이라고 생각됩니다. 그러니 '남산 위에 저 소나무'는 우리나라 어디를 가도 있는 앞산의 소나무라는 뜻이지요.

'한국인이 가장 좋아하는 나무'에 대한 산림청 여론조사에서도 많은 사람들이 소나무를 꼽았다고 합니다. 소나무가 46퍼센트 나온 것에 비해 2위를 차지한 은행나무는 8퍼센트밖에 되지 않았다고 하니 우리 국민이 얼마나 소나무를 좋아하는지 알 수 있는 결과입니다.

이처럼 척박한 땅에서 꿋꿋한 생명력을 자랑하는 소나무는 우리 민족과 수천 년을 함께한 민족의 유전질이 녹아 있는 나무이며, 늘 우리 곁에 있습니다. 오죽하면 "소나무에서 나고 그 속에서 살다 소나무에 죽는다"라는 말이 생겼을까요?

출산을 하면 부정한 잡귀를 막고자 대문에 금줄을 치고 솔잎을 꽂았습니다. 혼례식 때도 청실홍실로 장식해 대례상에 올렸습니다. 소나무는 한 잎자루에서 두 개의 잎이 나고, 낙엽이 되어 떨어질 때도 함께 떨어져 흙으로 돌아갑니다. 그래서 소나무를 음양수(陰陽樹)라 하여 부부애를 상징하기도 했습니다. 새 집을 지어 안택기도를 올릴 때에는 대문 앞 길 양쪽에 황토를 깐 후 소나무 가지를 세워서 부정을 막았다고 합니다.

마지막 죽어서도 소나무로 만든 관에 들어가는 것으로 세상과 이별을 고했지요. 무덤을 지켜주는 것도 소나무입니다. 도래솔을 둘러치기도 하고 그것이 어려우면 소나무 한 그루라도 함께 심어 죽은 자의 넋을 위로했습니다. 이처럼 우리 민족은 생의 시작부터 세상을 떠난 후에도 소나무와 함께했습니다.

소나무 중에는 조선시대에 정이품이라는 벼슬을 받은 나무가 있고 재산을 가지고 있어 세금을 내는 나무도 있습니다. 천연기념물로 지정된 소나무도 무척이나 많습니다.

세금을 내는 경북 예천군의 석송령

소나무 이름의 어원을 살펴보면 순우리말로 '솔'이라고 하는데 이는 으뜸 또는 높음을 나타내는 말로 모든 나무의 으뜸이라는 뜻입니다. 또 우두머리를 뜻하는 '수리'에서 '술'이 되고 다시 '솔'로 바뀌어 솔나무가 소나무로 되었다는 견해도 있습니다. 중국에서는 진시황이 길을 가다가 소나기를 피하게 해준 소나무에게 벼슬을 주어 나무 목(木) 자와 공(公)을 합쳐서 소나무 송(松) 자가 되었다는 이야기가 전해집니다.

우리 민족과 함께해 온 소나무의 영어 이름은 Japanese Red Pine입니다. '줄기가 붉은 일본의 소나무'라는 뜻이지요. 소나무는 대부분 한반도에 분포하고 있지만 일본의 소나무가 서양인들에게 먼저 알려진 까닭입니다.

광복 70주년을 맞이한 해인 2015년 8월 5일부터 15일까지 산림청 국립수목원에서는 〈우리 소나무의 광복을 선언합니다〉라는 주제로 전시회를 가졌다고 합니다. 소나무가 일본의 소나무가 아닌 우리 민족의 삶과 역사가 녹아 있는 한국의 소나무로 알려져야 한다고 말입니다.

우리의 소나무, 이제부터 **Korean Red Pine**으로 불러 주세요.

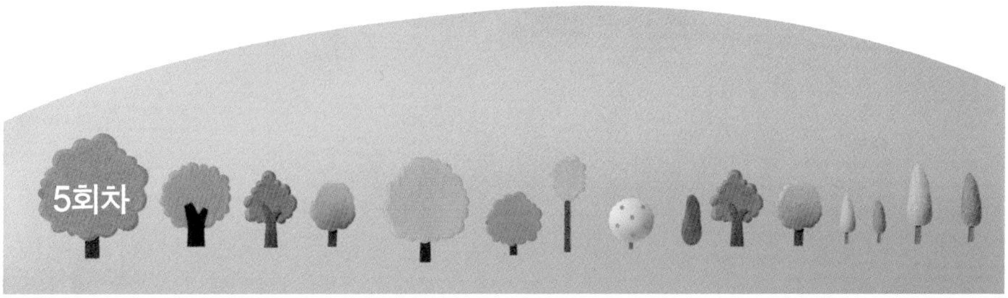

향긋한 꽃 냄새,
아까시나무 이야기

동구 밖 과수원 길에 하이얀 꽃을 주렁주렁 달고 달콤한 향기를 폴폴 날려 꿀벌을 유혹하는 나무가 있습니다. 더불어 작고도 여린 잎이 줄줄이 달린 아까시나무는 우리를 친구와, 또는 연인과의 행복했던 추억의 한 장면으로 데려가곤 하지요.

하지만 아까시나무를 좋아하지 않은 사람도 꽤나 많은 듯합니다. 일제강점기 때 들여왔다는 이유로 일본이 우리 숲을 망치려고 심었다는 소문이 있습니다. 아까시나무가 들으면 참 억울한 이야기이지요. 우리나라가 어렵던 시절, 그 메마르고 헐벗은 산에서 꿋꿋하게 자리를 잡아주었고 공중질소를 고정할 수 있는 뿌리혹박테리아를 가지고 있어 다른 나무들이 잘 자라지 못하는 척박한 땅에서도 잘 자라 숲을 울창하게 만드는 데 큰 역할을 해주었는데 말입니다.

아까시나무가 마구 자라 우리 토종 나무를 살지 못하게 한다는 이야기도 들습니다. 베어 내도 계속해서 맹아지가 다시 돋아난다는 이유에서죠. 하지만 원목을 베어 내면 그루터기에서 맹아지가 돋아나는 건 다른 많은 나무도 마찬가지입니다. 게다가 아까시나무는 수명이 그리 길지 못합니다. 뿌리가 깊게 들어가지 않은 천근성으로 태풍이라도 불면 여지없이 쓰러지고 20~30년의 성장기가 지나면 자람이 급격하게 나빠지면서 서서히 주위의 토종 나무에게 자리를 내어 줍니다.

미움 받는 또 다른 이유는 뿌리가 조상의 무덤 속을 뚫고 들어가기 때문이라고 합니다. 유난히 조상 숭배 사상이 강한 우리의 정서로는 아무리 나무이지만 용서할 수 없는 부분이지요. 아까시나무는 민가 근처인 낮은 야산에 주로 분포되어 산소를 쓰는 곳과 일치했을 겁니다. 또한 생태적으로 양수이다 보니 주변 나무들을 베어 내고 조성한 산소야말로 햇볕이 잘 들어오는 곳이라 아까시나무가 자라고 자손을 퍼뜨리기에는 최상의 조건을 갖추고 있는 것이 그런 오해를 받은 게 아닌가 생각됩니다.

많은 사람들이 아까시나무를 아카시아로 부르고 있습니다. 아카시아는 열대지방에 주로 자라는 또 다른 나무입니다. 우리나라에 있는 나무는 미국이 원산으로 영어 이름이 'False acacia'로 '가짜아카시아' 또는 '개아카시아'라고 붙인 이름이 유통과정에서 잘못 전해져 온 것이라고 합니다.

아카시아*Acacia longifolia*

아까시나무가 우리나라에 도입된 것은 일제강점기로, 그때까지 철도 침목으로 사용하던 밤나무를 대체하기 위하여 조선총독부에서 종자를 수입하여 보급했다고 합니다. 나무의 재질이 매우 강하고 무늬도 아름다워 예전에는 힘을 받는 마차바퀴로 쓰이기도 했으며 오늘날에는 고급가구를 만드는 재료로 없어서 못 쓸 정도라고 합니다.

아까시나무는 그 쓰임이 목재용도 그러하거니와 양봉업자들에게는 없어서는 안 될 소중한 나무입니다. 꽃이 예쁘고 달콤한 향기만 주어도 고마운데 꽃 속에는 질 좋고 맑은 갈색의 단물을 잔뜩 품고 있습니다. 우리나라 꿀 생산량의 70퍼센트를 아까시나무 꽃에서 얻는다고 하니 미움은커녕 고맙다고 인사를 받아야 마땅한 나무입니다.

경북 성주군 월항면 지방리에 있는 우리나라에서 제일 나이 많은 아까시나무

행운과 행복을 주는 토끼풀 이야기

야외로 나갔을 때 한 번쯤 행운을 가져 준다는 네잎클로버를 찾아보았을 것입니다. 그 때문에 토끼풀이라는 이름보다 클로버라는 이름이 더 익숙할 수도 있습니다. 토끼가 잘 먹는 풀이라고 지었다는 이야기도 있고 꽃이 토끼 꼬리와 비슷해서 토끼풀이라 이름 지었다는 이야기도 있습니다. 원래 토끼뿐 아니라 소나 염소도 잘 먹는 풀이라 유럽이 고향인 클로버를 1907년에 사료로 들여왔던 것인데 씨앗이 퍼져 야생으로 자라났습니다.

다른 나라에서 들어온 귀화식물이지만 사람들은 미국자리공이나 돼지풀처럼 싫어하지 않는 듯합니다. 동그란 세 장의 잎과 따로 꽃대가 올라와 소복소복 하얗게 핀 꽃이 예쁘기도 하거니와 꽃말 덕도 톡톡히 보았을 것으로 생각됩니다. 세 잎 토끼풀의 꽃말은 행복이고 네 잎은 행운이라, 네 잎을 찾으면 나에게 행운이 올 것 같아 기분이 좋습니다. 사실 우리가 행운이 오기를 바라는 건 행복해지고 싶어서라고 보면, 설령 네 잎을 못 찾는다고 해도 행복이 주변에 널려 있으니

토끼풀

슬퍼할 일도 없답니다.

토끼풀은 콩과식물의 특징인 질소 고정 역할을 하여 토양을 비옥하게 만들고 꽃에 꿀과 향기가 많습니다. 그래서 과수 농가에서는 꽃가루받이 매개 곤충을 불러들일 뿐 아니라 질소 비료를 주는 것과 같은 효과가 있어 일부러 심기도 한답니다. 하지만 잔디를 가꾸는 정원이나 골프장에서는 애물단지 취급을 받아 제초제 세례를 받기도 한다는데 햇빛이 잘 드는 곳에서는 워낙 생존력이 강해 꿋꿋하게 세력을 펼치기도 합니다.

풀밭에서는 토끼풀을 찾기가 쉽지만 길가나 하천변에서는 붉은토끼풀 세력이 만만치 않습니다. 토끼풀보다 늦게 우리나라로 건너왔나 보다 생각했는데 둘 다 비슷한 시기에 목초용으로 들어왔다고 합니다. 토끼풀이나 붉은토끼풀은 야생 허브로, 정화 기능과 몸속을 깨끗하게 해주고 갱년기 증상을 개선하며 흰머리를 방지하는 등 다양한 효과도 있다고 합니다.

붉은토끼풀

아이들은 토끼풀 잎이 3개로 갈라진 겹잎이라는 점에서 괭이밥과 헷갈려 합니다. 그 하나하나의 잎 모양이 토끼풀은 원형에 가깝고 괭이밥은 하트 모양이라고 이야기해 주어도 고개를 갸우뚱합니다. 노랗게 핀 괭이밥의 꽃을 보여 주면 그제야 고개를 끄덕입니다.

기관	토끼풀	붉은토끼풀
꽃	• 6~7월경 흰색으로 핌 • 긴 줄기 끝에 여러 개의 꽃이 모여 공 모양으로 핌	• 5~9월경 연한 붉은색, 분홍색으로 토끼풀보다 꽃이 큼 • 줄기 윗부분 또는 겨드랑이에서 나온 꽃줄기 끝에 핌
잎	• 키는 20~30센티미터 정도. 줄기 마디에서 뿌리가 내리고 잎이 드문드문 달림 • 잎은 어긋나고 3개로 갈라진 겹잎. 잎 모양은 심장형으로 끝이 둥글거나 오목함	• 키는 30~60센티미터 정도로 줄기는 옆으로 퍼지고 가지는 곧게 섬 • 잎은 토끼풀보다 끝이 더 뾰족하며 가운데 흰색 반점이 있음

우리 민족의 영원한 쉼터,
느티나무 이야기

우리나라 시골 마을에 가면 입구에 서 있는 정자나무 한 그루가 손님을 먼저 맞아 줍니다. 마을 사람들은 정자나무 아래 평상에 모여 마을 대소사도 의논하고, 이 집 저 집 가정의 일들을 가져와 온갖 이야기꽃을 피웁니다. 또 정자나무 아래는 고된 농사일로 지칠 때 편히 쉴 수 있는 휴식처가 되기도 합니다. 마을 정자나무는 회화나무와 팽나무, 은행나무도 많지만 단연코 느티나무가 가장 많습니다.

느티나무가 선택된 이유는 가지를 넓게 펼쳐내고 무성한 잎을 달아 시원한 그늘을 만들어 줄 뿐만 아니라 가을에는 자극적이지 않으면서도 다양한 색으로 물들어 사람의 마음을 평온하게 해줍니다. 또한 수명이 길어 늘 그 자리에 서서 굳건하게 마을을 지켜 주는 믿음직한 나무이기 때문일 겁니다.

그런 만큼 우리나라에 보호수로 지정된 나무의 절반이 넘는 수가 바로 느티나무이며 그중 최고령 나무는 약 1,300년으로 추정되는 부산시 기장군에 있는 나무입니다.

이런 연유로 느티나무는 과거뿐만 아니라 미래를 상징하는 나무로 선정되기도 했습니다. 산림청에서는 우리나라의 번영과 발전을 상징하고 역사성과 문화성을 두루 지니고 있으며 새천년 동안 강한 생명력을 유지할 수 있는 나무라 하여 '밀레니엄 나무'로 뽑았습니다.

느티나무 이름의 어원을 살펴보면 누런 잎을 달고 있어 누튀나모, 어릴 때는 모습이 볼품없다가 나이가 들수록 티가 난다고 늦티나무에서 변형되었다고도 하고, 어떤 이는 봄에 싹이 늦게 튼다고 늦틔나무에서 변했을 것이라고도 하는데 제가 보기엔 그렇게 싹을 늦게 틔우지는 않았습니다.

느티나무 노거수를 보면 가지를 옆으로 넓게 뻗어 그 모습이 마치 넉넉하고 포근한 품을 가진 할머니와 같은 느낌을 줍니다. 힘들고 고달플 때 언제든지 달려가 안기고픈 그런 모습이지요. 그건 위로 자라는 가지보다 옆으로 자라는 가지의 성장이 더 활발한 이유입니다. 그래서 옛사람들은 느티나무를 여성, 위로 쭉쭉 자라는 전나무를 남성에 비유해 마을의 당산목으로 이 두 나무를 나란히 심기도 했답니다.

느티나무 잎을 가만히 들여다보면 좌우가 비대칭입니다. 특히 잎자루에 붙은 부분이 더 그렇습니다. 그것은 느릅나무과 나뭇잎의 특징이기도 한데 일명 짝궁둥이로 부른답니다. 나무의 잎에서 하는 일 중에서 가장 중요한 광합성을 하려면 햇빛을 잘 받도록 배치해야 할 것입니다. 무조건 크게 만들거나 많은 잎을 달기보다 가장 효율적으로 달아야겠지요. 그래서 가지에 붙은 쪽 방향의 잎 부분이 가지에 가려지지 않게 좁히고 반대 방향을 넓힘으로써 최대한 햇빛을 많이 받을 수 있도록 하다 보니 그런 모습이 되지 않았나 싶습니다.

이렇게 자신의 개성을 잘 파악하여 단점은 보완하고 장점을 최대한 살리고자 노력했습니다. 느티나무는 이처럼 환경에 잘 적응하여 오래도록 살아내는 지혜를 가졌으며 자신의 그늘을 아낌없이 내어 주는 넉넉한 성품을 가진 나무랍니다.

아낌없이 내어 주는 느티나무

8회차

식물의 생식기관, 꽃 이야기

꽃의 가장 큰 임무는 씨를 만들어 자손을 널리 퍼뜨리는 일입니다. 씨를 만들려면 암술과 수술의 꽃가루가 만나 수정이 되어야 하는데 스스로 움직일 수 없기 때문에 벌이나 나비와 같은 곤충이나 새, 바람, 물의 도움을 받아야만 합니다.

바람을 이용하는 풍매화는 꽃가루를 대량으로 생산하여 최대한 작고 가볍게 하여 날려 보냅니다. 하지만 이 방법은 바람이 어디로 데려다줄지 모르기 때문에 성공 확률이 무척 낮습니다. 그래서 확실하게 꽃가루를 운반해 줄 누군가가 필요했고 많은 식물들이 그 매개체로 동물을 선택했습니다. 식물은 중매쟁이를 끌어들여 효율적으로 임무를 수행하기 위해 온갖 다양한 전략을 구사했습니다.

먼저, 다양한 꽃 모양과 색깔로 유인합니다.

꽃잎의 모양, 수술과 암술의 수와 길이는 원하는 곤충을 유인해 그 곤충의 몸에 꽃가루가 잘 묻도록 하고 또 묻은 꽃가루가 다른 암술머리에 잘 묻힐 수 있도

기린초

큰꿩의비름

조팝나무 꽃

산딸나무

록 정교하게 디자인했습니다.

우리 눈에 아름다운 무늬로 보이는 꽃잎은 곤충을 끌어들이는 안내 표지판 역할을 합니다. 꽃잎 위에 꿀이 들어 있는 중심부를 향해 자외선 띠를 형성함으로써 중매쟁이를 끌어들입니다.

꽃이 꽃줄기에 붙어 있는 모습도 제각각인데 이는 여러 개의 작은 꽃이 서로 겹치는 것을 피하여 중매쟁이 곤충이 쉽게, 또 여러 번 찾아오도록 하여 성공적인 꽃가루받이를 하려는 것입니다. 원뿔꽃차례, 송이꽃차례, 이삭꽃차례, 머리꽃차례 등의 다양한 꽃차례가 있지요.

기린초, 조팝나무, 꿩의비름처럼 작은 꽃을 가지고 있는 식물은 한곳에 뭉쳐 피기를 합니다. 이는 곤충이 내려앉기에 도움을 줄 뿐만 아니라 꿀이 많은 것처럼 보임으로써 곤충을 유인하는 데 도움이 된다고 합니다. 또한 찾아온 곤충이

삼백초

괭이눈

옆의 꽃에 쉽게 접근함으로써 짧은 시간에 꽃가루받이할 기회를 얻습니다.

다음은 향기로 유인합니다. 꽃가루받이 준비가 된 식물은 자신이 원하는 곤충을 선택하기 위해 그들이 좋아하는 고유의 향기를 내뿜습니다. 꽃 냄새가 모두 향기롭지 않은 이유이지요. 파리나 딱정벌레를 이용하는 꽃은 그들이 좋아하는 구린내나 비린내를 내뿜기도 합니다.

단물(nectar)을 분비하여 중매쟁이를 불러들이기도 합니다. 벌은 매우 효율적인 꽃가루받이 매개체로 속씨식물의 약 65퍼센트가 벌을 중매쟁이로 선택한다고 합니다. 충매화의 특별한 분비샘에서 단물을 분비하여 벌을 유인한다고 합니다.

그외에도 자신의 부족함을 다양한 방법으로 채워 가며 유인하는 식물이 있습니다. 삼백초나 개다래, 솜다리 등은 잎이 원래 초록색이지만 꽃이 필 때를 맞추어 꽃 주위의 잎을 하얗게 바꿉니다. 꽃이 작아 눈에 잘 띄지 않는 식물이 그러한 전략을 펼칩니다. 잎의 색을 바꾸어 마치 꽃잎으로 보여 중매쟁이를 불러들이기 위해서인데 이들은 모두 꽃가루받이가 끝나면 잎이 원래의 녹색으로 돌아갑니다. 꽃이 노란 괭이눈은 잎 색을 노랗게, 쥐다래는 잎을 연한 분홍색으로 바꾸기도 합니다.

9회차

숲속 청소부,
미생물과 버섯 이야기

숲속 생태계에는 식물이나 동물의 시체 또는 이들이 버린 찌꺼기에 들어 있는 에너지를 이용하여 살아가는 세균, 곰팡이, 바이러스와 같은 미생물이 있습니다. 미생물은 숲속에서 분해, 공생, 기생을 하며 살아가는 숲 생태계에 중요한 구성원입니다.

미생물은 죽은 동물이나 분비물, 나무줄기나 나뭇잎에 있는 영양분을 분해하여 나무뿌리가 잘 빨아올릴 수 있도록 해줍니다. 그리하여 생태계의 물질 순환 고리를 연결하는데 죽은 생물체나 유기물질을 분해한다 하여 '분해자'라는 이름을 얻었습니다.

미생물의 또 다른 역할은 물질을 교환하는 공생을 통해서 생물체의 생존을 가능하게 합니다. 예전에 우리가 식물이라 알고 있던 버섯은 미생물 중 균류입니다. 균류는 자기 스스로 광합성을 하지 못하고 식물과 서로 도움을 주고받으며 살아갑니다. 식물들은 균류의 도움 없이 땅속에서 물이나 양분을 흡수하기가 어렵습니다. 송이버섯도 소나무의 실뿌리에 균근을 만들어서 물을 더 잘 흡수하도록 하고 소나무가 광합성을 해서 만든 포도당을 공급받으며 서로 도움을 주고받습니다.

한편, 미생물은 생물에 기생하여 해를 주거나 죽게도 합니다. 버섯 중에서도 식물에 피해를 주는 것이 있습니다. 균사가 나무껍질에 붙어서 물관과 체관 등의 조직에 침투하면 수분과 양분 이동이 원활하지 못해 나무가 죽기도 합니다. 죽은 동물에 기생하는 버섯은 동충하초이지요. 이처럼 숲 생태계에서 미생물의 영향을 받지 않는 생물은 하나도 없습니다. 하지만 미생물의 왕성한 번식 활동도 식물의 광합성 활동이 있기에 가능한 것입니다.

균류인 버섯은 우리에게도 많은 영향을 줍니다. 각종 비타민을 함유하고 있어 스트레스를 해소하고 피부 미용에도 좋으며, 열량이 낮고 식이섬유가 많아 무공해 식품으로 평가받고 있습니다. 또한 노화 방지 성분인 베타글루칸이 인체의 면역력을 높여 암과 각종 성인병 예방 효과가 뛰어나 신이 내린 최고의 식품이라 합니다.

그 옛날 로마제국의 폭군 네로 황제는 그것을 어떻게 알았을까요? 그는 유난스러울 정도로 달걀버섯을 즐겨 먹었다고 합니다. 얼마나 좋아했던지 달걀버섯을 진상하면 그 양만큼 황금을 하사했다고 전해집니다.

중국을 통일한 진시황제는 3,000여 명의 후궁과 막대한 부귀를 소유했지만 불로장생만은 얻지 못했습니다. 동해 어느 섬에 그것을 먹으면 장수를 누릴 수 있고 죽은 사람의 얼굴에 올려놓으면 다시 살아난다는 영험한 버섯이 있다는 이

달걀버섯

더 자란 달걀버섯

야기를 듣고 일본과 우리나라로 사람을 보냈다고 합니다.

양귀비가 절세미인으로 마력을 지닌 비결 역시 영지버섯을 먹었기 때문이라는 이야기도 있습니다.

지구상에는 2만여 종의 버섯이 있는데 그중 먹을 수 있는 것은 1,800여 종, 우리나라에는 약 1,000여 종 중 100여 종만이 먹을 수 있다고 합니다. 버섯 전문가도 식용버섯을 구별하는 가장 확실한 방법은 마트에 팔고 있는 것이라고 할 정도이니 아무리 몸에 좋은 버섯이라 해도 안전한 것만 골라서 먹어야겠습니다.

숲속 친구들,
꿀벌과 거미 이야기

식물은 스스로 움직일 수 없지만 자유롭게 이동할 수 있는 동물들을 이용하여 자신이 원하는 바를 이룹니다. 새를 이용하여 씨앗을 먼 곳까지 옮겨 자신의 영역을 확장합니다. 식물에게 가장 많은 도움을 주는 이는 곤충인데 그중에서도 벌입니다.

식물에게 벌의 존재는 거의 절대적이라 할 수 있습니다. 벌의 각 기관 하나하나는 꽃가루를 전달하고 저장하기에 적합하도록 진화해 왔습니다. 온몸을 뒤덮은 털은 꽃가루가 쉽게 붙을 수 있도록, 뒷다리는 꽃가루를 쉽게 가져갈 수 있도록 발달되었습니다.

벌 중에서도 인간에게 매우 유익한 벌은 꿀벌입니다. 꿀벌은 꽃가루를 옮겨 주어 식물의 중매쟁이 역할을 톡톡히 하고 그 대가로 얻어온 단물과 꽃가루를 가져와 어린 새끼들을 양육합니다. 남은 것은 겨울을 위해 저장해 두는데 이를 사람들이 이용하지요. 꿀벌 한 마리가 나가서 모아 온 꿀이 40밀리그램 정도이고, 그 양으로 천 마리가 25번을 나가서 가져와야 1킬로그램의 꿀이 모아진다고 합니다.

벌은 꿀샘이 깊고 꽃가루가 많은 꽃을 특히 좋아하는데 이를 밀원식물이라 합니다. 가장 대표적인 밀원식물은 바로 아까시나무, 밤나무, 싸리나무, 피나무이고 헛개나무, 참느릅나무, 쉬나무 등도 꿀벌이 좋아하는 나무라고 합니다.

거미는 물속, 동굴, 땅속, 풀밭, 숲 등 거의 모든 곳에 살고 있습니다. 인간 이외에 도구를 사용하는 몇몇 동물 중의 하나인 거미는 스스로 거미줄을 만들고 이를 효과적으로 이용합니다. 자기 몸에서 분비하여 먹이를 잡는 덫으로, 머무는 공간으로, 알을 낳고 보호하는 알집으로도 사용합니다. 이처럼 작은 동물도

거미줄

자신을 삶의 환경에 맞게 발전시키며 살아갑니다. 작은 동물이라고 무시하거나 우습게 여기지 마세요. 배울 점이 무척 많은 동물입니다.

거미줄은 끈적이는 가로줄이 있어 덫의 기능을 할 수 있습니다. 자신은 세로줄만 밟고 다니거니와 거미의 발에 발톱이 여러 개 있는데 한 개가 붙어도 다른 발톱으로 빼낼 수도 있고 발에서 기름 성분이 나와 거미줄에 붙지 않는다고 합니다.

거미 종류 모두가 거미줄을 치는 것은 아닙니다. 종류마다 거미줄 치는 모양이 다르며, 깡충거미나 늑대거미 종류는 아예 거미줄을 치지 않고 숲에서 곤충을 사냥합니다. 간혹 거미줄에 엑스(X)자나 일(一)자 모양의 흰 띠가 있는 것이 있습니다. 주로 호랑거미류가 그리 만든다고 합니다. 그 흰 띠는 천적으로부터 자신의 몸을 숨기는 용도로 쓰고 꽃의 꿀샘으로 착각하게 하여 곤충을 유인하기 위해서입니다.

긴호랑거미의 일자무늬 흰 띠 거미줄(아래 부분)

거무튀튀하고, 다리와 털이 많으며, 독이 있고 거미줄 때문에 징그럽거나 무섭다고 피하는 사람이 많습니다.

하지만 거미는 해충을 예방하고 없애는 천적으로서 생물 농약 역할을 톡톡히 하고 아이들의 체험학습 소재로도 활용됩니다. 또한 곤충을 잡아먹고 새의 먹이가 되어 숲 생태계에서 매우 중요한 역할을 한답니다.

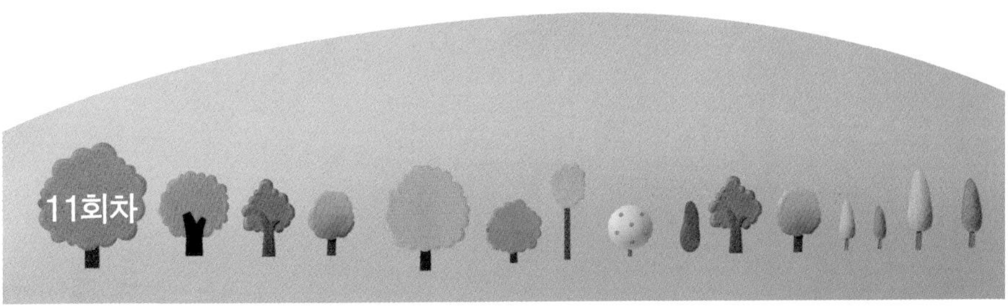

도토리 엄마, 참나무 이야기

참나무라는 나무는 없습니다. 참나무는 어느 한 종을 말하는 것이 아니라 도토리가 달리는 나무 집안을 통틀어 부르는 이름입니다. 참나무 집안에는 크게 낙엽이 지는 집안과 사시사철 늘푸른잎을 유지하는 집안이 있습니다.

낙엽활엽수에는 상수리나무, 굴참나무, 졸참나무, 갈참나무, 신갈나무, 떡갈나무 6형제가 대표적입니다. 모두 도토리라는 열매를 달았다는 공통점이 있지만 자세히 들여다보면 잎과 나무껍질이 다르고 도토리 모양도 제각각입니다. 졸참나무, 갈참나무, 신갈나무와 떡갈나무는 꽃이 핀 해에 열매가 성숙하지만 상수리나무와 굴참나무는 그다음 해에 성숙합니다. 2년에 걸쳐 성숙한 만큼 도토리가 다른 것에 비해 좀 더 크답니다.

이들은 다른 나무에 비해 다른 종 사이에 교잡이 많이 일어나는 게 특징입니다. 재미있는 점은 상수리나무와 굴참나무는 둘이서만 교잡이 일어나고 나머지도 자기들끼리만 교잡이 된다는 점입니다. 신갈나무와 졸참나무 사이에서 물참나무, 갈참나무와 신갈나무 사이에서 봉동참나무, 상수리나무와 굴참나무의 교잡종은 정릉참나무입니다.

우리나라 숲에는 소나무와 참나무 집안이 제일 많습니다. 예전에는 소나무 집안이 더 우위에 있었습니다. 일제강점기와 한국전쟁을 거치고 이후 개발 과정에서 숲이 황폐하고 척박했던 시절에는 소나무가 살기에 더 나은 환경이었죠. 사람의 개입이 적어진 지금 자연 상태에서 숲이 복구되고 우거지다 보니 소나무에 비해 햇볕을 적게 받아도 잘 자라는 참나무 집안이 더 번창하게 되었습니다.

참나무는 가을에 갈색의 단풍이 들어 바로 떨어지지 않고 겨울을 넘기고 다음 해 봄까지도 나무에 붙어 있는 경우가 많습니다. 떨켜가 잘 생기지 않아 잎이 오랫동안 나무에 붙어 있다고 합니다.

참나무 열매인 도토리는 우리 조상들에게 배고픔을 달래주는 구황작물로 중요한 역할을 했습니다. 들판에 벼가 흉년이 들수록 도토리가 더 많이 달립니다. 그것은 꽃가루받이가 이루어지는 시기인 봄에 비가 오지 않고 가뭄이 들면 수정이 잘되어 그해 가을에 많은 열매가 달리기 때문입니다. 이처럼 자연의 조화는 신비롭습니다.

상록참나무는 가시나무라고도 하는 나무들입니다. 가시나무, 종가시나무, 붉가시나무, 개가시나무, 참가시나무 등이 우리나라 남해안과 제주도에 많이 자라고 있습니다.

'가시나무에는 가시가 있다?'라는 퀴즈를 들어 본 적이 있나요? 정답은 '없다'이죠. 가시도 없는 나무가 왜 가시나무인지 그 유래를 찾아보면, 많은 의견이 있

겨울에도 잎을 달고 있는 대왕참나무

지만 제주도에서 도토리를 가시라 하고 나무를 가시목이라 부른 데서 온 것이 아닌가 생각됩니다. 일본에서도 우리와 같이 '가시(カシ)'라고 합니다. 가시나무 열매도 도토리인데 각두 부분에 줄무늬가 있어 무척 아름답습니다.

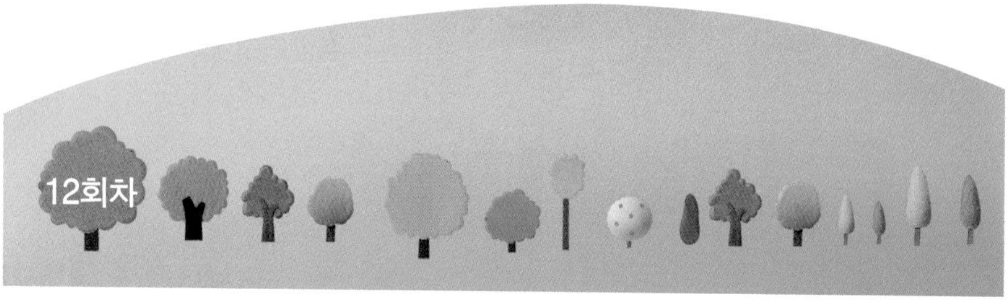

식물의 가장, 잎 이야기

영양분을 만들어요

여름날 먼 산을 바라보면 마치 초록 물감을 풀어 놓은 것처럼 보입니다. 수많은 나뭇잎 때문이지요. 식물의 잎 속에는 엽록소라는 끈적한 초록 색소가 들어 있는데, 식물이 살아가는 데 필요한 영양분을 만드는 광합성에 꼭 필요한 색소입니다.

잎이 햇빛을 받으면 엽록소에서 빛에너지를 흡수해 광합성에 필요한 에너지원으로 씁니다. 필요한 물은 뿌리에서 흡수해서 줄기와 잎자루, 잎맥으로 연결된 물관을 통해 올라옵니다. 공기 중에 있는 이산화탄소는 잎 뒷면에 있는 기공을 통해 공급됩니다.

이렇게 모아진 햇빛, 물, 이산화탄소를 이용해 잎은 광합성을 합니다. 광합성으로 만들어진 영양분은 다시 체관을 통해 각 기관으로 보내져서 식물이 자라고, 더 많은 잎을 만들고, 꽃을 피우고, 열매를 맺는 데 쓰입니다. 또한 식물이 광합성을 하는 과정에서 산소도 만들어집니다. 산소는 기공을 통해서 공기 중으로 나오고, 이 산소로 우리가 숨을 쉴 수 있는 것이지요.

물을 밖으로 내보내요

물은 높은 데서 낮은 데로 흐르는 것이 자연의 이치인데 어떻게 뿌리에서 잎까지 거꾸로 올라올 수 있을까요?

잎의 세포에서는 광합성을 하고 남은 물이 공기 중으로 증발하면서 아래쪽의 물 분자를 끌어올리는 현상이 일어납니다. 즉, 물 분자들은 서로 잡아당기는 힘으로 연결되는데, 이는 물기둥을 형성하는 것과 같습니다. 사슬처럼 연결된 물기둥의 한쪽 끝을 이루는 물 분자가 잎의 기공을 통해 빠져나가면 아래쪽 물 분

오이풀 잎에 맺힌 일액현상

자가 끌어올려지는 것입니다.

이처럼 증산작용은 물을 식물체 밖으로 내보내는 작용으로, 뿌리에서 흡수된 물이 줄기를 거쳐 잎까지 올라가는 원동력이 됩니다. 이렇게 땅속에 있는 물을 뿌리, 줄기, 잎의 기공까지 올리는 데 식물은 에너지를 전혀 쓰지 않는다고 합니다.

뜨거운 여름철에 나무 그늘에 들어가면 건물의 그늘보다 더 시원하지요? 그 이유는 나무의 잎에서 물을 수증기 상태로 공기 중으로 내보낼 때 물이 주위의 열을 흡수하기 때문이라고 합니다.

숨도 쉬어요

동물이 호흡을 해야 하는 것처럼 식물도 숨을 쉬어야 살 수 있습니다. 식물이 숨 쉴 때에도 산소를 흡수하고 이산화탄소를 내보냅니다. 식물은 낮에 햇빛이 비치면 광합성도 하고 호흡도 합니다. 호흡에 사용되는 산소보다 광합성을 해서 내보내는 산소의 양이 더 많기 때문에 낮에는 이산화탄소를 흡수하고 산소를 내보내는 것처럼 보입니다. 하지만 밤에는 햇빛이 없어 광합성을 하지 않지만 호흡은 계속합니다. 호흡을 할 때도 기공을 통해서 이루어집니다.

잎에서도 숨을 쉬어요

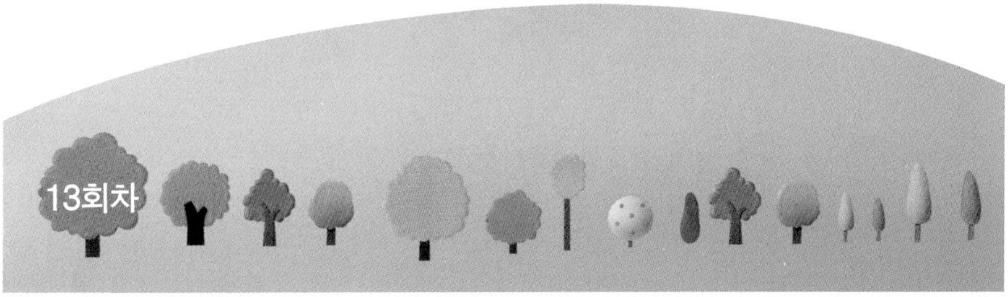

식물의 생명줄, 뿌리 이야기

숲이나 식물에 관한 책을 읽다 보면 뿌리에 대한 내용을 찾기가 어렵습니다. 우리 눈에 잘 띄는 꽃, 잎, 줄기에 대한 내용은 손쉽게 접할 수 있고 그 기관들의 변화나 주변에서 살아가고 있는 곤충까지 자세하게 나타나 있습니다. 그에 비해 식물의 생존에서 가장 중요한 뿌리는 눈으로 관찰할 수 없다는 이유로 너무 소홀한 게 아닌가 생각됩니다.

뿌리는 식물체를 땅 위에 서 있도록 단단하게 고정하는 기능, 물과 영양분을 흡수하는 기능, 잎에서 만든 양분을 저장하는 기능이 있다는 것은 초등학교에서도 배웁니다. 하지만 우리가 뿌리에 대해 좀 더 자세하게 알아야 하는 부분이 있습니다.

뿌리에서도 숨을 쉬어요

대부분 사람들은 나무가 잎 뒷면의 기공을 통해서만 호흡을 하는 줄 알고 있지

후박나무 뿌리

만 줄기나 뿌리로도 숨을 쉽니다. 문제는 땅속 깊이 내려갈수록 산소의 양이 점점 줄어든다는 것입니다. 뿌리에서 생장이 활발히 이루어지고 특히 많은 호흡이 이루어지는 곳이 뿌리털(모세근)입니다. 모세근이 있는 뿌리의 95퍼센트 정도가 지표면 아래 50센티미터 이내에 분포한다고 합니다. 따라서 등산로에 사람이 많이 지나다녀 땅이 단단해지면 산소의 공급이 어려워져 나무가 살기 힘들어집니다.

뿌리는 생각보다 땅속 깊이 내려가지 않아요

모든 식물은 미생물과 서로 도움을 주고받으며 살아갑니다. 그 미생물들도 대부분 산소호흡을 하기 때문에 땅속 깊은 곳에서는 살기가 어렵습니다. 또한 뿌리에서 흡수할 영양분들도 지표면 가까이 있습니다. 동물의 유기체, 분비물, 낙엽이나 마른 풀, 그리고 나뭇가지 등 영양분이 될 만한 것들이 모두 그렇습니다. 따라서 식물체를 고정시키는 이유 외에는 미생물도 없고 영양분도 없는 땅속 깊이 뿌리가 내려갈 이유가 없습니다.

뿌리는 아주 멀리까지 뻗어 있어요

보호수나 천연기념물로 지정된 나무에는 보호 울타리가 둘러쳐져 있는 것을 볼 수 있습니다. 그런데 이 보호 울타리가 대부분 나뭇가지가 뻗은 끝부분 정도까지이거나 이보다 훨씬 좁게 쳐져 있는 것을 볼 수 있습니다. 나무뿌리는 어디까지 뻗어 있을까요? 뿌리 분포를 조사한 바에 의하면, 어떤 나무는 무려 가지 끝보다 5배 정도 멀리까지 뻗어 있다고 합니다.

상식적으로 생각해도 땅속에 있는 뿌리가 지상의 나뭇가지만큼 있어서 물을 빨아들여야 증산작용하는 물을 감당할 수 있을 것입니다. 뿌리가 줄기만큼 굵지 않다면 더 많이, 더 길게 뻗어서 물을 빨아올려야 함은 당연하지요. 이는 나무를 옮겨 심을 때 잘린 뿌리만큼 가지나 잎을 제거하여 균형을 맞추어 주어야 하는 이유이기도 합니다.

결론적으로 정상적인 나무라면 뿌리가 가지의 2~3배 정도 더 넓게 뻗어 있으니 그에 맞게 보호수를 관리해야 합니다. 뿌리가 땅속에 있어 그 존재감이나 역할이 잘 드러나지 않는다고 해서 결코 소홀하게 여겨서는 곤란할 것입니다.

너무 좁게 보호 울타리가 쳐진 보호수

대를 이을 자식,
씨앗 이야기

부모는 자식이 자신의 DNA를 물려받은 존재이므로 건강하고 행복한 삶을 살 수 있도록 정성을 다해 키웁니다. 하지만 자식이 성숙하면 부모 곁을 떠나 스스로 살아갈 수 있도록 해야 합니다. 식물도 마찬가지로 꽃가루받이와 수정을 통해 자신의 혈통인 씨앗을 남깁니다. 식물 또한 자식을 멀리 떠나 보내야 하구요. 어미 곁에서 자식이 뿌리를 내리게 되면 가족끼리 생존 경쟁을 해야 하는 난감한 일이 발생하기 때문입니다. 식물에게 문제는 스스로 이동이 불가능하다는 것입니다. 그래서 식물들은 씨앗을 생산하기 위해 암술과 수술이 만나 꽃가루받이할 때와 마찬가지로 자식인 씨앗을 떠나보낼 때 누군가에게 도움을 받아야 합니다.

바람의 힘을 빌려

씨앗을 멀리 떠나보내기 위해 바람을 선택한 식물이 많습니다. 바람을 이용하면 자신의 에너지를 소비하지 않고 멀리까지 씨앗을 보낼 수 있으니까요. 그러기 위해서 씨앗에 가벼운 털을 붙이거나 날개를 달아 멀리 퍼져 나갈 수 있도록 합니다. 하지만 이 방법은 씨앗이 안전하게 살아남을 확률이 매우 낮습니다. 이 문제를 해결하기 위해 대량 생산을 할 수밖에 없고요.

• **털을 단 씨앗**: 박주가리, 사위질빵, 민들레, 강아지풀, 엉겅퀴, 지칭개, 부들 등 주로 풀 종류

• **날개를 단 씨앗**: 단풍나무, 가중나무, 느릅나무, 소나무, 마, 오동나무 등 주로 나무 종류

민들레 씨앗

동물에 의지해서

바람과 물에 의한 씨앗 전파 방법이 에너지의 소비량에서 보면 효율적이지만 무작위적이라 실패할 확률이 너무 높습니다. 그보다 진화된 방법이 이동이 자유로운 동물의 몸을 이용하는 것입니다. 어떤 식물은 몸에 잘 붙는 씨앗을 만들어 지나가는 동물에게 붙여 보냅니다. 씨앗은 동물의 이동 경로에 따라 다양한 곳으로 이동할 수 있지요. 이 방법은 에너지를 소비하지 않고도 씨앗을 멀리 보낼 수 있으며 적은 수량으로도 성공률이 높습니다.

도꼬마리 씨앗

동물을 이용하는 또 다른 방법으로 동물에게 먹히는 방법인데 그 매개체로 이용되는 동물은 주로 조류와 포유류입니다. 먼저 새를 매개체로 이용하는 식물

고로쇠 열매

은 씨앗이 들어 있는 열매를 새의 먹이로 줍니다. 열매를 먹은 새는 과육을 소화하여 양분을 섭취하지만 단단한 씨앗은 소화되지 않고 창자에 그대로 남아 있습니다. 새는 다른 곳으로 날아가서 배설을 하지요. 과육을 주는 대신 씨앗을 운반하도록 하는 전략입니다. 그러기 위해서 새를 이용하는 식물들은 새의 눈에 잘 띄게 열매를 빨갛고 쉽게 삼킬 수 있도록 둥글고 작게 만들어 제공합니다.

조류나 포유류를 매개체로 이용하는 식물의 열매는 익기 전에는 대부분 초록색입니다. 눈에 잘 띄지 않게 하기 위해서죠. 물론 맛도 시거나 쓰거나 고약하게 하고 껍질에는 털이나 가시처럼 먹을 수 없는 장치를 만듭니다. 이는 씨앗이 성숙하여 생명력을 가질 동안 씨앗을 보호하고자 하는 식물들의 전략입니다. 씨앗이 여물면 그제야 열매의 색과 향이 변하고 거친 털과 가시도 저절로 제거되어 동물들이 먹기 쉽도록 해놓습니다. 이처럼 식물들이 약한 것처럼 보여도 동물을 자유자재로 이용하여 자신의 목적을 이루고 있습니다.

제2의 황금기, 단풍 이야기

움직일 수 없는 식물들에게 뜨거운 태양이 내리쬐는 한여름은 견뎌내기 무척 힘들지만, 살을 에는 듯한 겨울은 더욱 힘든 계절입니다. 겨울의 추위는 생존마저 위협할 수 있기 때문이지요. 따라서 가을에 미리 한 해를 마무리하고 겨울을 온전히 견뎌 내기 위해 철저하게 월동 준비를 해야 합니다.

식물의 성장이 활발한 봄과 여름에 광합성을 위해 빛을 흡수하는 엽록소는 붉은색과 푸른색 파장을 흡수하고 녹색을 반사해서 여름 숲은 온통 녹색으로 보이지요. 그러다가 늦가을이 되어 온도가 내려가기 시작할 때 식물은 잎을 떨구기 위해 엽록체를 분해하여 몸속으로 가져갑니다.

잎은 계속 광합성을 하는데 이것이 안토시아닌으로 바뀌게 되지요. 일교차가 심하면 안토시아닌이 활발하게 생산됩니다. 생산된 안토시아닌과 광합성 보조 색소로 쓰였던 카로티노이드, 크산토필 등의 배합 비율에 따라 단풍의 색깔이 결정됩니다. 안토시아닌이 많으면 빨간색, 카로티노이드 색소가 많으면 주황색, 크산토필이 많으면 노란색 빛깔이 나타납니다. 탄닌이 많은 잎은 갈색으로 물들고요.

은행나무 단풍

화살나무, 복자기, 산벚나무, 단풍나무 등은 안토시아닌 성분이 많아 빨간색으로 물들고 생강나무, 은행나무는 카로티노이드나 크산토필 색소가 많아 노란색 단풍이 됩니다. 같은 단풍나무속이라도 고로쇠나무는 노란색으로 물들고 타닌 성분을 많이 함유한 참나무속은 갈색으로 단풍이 듭니다.

소나무와 같은 침엽수는 추운 겨울이라고 해서 잎을 떨어뜨리지 않고 단풍도 들지 않습니다. 잎이 왁스로 코팅되어 있어 증산하는 양이 적어서 수분에 대한 부담이 적기 때문이지요. 대신 겨울 추위에도 잎이 얼지 않도록 프롤린, 베타인과 같은 아미노산과 당분을 높여 부동액 역할을 하도록 합니다. 떨어뜨리지 않은 그 잎으로 겨울의 적은 햇빛이라도 이용하여 광합성을 해서 에너지를 얻습니다.

침엽수라고 모두 그런 건 아닙니다, 메타세쿼이어나 일본잎갈나무는 바늘잎을 가졌어도 가을에 단풍이 들고 잎을 떨어뜨립니다.

또한 상록수도 잎을 떨어뜨리지 않는 건 아닙니다. 다만 낙엽수보다 잎의 수명이 길다고 합니다. 낙엽수들의 잎은 봄에 나서 가을에 떨어지므로 수명이 6~7개월 정도인 것에 비해 상록수 잎은 1년 6개월에서 길게는 7년 정도 되는 것도 있다고 합니다. 지난해 돋아난 잎이 떨어지지 않았는데 올해 또 새잎이 나오니 우리가 보기에는 늘 푸르게 보이는 것입니다.

아낌없이 주는
낙엽 이야기

가을이 깊어 밤 기온이 섭씨 5도로 내려가면 나무는 겨울을 날 준비를 합니다. 겨울이 되면 기온이 떨어져 수분이 가득한 나뭇잎이 얼기도 하거니와 그보다 더 중요한 이유는 수분 공급이 원활하지 않기 때문입니다. 잎이 증산작용을 하면 뿌리에서 지속적으로 물을 공급해야 하는데 그럴 수가 없습니다. 겨울에는 땅이 얼어 뿌리에서 수분을 제대로 빨아들이지 못하고 그리되면 식물체 안에 물이 부족하게 되어 생명에 지장을 주게 되지요. 그래서 증산작용을 하지 못하도록 잎을 떨어뜨려야 하는 것입니다.

나무는 잎을 떨어뜨리기 전에 잎에 있는 질소, 인, 칼륨 등과 같은 필요한 양분은 줄기나 뿌리로 거두어들여 저장해 두었다가 다음 해에 잎이 날 때 사용합니다. 또한 당장 사용할 수 없는 칼슘, 마그네슘, 규소 등과 같은 양분은 잎으로 보내어 함께 배출합니다.

그 작업을 끝내고 나면 나무줄기와 잎자루 사이에 떨켜층을 만들어 양분과 수분이 오가지 못해 결국 잎이 떨어집니다. 줄기 쪽에는 병원균이 식물체에 침입하지 못하도록 미리 코르크층으로 된 보호층을 형성하여 자신을 단단히 보호합니다. 잎이 떨어진 자리에는 흔적이 남는데 이를 엽흔이라 합니다. 그 엽흔을 들여다보면 혈관처럼 물과 양분이 지나다니던 흔적이 보입니다. 나무의 종류마다 이 엽흔의 모습이 달라 겨울에 나무를 구별하는 기준이 되기도 합니다.

오동나무 엽흔

두릅나무 엽흔

그렇게 생을 마감한 많은 잎들은 땅에 떨어져 서서히 마르면서 몸을 둥글게 맙니다. 그 속에 물을 담아 다른 생명체가 살아갈 수 있게 하고 품고 있던 물을 서서히 방출하여 녹색 댐 역할도 합니다. 또한 나무의 뿌리가 얼지 않도록 이불이 되고 작은 생물들이 추운 겨울을 날 수 있는 보금자리도 되어 줍니다.

어디 그뿐인가요? 겨울이 지나면 낙엽은 각종 균류나 박테리아의 분해 작용으로 찢기고 부서집니다. 떨어질 때 남은 양분과 함께 썩어 가면서 거름이 되어 자신을 떨어뜨린 나무의 생장을 돕습니다. 낙엽은 자신이 가진 모든 것을 미생물의 먹이로 제공함으로써 물질 순환의 중요한 고리 역할을 합니다. 살아서 광합성으로 온갖 생물들의 에너지를 제공하던 나뭇잎은 그렇게 낙엽으로 끝나는 것이 아니라 또 다른 형태로 숲의 식구들에게 자신을 온전히 내어 준답니다.

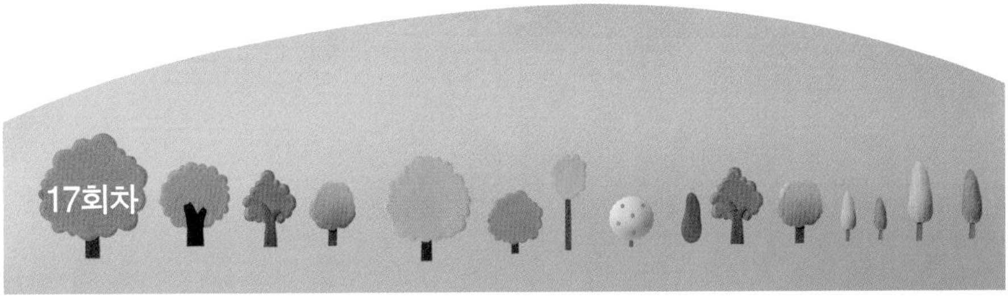

나라 살림을 돕는 숲 이야기

숲이 우리의 환경과 생활에 미치는 영향을 알아보기 위해 산림청에서는 4년마다 한 번씩 숲의 공익적 가치를 금액으로 산정합니다. 2014년 기준, 126조 원의 가치를 산출하고 이를 국민 1인당 분배해서 계산해 보면 249만 원이라는 혜택의 가치가 있다고 합니다.

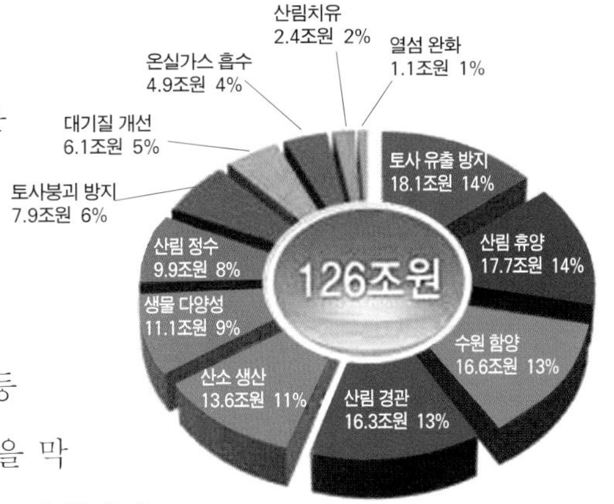

숲이 우리에게 주는 혜택을 부분별로 더 자세하게 살펴볼까요?

토사 유출 방지

숲은 나무뿌리, 크고 작은 풀 등이 흙을 끌어안아 흘러내리는 것을 막아 줍니다. 따라서 비가 많이 내려도 울창한 숲이 있다면 낙석, 산사태, 홍수를 걱정하지 않아도 됩니다. 뿐만 아니라 울창한 숲은 나뭇잎과 줄기에서 강한 빗줄기를 약화시키는데 이것도 흙이 쓸려 내려가지 않도록 도와준다고 합니다.

산림 휴양

숲의 휴양 기능은 오늘날 사회적으로 크게 필요한 기능입니다. 울창한 숲은 풍요롭고 쾌적한 생활환경을 제공하며 마음의 안정을 가져다주는 효과가 대단히 큽니다. 숲을 찾는 휴양객 대부분이 도시 생활에서 오는 스트레스를 풀고 휴식, 운동을 할 수 있어 우리의 삶의 질을 향상시켜 줍니다. 이렇듯 숲은 치료보다 건강을 보호하고 질병을 예방하는 데 큰 도움을 줍니다.

수원 함양

숲이 빗물을 머금었다가 서서히 흘려보내는 인공댐과 같은 기능을 한다고 하여 녹색댐이라고도 합니다. 녹색댐은 비가 많이 올 때 물의 양을 조절하는 홍수 조절 기능, 비가 오랫동안 오지 않아도 계곡의 물이 마르지 않게 하는 가뭄 완화 기능도 있습니다.

산림 경관

산림 경관이란 숲과 사람의 상호관계 속에서 생태적, 시각적, 문화적 가치가 복합적으로 어우러져 형성된 경치를 말합니다. 아름다운 숲의 경관을 보는 것만으로도 마음의 안정 효과가 매우 크다고 합니다.

산소 생산

숲은 이산화탄소를 저장하고 산소를 생산합니다. 잘 가꾸어진 숲 1헥타르(1만

제곱미터)는 1년에 탄소가스 16톤을 흡수하고 같은 양만큼의 산소를 방출합니다. 한 사람당 하루 0.7킬로그램의 산소가 필요하다면 1헥타르의 숲은 1년 동안 44명이 숨쉴 수 있는 산소를 공급해 주는 셈입니다. 나무는 대기 중에 있는 인체에 해로운 먼지, 아황산가스, 질소산화합물을 잎의 기공을 통해 정화해 준다고 합니다.

생물 다양성

숲에는 몸집이 큰 동물에서부터 눈에 보이지 않는 미생물에 이르기까지 그야말로 셀 수 없이 많은 생물들이 서로 먹이사슬로 연결되어 있습니다. 숲에 이렇게 많은 생물들이 모여 살고 먹이사슬이 잘 짜인 것은 바로 나무가 있기 때문입니다. 야생 동물에게 서식처를 제공하고, 야생 조류는 많은 해충을 먹어 산림이나 농작물에 끼치는 피해를 줄어들게 합니다. 야생 조류의 해충 방제 효과를 돈으로 따져도 어마하지만 그만큼의 돈을 들여 농약을 써서 살충을 했을 때 빚어지는 피해는 사람의 건강에도 많은 영향을 끼칠 것입니다. 또한 우리가 전혀 생각지 못한 곳에서 생태계의 불균형을 가져올 것입니다.

산림 정수

오염된 빗물은 공극이 잘 발달되고 유기질이 풍부한 숲의 토양을 통과하는 동안 각종 이온이 흡착 · 교환 · 불용화 되는 과정을 거쳐 맑고 깨끗하게 바뀝니다. 토양 깊이가 깊고 공극이 발달한 숲일수록 빗물과의 접촉면과 접촉시간이 길어져 수질 정화 기능이 높습니다.

그 밖에도 숲은 우리가 사용하는 자원을 제공해 주며 토사붕괴 방지, 대기질 개선, 온실가스 흡수, 산림치유, 열섬 완화 효과 등 그 가치가 어마어마합니다.

우리의 건강을 책임지는 숲,
산림치유 이야기

숲이 우리의 몸과 마음을 건강하게 해준다는 것은 누구나 잘 알고 있습니다. 그러한 맥락에서 요즘에는 산림치유(숲치유)라는 용어가 널리 쓰이고 있습니다.

산림치유는 자연환경 중에서도 숲이 가지고 있는 다양한 물리적 환경요소를 이용하여 인간의 심신을 건강하게 만들어 주는 자연요법의 한 부분이라 할 수 있습니다. 따라서 산림치유가 불치병, 난치병 치료 장소로서의 숲을 활용한다는 의미는 아닙니다. 일반 사람들이 바쁜 생활 속 스트레스에서 벗어나 숲에서 심신의 쾌적함을 느끼고 이를 통해 면역력을 높이고 질병을 예방하여 건강한 삶을 유지하도록 하는 일련의 과정이라 할 수 있습니다.

숲에는 사람의 건강에 도움이 되는 물리적 환경요소, 즉 치유 인자들이 많이 있습니다. 산림치유 인자에는 어떤 것들이 있으며 이 인자들은 어떻게 우리의 몸과 마음을 건강하게 하는지 간략하게 살펴볼까요?

피톤치드 : '식물'이라는 뜻의 피톤(Phyton)과 '죽이다'라는 뜻의 사이드(cide)를 합친 말로 식물이 병원균, 해충, 곰팡이에게 저항하려고 스스로 만들어 발산하는 휘발성 물질입니다. 숲속에 있으면 식물이 내뿜는 이 피톤치드가 우리의 몸속에 들어가 나쁜 물질을 없애 주어 궁극적으로 우리 몸에 이로움을 준다고 합니다. 피톤치드는 다양한 성분들의 집합체로 그중에서 주성분이 휘발성 테르펜류입니다.

간접 햇빛 : 직사광선은 유해한 자외선으로 인하여 우리 몸에 나쁜 영향을 주지요. 하지만 숲속은 나뭇잎이 필터 역할을 해주어 햇빛을 간접적으로 받을 수 있습니다. 이러한 간접적인 햇빛은 비타민 D를 합성하는 데 기여하며 행복 호르몬인 세로토닌을 잘 분비하게 해 몸에 활력을 주고 마음에 생기를 불어넣어 준다고 합니다.

우리의 건강을 책임지는 숲

음이온(Negative Air Ion) : 숲속이나 폭포 주변과 같은 쾌적한 자연환경에 다량으로 존재합니다. 인체에 필요한 농도는 세제곱센티미터당 700개 내외인데, 도시 환경에는 세제곱센티미터당 200개에 지나지 않지만 숲에는 1,000개 이상이 존재한다고 합니다. 음이온은 부교감신경에 작용하여 신체를 이완시키고 뇌파의 알파파를 증가시켜 마음을 안정시키는 효과가 있습니다.

소리 : 도시인들은 차 소리, 층간소음, 생활 소음 등 갖가지 불쾌하고 시끄러운 소리에 둘러싸여 몸과 마음이 지치기 일쑤입니다. 하지만 숲에서 들려오는 새소리, 풀벌레 소리, 물소리, 낙엽 밟는 소리, 바람소리 등 자연의 소리는 마음을 차분하게 가라앉혀 주고 긴장을 이완시키는 역할을 합니다.

경관 : 아름다운 숲의 경관을 보는 것만으로 마음의 안정 효과가 매우 크다고 합니다. 녹색이 보이는 비율, 즉 녹시율이 높을수록 정서적인 안정감을 준다고 합니다.